图1 观苞片花卉——马蹄莲

彩图2 切花生产

彩图3 花卉市场

彩图4 风障

彩图5 塑料大棚

彩图6 连栋温室1

彩图7 连栋温室2

彩图8 节能日光温室

彩图9 防寒沟

彩图10 永久荫棚

彩图11 临时荫棚

彩图12 基质槽培系统

彩图13 整地做畦

彩图14 定植

彩图15 虎尾兰扦插繁殖

彩图16 虎尾兰扦插生根

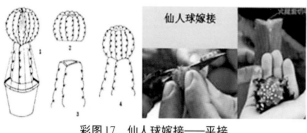

彩图17　仙人球嫁接——平接

彩图18　球茎类——唐菖蒲

彩图19　鳞茎类——朱顶

彩图20　球茎类——马蹄莲

彩图21　喷灌

彩图22　独本盆栽菊花

彩图23　西方插花

彩图24　鲜切花保鲜

彩图25　种苗繁殖区

彩图26　种苗扦插繁殖区

彩图27　草花区——羽衣甘

彩图28　霜霉病

彩图29　蚜虫

彩图30　花境

彩图31　碧冬茄园林造景

彩图32　一串红花色品种

彩图33　一串红园林造景

彩图34　三色堇园林造景

彩图35　鸢尾

彩图36　唐菖蒲盆栽

彩图37　百合植株形态与开花状

彩图38　美人蕉

彩图39　生石花

彩图40　蝴蝶兰的总状花序

彩图41　蝴蝶兰瓶苗

彩图42　蝴蝶兰小苗

彩图43　蝴蝶兰中苗

彩图44　蝴蝶兰花梗伸长期
　　　　　至花期管理

彩图45　单叶类卡特兰

彩图46　荇菜

彩图47　芡实

彩图48　凤眼莲

彩图49　埃及白睡莲

彩图50　蓝睡莲

彩图51　红花睡莲

彩图52　高山花卉

彩图53　雪莲花

彩图54　龙胆1

彩图55　龙胆2

彩图56　杜鹃

彩图57　喜光地被植物——半支莲

彩图58　耐阴地被植物——虎耳草

彩图59　耐湿地被植物——菖蒲

彩图60　耐旱地被植物——紫鸭跖草

彩图61　多年生草本地被植物——葱莲

彩图62　红背桂园林应用

职业教育农业农村部"十三五"规划教材

耕读教育系列教材

花卉生产与应用

程　冉　主编

中国农业出版社

北　京

内 容 简 介

　　本教材采用项目教学与理论技能传授相结合的设计理念，参照企业工作过程导向方式，以工作任务为主线。本教材系统地介绍了花卉学的基础知识、基本理论和基本技能，如花卉的分类、种质资源、环境因素及栽培设备等，叙述了不同类型花卉生长发育的一般规律和繁殖栽培的基本技术和方法，可以为分析和解决花卉相关技术问题提供学术上的依据，有助于提高从事花卉生产的技术水平和促进园林花卉事业的发展；同时也为学生学习后续课程和专业综合应用打下基础。

　　本教材内容系统全面，注重理论与实践的结合，图文并茂，简明易懂，适用于大、中专院校园林专业和相近专业的教学及园林绿化工程技术人员参考学习，也可作为新型职业农民培养和退役军人及各种下岗再就业人群技能培训的教材及送教下乡和阳光工程等的农业科技培训用书。

编审人员名单

主　编	程　冉
副主编	缪士英　刘　敏　宋太胜　赵燕燕
参　编	张立慧　贾红艳　荆建湘　夏繁茂
	冯婧娴　孙　燕　陈芬芬　杨文静
	张凤景　高　艳　马春花　刘丽霞
审　稿	郭先锋　刘云海

前言

Foreword

花卉生产与应用是园林、园艺专业的一门专业核心课程，为园林规划设计、插花艺术制作、室内植物装饰、绿化施工、园林植物的栽培及养护管理等课程提供必要的基本理论与技术支撑。本教材的编写广泛结合生产实际中存在的问题和学生就业需求，结合大、中专学生爱动手操作的特点，同时也符合现代农业技术和乡村振兴建设过程中对高素质农民和社会退役军人及下岗再就业人群的技能培养要求，意义重大。

本教材采用项目教学与理论技能传授相结合的设计理念，打破原有学科体系的编写模式，参照企业工作过程导向方式，以工作任务为主线，每个项目从项目导读、学习目标、项目学习、项目小结及探究与讨论五方面展开，能很好地激发学生的学习热情。

本教材由程冉任主编，缪士英、刘敏、宋太胜、赵燕燕任副主编。参加编写的人员还有张立慧、贾红艳、荆建湘、夏繁茂、冯婧娴、孙燕、陈芬芬、杨文静、张凤景、高艳、马春花、刘丽霞等。审稿工作由郭先锋、刘云海完成。编者由职业院校一线优秀教师和行业专家组成，他们都具有丰富的教学及实践经验，在各自紧张的工作之余，分工协作，完成编写任务。教材在编写过程中也得到了山东农业大学、山东省济宁市高级职业学校等单位的领导和同仁的大力支持。本教材编写过程中参考了有关单位和学者的文献资料，在此一并致以衷心感谢！

由于编者水平有限，书中难免存在问题和不足，恳请广大读者、同行与专家提出批评意见，以便进一步修改完善，深表谢意！

编　者

2022 年 2 月

目 录
Contents

项目一 走进花卉世界

项目导读

在现代社会，人们经常因为鲜花美丽的外观和宜人的香味而以各种方式种植、购买和佩戴花卉。学习花卉的定义、范围，花卉栽培的作用和意义，了解国内外花卉生产概况和我国花卉生产前景，为更好地学习花卉生产与应用技术奠定基础。

学习目标

☑ **知识目标**

- 了解花卉的定义、范围和栽培特点。
- 了解花卉栽培的作用与意义。
- 了解国内外花卉生产现状与前景。
- 掌握花卉生产与应用的学习方法。

☑ **能力目标**

- 正确认识花卉的范围。

项目学习

任务一　花卉的定义与范围

一、花卉的定义

花是指种子植物适应生殖需要而产生的短缩变态枝，是植物的繁殖器官。卉是草的总称。狭义的花卉：具有观赏价值的草本植物。广义的花卉：具有观赏价值的草本及木本植物。

这里所说的可用于观赏的植物器官包括花、果、叶、芽、枝干、苞片及裸露的根等。

（1）观花植物：如杜鹃、山茶、月季花、牡丹、梅花等。

（2）观果植物：如富贵籽、朝天椒、石榴、西番莲等。

（3）观叶植物：如君子兰、龟背竹、叶子花、一品红、观音莲等。

（4）观芽植物：如银芽柳等。

（5）观苞片植物：如花烛、蜡菊、马蹄莲（彩图1）等。

（6）观枝干植物：如文竹、天门冬等。

（7）观根植物：如榆树、罗汉松等。

二、花卉生产技术的范围

花卉生产技术的内容就是研究花卉的形态、结构、分类、起源、分布、生理、繁殖、应用及一切栽培技术。简单来说，花卉生产技术研究的是与花卉的生产、应用全过程有关的一系列问题。

任务二 花卉栽培的作用与意义

一、花卉栽培的定义

花卉栽培是指在公共场所进行的，以普及国内外花卉科学知识为目的，以生产花卉产品为主的种植生产事业，有以下多种栽培方式。

1. 生产栽培 生产栽培是指以生产切花（彩图2）、盆花、提炼香精的香花、种苗及球根等为主的生产事业。

特点为集约利用土地，经营管理精细，有较高的栽培技术水平和完善的设备（无土栽培、组织培养等）。

2. 观赏栽培 观赏栽培是指以观赏而非生产为目的进行的花卉栽培事业。如在公园、广场、街头、校园、医院及庭园中栽植花卉，有花坛、花境、花带、丛植、群植等各种方式。

3. 标本栽培 标本栽培是指以普及国内外花卉的种类、生态习性、分类和利用等科学知识为目的而进行的花卉栽培事业。如植物园的标本区、标本植物温室，公园中的专类园——牡丹园、兰圃等。

二、花卉栽培的作用

1. 在园林绿化中的作用 用来布置花坛、花境、花台、花丛等，同时还能保护和改善环境。

2. 在文化生活中的作用 如室内美化、会场布置、婚庆礼仪等。

3. 在经济生产中的作用

（1）中药材。花卉是中草药的重要组成部分，如金银花、菊花、蜡梅、杜鹃、月季花、莲等均为常用的中药材。

（2）香料、作料、菜肴、香精。如木樨——食品香料和酿酒作料，茉莉、白兰、珠兰等——可熏制茶叶，菊花——高级食品和菜肴，栀子、月季花、杜鹃、牡丹等——可提取香精。

（3）园艺生产。如生产切花、盆花、盆景、球根、种子、干花等。

切花：如香石竹切花可用于插花、花篮、花环等。

盆花：草花和木本花卉都可用作盆花，草花一般用软塑料盆培养，开花前移栽到露地。

盆景：如山水盆景、树石盆景、桩景盆景等。

球根：如漳州水仙、荷兰郁金香等都比较有名。

干花：意大利的干花较为有名。

三、花木果品的文化象征意义

（1）芭蕉象征自我修养。其有螺旋状排列的大型叶片，整齐而美丽的羽状叶脉。

（2）菊花象征长久。"菊"与"九"谐音，象征长寿和长久，如果在一幅画上画有菊花和九个鹌鹑，就有"九世居安"的意思。

（3）木樨（桂花）象征富贵。"桂"与"贵"同音，桂花与桃花画在一起象征"长寿和富贵"。

（4）枣树象征快或早。"枣"与"早"同音，枣树与荔枝果画在一起寓意"早生贵子"。

（5）芙蓉象征富贵、吉祥或美貌，或者引申为荣誉与显赫。

（6）枫叶象征红运。枫叶在秋季是红色的，且"枫"与"封"同音，有"受封"的意思。

（7）水仙象征来年走运。"水仙"的字面意思为"水中仙人"，其又在春节开花，故称年花。

（8）桃象征长寿。人们认为桃木和桃子的颜色都可以镇邪。

（9）牡丹被誉为"花王"，有富贵与繁荣的寓意。

（10）柿象征"事"。柿子与橘子在一起寓意"万事如意"。

（11）松象征长寿和坚贞。松树耐寒，松针遇寒也不脱落，松、竹、梅并称"岁寒三友"。

（12）梅花象征姑娘的天真纯洁。梅花在早春未长叶之前就已开花，它是春天的象征；它的花被赞为"冰肌玉骨"。人们将它的花比作天真的姑娘。

（13）石榴是多子的象征，因其含有许多种子。石榴、桃子和佛手并称"三大吉祥果"。

任务三　花卉生产与应用的学习方法

本课程是一门专业技术课，它将为学生毕业以后从事花卉生产工作提供必要的基础知识和基本技能。花卉生产技术的实验、实习与实训是为了培养学生终身学习的能力和创新能力，所以在实践教学中，通过项目教学、教师示范与学生训练等方法，加强理论课和实践课之间的有机联系，引导学生通过自主探究来提高利用间接经验获取直接经验的能力。校内外实训基地满足了学生识别常见花卉和培养动手操作能力的需求，并且能让学生在生产一线亲身感受花卉的生产、开发、经营过程及花卉学知识在上述过程中的作用，培养学生的动手能力和独立工作能力，从而激发学生的学习热情。

学习中要理论联系实际。一是通过实物和自然现象的观察与比较，以取得丰富的感性认知；二是通过实验和实习，验证和加深对知识的理解，以便掌握事物的本质，并提高动手能力；三是以所学的知识分析花卉生产实践中存在的问题，培养分析问题和解决问题的能力。

项目小结

花卉是指具有观赏价值的草本及木本植物。可用于观赏的植物器官包括花、果、叶、芽、枝干、苞片及裸露的根等。在公共场所进行的，以普及国内外花卉科学知识为目的，以生产花卉产品为主的种植生产事业，称为花卉栽培。花卉栽培在园林绿化、文化生活、经济生产等方面都具有重要作用。

中国花卉产业种植面积大、经营实体多、产品结构多样化，花卉生产正逐步向专业化、规模化迈进，市场由季节供应向周年上市转化，国际贸易逐年扩大，产业前景良好。世界花卉有亚太地区、欧洲和美洲三大产区，欧共体、美国、日本形成了花卉消费的三大中心。花卉大国不断提高花卉科技含量，规模化、专业化地发展花卉产业。

探究与讨论

1. 怎样定义花卉和花卉栽培？
2. 花卉有哪些作用？

项目二 花卉的多样性与分类

📖 项目导读

　　花卉的多样性是花卉的基本属性。丰富奇特的种类，千奇百怪的形态，五彩缤纷的花果，形成了多种多样的城市园林景观，满足了大众多样性的需求。

　　花卉的分类是花卉栽培和应用的基础。花卉包括裸子植物和被子植物中的草本、藤本、灌木、乔木，以及多肉植物等有花植物，也包括孢子植物中的苔藓、蕨类等无花植物，种类繁多，分布范围广，对生长生存环境的适应能力也千差万别，因此形成了各自独特的生态适应性。为能更好地栽培与应用各种花卉，除按植物学分类系统分类外，根据生态习性、栽培类型、观赏部位、应用用途等将花卉进行分类也是必要的。

📖 学习目标

☑ **知识目标**

- 掌握物种、品种及花卉类群的概念。
- 掌握花卉生态习性的综合分类。
- 了解花卉的分类方法。

☑ **能力目标**

- 理解中国花卉资源多样性的特点。
- 理解花卉分类，并了解各类花卉的特点。
- 认识50种以上常见的栽培花卉，并掌握其在园林中的主要用途。

📖 项目学习

任务一　花卉资源的多样性

一、物种、品种的概念

　　1. 物种　物种是生物分类学的基本单位，是指在自然界占据一定的生态位，能互交繁殖的相同生物形成的自然群体。

地球上现存的物种千变万化，各不相同。就植物种类而言，有的一木成林，有的参天耸立，有的小巧玲珑，有的奇形怪状，种类丰富多彩。

2. 品种　品种是指一个种内具有共同来源的或经人工选育而形成的种性基本一致，遗传性状比较稳定，具有人们需要的某些观赏性状或经济性状，作为特殊生产资料用的栽培作物群体。

品种分原始品种和育成品种两类，如育成品种——'粉扇'月季。

二、我国花卉资源的多样性

生物多样性是生物及其与环境形成的生态复合体以及与此相关的各种生态过程的总和，由遗传（基因）多样性、物种多样性和生态系统多样性三个层次组成。

花卉多样性是生物多样性在城市园林绿化中的表现形式。花卉资源的开发利用、规划、驯化等，丰富了花卉种和变种的多样性，也丰富了城市园林生态系统的多样性，使得城市景观更加多姿多彩。

全球具有观赏价值的植物约 6 万种，我国占 1/10 以上，同时我国还是多种名花名木的起源和分布中心，如梅花、牡丹、菊花、兰花、月季花、杜鹃、山茶、莲、木槿、水仙等，我国花卉资源的多样性十分丰富，主要表现在以下三个层次。

1. 物种多样性（种间多样性）　据不完全统计，我国花卉资源十分丰富，有观赏价值的园林栽培植物达 6 000 种以上，分布于全国各地，且特有属（243 个）、特有种（527 个）多，如银杏、水杉、珙桐等。

2. 品种多样性（种内多样性）　我国花卉资源不但种类繁多，而且品种丰富，如全球梅花有 300 多个品种，我国有 231 个；全球杜鹃有 900 多个品种，我国有 530 多个。

3. 生态系统多样性　我国国土辽阔，气候和地貌类型复杂，南北跨越热、温、寒带，植物及其赖以生存的生态类型也多种多样，如属于陆生生态类型的森林、灌丛、草甸、沼泽、草原、冻原等，属于水生生态类型的河流、湖泊、海洋等。

任务二　花卉的分类

花卉种类繁多，分布范围广，适应的环境条件差异极大，形成了各自独特的生态适应性，因此其栽培应用方式亦多种多样。根据不同的分类依据，花卉有多种分类方法。

一、依植物分类系统分类

根据花卉的亲缘关系，利用国际通用的自然分类系统分类，是指以植物学上的形态特征为主要分类依据，即按界、门、纲、目、科、属、种来分类并给予拉丁文形式的命名。如梅花：

植物界（Plant kingdom）

被子植物门（Angiospermae）

双子叶植物纲（Dicotyledoneae）

蔷薇目（Rosales）

蔷薇科（Rosaceae）

李属（*Prunus*）

梅花（*Prunus mume*）

优点：明确了科属种在形态、生理上的关系，以及在遗传、系统发生上的亲缘关系。

缺点：难于区分种间在栽培及对生活环境的要求上所存在的差异。如菊科的瓜叶菊和万寿菊，前者是二年生花卉并在长日照条件下开花，后者是一年生花卉并在短日照条件下开花。

二、依对环境条件的要求分类

（一）依花卉对水分的要求分类

1. 水生花卉　水生花卉是指生长发育在沼泽地或不同水域中的花卉，具有高度发达的通气组织，能长时间生长在水域环境中。依其在水中的生活方式不同又分为以下几类。

（1）挺水花卉：根生于水下泥中，叶挺出水面生长。如莲、梭鱼草等。

（2）浮水花卉：根生于水下泥中，叶浮于水面生长。如王莲、睡莲等。

（3）漂浮花卉：根不入土，叶漂浮于水面生长。如凤眼莲、大藻等。

（4）沉水花卉：植株全部沉入水中生长，根入泥或不入泥。如金鱼藻、穿心莲等。

2. 湿生花卉　湿生花卉需在潮湿或有积水的土壤中才能正常生长，耐旱性较弱，多是原产于热带沼泽地、阴湿森林中的花卉。如马蹄莲、龟背竹、海芋、广东万年青、热带兰类、蕨类和凤梨科植物等。

3. 中生花卉　中生花卉包含大多数花卉种类，它们对土壤及空气相对湿度的要求比较严格，在养护中应掌握"见干见湿"的浇水原则，否则会导致其生长不良。常见的中生花卉有鸡冠花、三色堇、菊花、木槿、迎春花等。

4. 旱生花卉　旱生花卉多数原产于热带、亚热带干旱地区，有的茎肉质肥厚，有的叶片退化成刺毛，有的根系发达，耐旱力极强。栽培中水分过多或湿度太高，都易导致其根系腐烂和病害蔓延，因此，在养护中应掌握"宁干勿湿"的浇水原则。常见的有乌羽玉、姬龙舌、青锁龙等多肉植物。

（二）依花卉对温度的要求分类

1. 耐寒花卉　耐寒花卉一般原产于温带和亚寒带，耐寒不耐热，通常能忍受−10 ℃以下的低温。常见栽培的有芍药、牡丹、紫丁香、海棠、迎春花、榆叶梅等。

2. 喜凉花卉　喜凉花卉一般原产于温带或暖温带，能忍耐−5 ℃的低温，在我国长江流域及以南地区能露地越冬，在华北、西北等地则需要埋土防寒。常见栽培的有菊花、郁金香、三色堇、朱顶红等。

3. 中温花卉　中温花卉一般能耐轻微短期霜冻，能忍耐0 ℃低温，在我国长江流域及以南地区能露地越冬。常见栽培的有木槿、杜鹃、山茶、夹竹桃、报春花、苏铁等。

4. 喜温花卉　喜温花卉多原产于亚热带，不耐霜冻，一般要在5 ℃以上才能安全越冬。常见栽培的有叶子花、白兰、茉莉花、瓜叶菊等。

5. 耐热花卉　耐热花卉一般原产于热带，能耐40 ℃以上的高温，低于10～15 ℃不能正常生长。常见栽培的有变叶木、鸡蛋花、扶桑，以及芭蕉科、竹芋科、凤梨科、天南星科等的多种花卉。

（三）依花卉对光照的要求分类

1. 依花卉对光照度的要求分类

（1）阳生花卉。需要充足的阳光照射才能正常生长及开花的花卉称为阳生花卉，其适合在全光照、强光照下生长。常见栽培的有水仙、桃花、紫玉兰、五色梅、美人蕉、一串红、凤仙花、五针松、仙人山等。

（2）中性花卉。中生花卉在阳光充足的条件下生长发育良好，但夏季光照度过大时则需稍加庇荫才能正常生长。常见栽培的有木槿、绣球、山茶、天门冬等。

（3）阴生花卉。阴生花卉多原产于热带雨林或高山的阴面及林荫下面，生长时需光量较少，荫蔽度要求 50%～80%。常见栽培的有秋海棠、兰科和天南星科花卉、蕨类植物等。

2. 依花卉对光周期的要求分类

（1）短日照花卉。短日照花卉是指日照时间少于 12 h 才能形成花芽的花卉。在夏季长日照下营养生长，在秋、冬季日照时间减少到 10～11 h 后才能开花，如一品红、菊花、大丽花等。

（2）长日照花卉。长日照花卉是指日照时间在 12 h 以上才能形成花芽的花卉。在春、夏季开花的花卉，多属于长日照花卉，如鸢尾、凤仙花等。

（3）日中性花卉。日中性花卉的花芽形成对日照长短没有明显的反应，只要温度合适、栽培合理，一年四季均可开花。如月季花、马蹄莲、百日草等。

（四）依花卉对土壤 pH 的要求分类

1. 酸性土花卉　只有在 pH 低于 6.7 的酸性土壤中才能正常生长并开花繁茂的花卉称为酸性土花卉。可以通过向土中加适量的硫黄粉或硫酸铝、硫酸铁溶液等方法来提高土壤的酸性。常见栽培的有栀子花、杜鹃、彩叶草、含笑、五针松、大岩桐、木槿等。

2. 碱性土花卉　在 pH 为 7～8 的碱性土壤中才能正常生长并开花繁茂的花卉称为碱性土花卉。地栽时，为提高土壤碱度往往向土中加适量的石灰或草木灰等。常见栽培的有石竹、天竺葵、迎春花、黄杨、南天竹、紫藤等。

3. 中性土花卉　中性土花卉是指对土壤的酸碱度要求介于酸性土花卉和碱性土花卉之间的花卉。常见栽培的有菊花、文竹、倒挂金钟、君子兰、水仙、蒲包花、贴梗海棠等。

三、依主要观赏部位分类

根据可供观赏的花、叶、果、茎等器官，可将花卉分为以下几类。

1. 观花类花卉　观花类花卉的主要观赏部位为花朵，是以观赏花色、花形为主的花卉。代表花卉有以下几种。

（1）以观花萼为主的：如补血草、一串红、紫茉莉、鹤望兰等。

（2）以观花瓣为主的：如金鱼草、圆叶牵牛、菊花、莲等。

（3）以观花被为主的：如百合、郁金香、君子兰、兰花等。

（4）以观花蕊为主的：如石蒜、网球花、扶桑、倒挂金钟等。

（5）以观花苞为主的：如花烛、一品红、马蹄莲、叶子花等。

2. 观果类花卉 以果实为观赏主体的花卉称为观果类花卉。代表花卉有以下几种。

（1）观果形的：如佛手、乳茄、气球花等。

（2）观果色的：如五色椒、石榴、金柑、火棘、冬珊瑚等。

3. 观叶类花卉 以观赏叶形、叶色为主的花卉称为观叶类花卉。代表花卉有以下几种。

（1）观叶形的：如八角金盘、龟背竹、旱伞草、鱼尾葵等。

（2）观叶色的：如变叶木、红背桂、彩叶芋、竹芋等。

（3）观叶态的：如猪笼草、捕蝇草、瓶子草等。

4. 观茎类花卉 以观赏茎、枝为主的花卉称为观茎类花卉。代表花卉有以下几种。

（1）观叶状枝的：如文竹、天门冬、假叶树、竹节蓼等。

（2）观变态茎的：如佛肚竹、仙人掌、酒瓶兰等。

（3）观嫩枝、嫩芽的：如银芽柳、赤楠等。

5. 芳香类花卉 以闻花香为主的花卉称为芳香类花卉。代表花卉有白兰、木樨、茉莉花、含笑等。

四、依主要用途分类

1. 切花类花卉 切花类花卉是指以生产切花为主要栽培目的的花卉。如世界四大切花——菊花、月季花、唐菖蒲和香石竹；此外，非洲菊、百合、满天星、马蹄莲、香雪兰等也主要作切花栽培。

2. 盆栽类花卉 盆栽类花卉是指使用容器栽培的花卉，常用于室内外装饰等。代表花卉有兰花、仙客来、非洲紫罗兰、棕竹、龟背竹、绿萝、秋海棠、一品红、一串红等。

3. 地栽类花卉 地栽类花卉是指以露地栽培为主要目的的花卉，或作园林景观布置栽培，或作工业原料栽培，或作香料植物栽培，或作药用植物栽培等。如扶桑、桃花、荷花木兰、鸡冠刺桐、紫薇、芍药、金银花、美人蕉等。

五、依生态习性的综合分类

（一）草本花卉

草本花卉的茎草质，木质程度低或柔软多汁。依生活周期可分为以下三类。

1. 一年生花卉 在一年内完成整个生活周期的草本花卉称为一年生花卉。

这类花卉大多原产于热带或亚热带，耐热不耐寒，要求阳光充足，多属于短日照花卉，常春天播种秋天开花后枯死。如凤仙花、百日草、千日红、万寿菊、半支莲、秋英、鸡冠花等。

2. 二年生花卉 在两年内完成整个生活周期的草本花卉称为二年生花卉。

这类花卉大多原产于温带或寒温带，耐寒不耐热，多为阳生或中性花卉，多属于长日照花卉，在短日照条件下难成花，常秋天播种春天开花后枯死。如三色堇、瓜叶菊、报春花、紫罗兰、虞美人、金盏菊等。

3. 多年生花卉 个体寿命超过两年且能多次开花结实的草本花卉称为多年生花卉。其依地下部分的不同形态变化又分为以下几类。

（1）宿根花卉：地下部分形态正常，不发生变化，根宿存于土壤中，包括落叶与常绿两类。如菊花、香石竹、非洲菊、芍药、萱草、福禄考等。

（2）球根花卉：地下部分具有肥大的变态根或变态茎，能以休眠状态度过寒冷的冬季或干旱炎热的夏季。植物学上分为以下五类。

①球茎类：地下茎肥大呈球形或扁球形，顶部着生主芽和侧芽。如唐菖蒲、小苍兰等。

②块茎类：地下茎呈不规则的块状体。有的地下茎能产生子球，如花叶芋、菊芋、晚香玉、马蹄莲等；有的地下茎不能产生子球，如仙客来等。

③鳞茎类：地下茎极度缩短并有肥大的鳞片状叶包裹。分为有被鳞茎和无被鳞茎，前者如水仙属、郁金香属、风信子属、朱顶红属、文殊兰属等，后者如百合属、贝母属等。

④根茎类：地下茎肥大呈根状，具节，且节上长芽和根。如美人蕉、莲、姜花等。

⑤块根类：地下根肥大呈块状，不具芽眼，芽长在根颈部。如大丽花、龟甲龙、大苍角殿、薯蓣等。

（二）木本花卉

木本花卉的茎部木质化，质地坚硬。依形态分为以下三类。

1. 乔木类花卉　树体高大，由根部发生独立的主干，主干明显而直立，树干和树冠有明显区分的木本植物称为乔木。如木棉、凤凰木、榕树、广玉兰、鹅掌楸、银杏、樟树、雪松等。

2. 灌木类花卉　没有明显的主干，一般比较矮小，从近地面处丛生许多枝条，呈丛生状态的木本植物称为灌木。如扶桑、月季花、牡丹、蜡梅、小叶龙船花、鸳鸯茉莉、栀子等。

3. 藤木类花卉　茎木质化，长而细弱，不能直立，常需要通过吸盘、蔓条或卷须等辅助器官缠绕或攀附他物才能向上生长的木本植物称为藤木。如紫藤、爬山虎、常春藤、络石、凌霄、金银花等。

项目小结

现在用于观赏的多数花卉是随着人类社会的经济发展，文化水平的不断提高，逐渐将野生花卉园艺化后形成的。当然不排除尚有部分花卉正在园艺化过程中，或有些野生花卉未园艺化就被直接应用。这些丰富的野生花卉资源广布于五大洲，分布于全球热带、温带及寒带。为能更好地栽培与应用各种花卉，除按植物学分类系统进行分类外，根据生态习性、栽培类型、观赏部位、应用方式等将花卉进行分类也是必要的。

探究与讨论

1. 物种和品种的概念是什么？
2. 中国花卉资源多样性的特点是什么？
3. 简述花卉的分类方法和各种分类方法的分类依据。
4. 识别 50 种以上的常见花卉，并观察其物候期。
5. 球根花卉有哪些类型？各类有什么特点？

项目三 花卉的生长发育与环境

项目导读

　　花卉的生长发育规律是植物的生理过程和环境因素的综合表现。研究花卉的生长发育规律与环境的关系，对于调控花卉的生长发育有极其重要的作用。

学习目标

☑ 知识目标

- 了解花卉生长发育的特性。
- 了解花卉生长发育的规律和过程。
- 了解花芽分化。
- 掌握温度和光照对花卉生长发育的影响。
- 了解水分、土壤、空气和生物因素对花卉生长发育的影响。

☑ 技能目标

- 了解常见花卉装饰的特点。
- 能够在生产中通过环境因子的综合作用，解决实际问题。

项目学习

任务一　花卉的生长发育过程及规律

一、花卉生长与发育的过程

(一) 花卉个体的生长发育过程

1. 种子发育阶段　胚胎发育期→种子休眠期→发芽期。

2. 营养生长阶段　幼苗期→营养生长旺盛期→营养生长休眠期。

3. 生殖生长阶段　花芽分化期→开花期→结果期。

(二) 不同种类花卉的生长发育特点

1. 一年生花卉　生长不久后进入花芽分化阶段。

2. 二年生花卉 低温春化后完成花芽分化阶段。

3. 球根花卉

（1）春植球根：春植秋花，夏季生长期完成花芽分化。

（2）秋植球根：秋植春花，夏季休眠期完成花芽分化。

4. 宿根花卉

（1）落叶类：春夏生长，冬季休眠。

（2）常绿类：耐寒性较弱，无明显休眠期。

5. 其他花卉 因种而异。

二、花卉生长发育的规律

（一）花卉的生命周期

每种花卉都有生长、开花、结果、衰老、死亡的过程，这种过程称为花卉的生命周期。

（二）花卉的年周期

花卉每年都有与外界环境条件相适应的形态和生理机能的变化，并呈现一定的生长发育规律性，这就是花卉的年周期。在年周期中表现最明显的有两个阶段，即生长期和休眠期。

1. 一年生花卉 仅有生长期——春天萌芽后，当年开花结实而后死亡，并且年周期就是生命周期。常见的有鸡冠花、百日草、万寿菊等。

2. 二年生花卉 在两个生长季内完成生命周期的花卉种类，当年只生长营养器官，越冬后开花、结实、死亡。这类花卉一般秋天播种，次年春季开花，因此，它们常称为秋播花卉。常见的有五彩石竹、紫罗兰、羽衣甘蓝等。

3. 多年生花卉 个体寿命超过两年，能多次开花结实。多数宿根花卉和球根花卉在开花结实后地上部分枯死，地下贮藏器官形成后进入休眠。常见的有芍药、玉簪、莲等。还有许多常绿的多年生花卉，在适当的环境条件下，几乎周年色泽保持常绿而无休眠期，年生命周期长，如万年青、麦冬等。

三、花芽分化

（一）花芽分化的原理

花芽分化是指植物茎生长点由分生出叶片、腋芽转变为分化出花序或花朵的过程。花芽分化是由营养生长向生殖生长转变的生理和形态标志。花芽分化可分为生理分化、形态分化两个阶段（生理分化期一般先于形态分化期一个月左右）。花芽分化首先取决于植物体内的营养水平，具体来说就是取决于芽生长点细胞液的浓度，细胞液浓度又取决于体内物质的代谢过程，同时又受体内内源调节物质和外源调节物质的制约。相反，激素的多少与运转方向又受体内物质代谢、营养水平及外界自然条件、栽培技术措施的影响。任何单一的因素都不能全面地反映花芽形成的本质。

内源调节物质有脱落酸、赤霉素、细胞激动素等。外源调节物质有多效唑、乙烯利、矮壮素等。

（二）控制花芽分化的技术措施

1. 促进花芽分化的技术措施

（1）培养健壮的 1～2 年生春梢，防治病虫害（病虫害会影响花芽分化）；花前控肥水，促使花芽分化；抹除顶芽，促进花芽分化。

（2）控制肥水：减少氮肥，减少供水。

（3）合理修剪：弯枝、扭梢、环剥等，修剪时多轻剪；摘心有利于花芽分化；草本花卉在花芽分化前修剪。

（4）喷施生长抑制剂。

2. 抑制花芽分化的技术措施

（1）肥水管理：多施氮肥，多灌水。

（2）修剪：适当重剪，多短截。

（3）喷施生长促进剂。

任务二　环境对花卉生长与发育的影响

花卉的生长发育除了受自身的遗传特性影响之外，还受到各种环境条件的综合影响，环境条件包括温度、光照、水分、土壤、空气等。因此，花卉的生长发育实际上是各种环境条件综合作用的结果。不过，在花卉的某一生育阶段，总是有一种环境条件起着主导作用，这种环境条件称为主导因素。正确了解和掌握各种环境条件对花卉生长发育的影响，是合理指导花卉栽培和生产的基础。

一、温度

（一）花卉对温度的要求

（1）"三基点"温度：花卉在其整个生命过程中所需要的温度称为生物学温度，生物学温度包括三个温度指标，即最低临界温度、最适温度、最高临界温度，这三个温度合称三基点温度。

最低临界温度是指花卉生长发育的下限温度。最适温度是指花卉生长发育最迅速，而且生长健壮不徒长的最适宜温度。最高临界温度是指能维持花卉生命的上限温度。

（2）不同花卉种类的原产地气候条件不同，其生长发育时对温度的要求也不同。

原产于热带的花卉：生长的基点温度较高，一般在 18 ℃ 开始生长。如王莲的种子，需在 30～35 ℃ 的水温下才能发芽生长。

原产于亚热带的花卉：生长的基点温度适中，一般在 15～16 ℃ 开始生长。

原产于温带的花卉：生长的基点温度较低，一般 10 ℃ 开始生长。如芍药在北京，地下部分可以越冬，次年春天萌发。

（3）花卉发育阶段和温度的关系。花卉在不同的发育阶段对温度有不同的要求，即从种子发芽到种子成熟，各个生育阶段对温度的要求是不断变化的。如一年生花卉，种子萌发期需要较高的温度，幼苗期要求温度较低，开花结实阶段要求的温度逐渐增高。二年生花卉种子萌发要求温度较低，幼苗期要求的温度较种子萌发期更低，大多需经过一段时期 1～5 ℃ 的低温，才能顺利通过春化阶段，进而进行花芽分化；开花结实阶段要求的温度稍高于营养生长时期。

（二）温度对花卉生长发育的影响

1. 温周期的作用　温周期是指温度的季节变化和昼夜变化。温周期现象是指植物对温度周期性变化的反应。昼夜温差较大，积累的有机物质多，对花卉的生长发育更有利。当然昼夜温差也有一定的范围，并非温差越大越好，否则对生长也不利。

热带植物需要的昼夜温差为3～6 ℃，温带植物为5～7 ℃，沙漠地区植物如仙人掌类为10 ℃以上。

2. 温度与花芽分化　在高温下进行花芽分化：有些花卉在6～8月气温高至25 ℃以上时进行花芽分化，如杜鹃、山茶、鸡冠花、唐菖蒲等。

在低温下进行花芽分化：许多原产于温带中北部以及各地的高山花卉，其花芽分化多要求在20 ℃以下较凉爽的气候条件下进行，如石斛属的某些种类在低温13 ℃左右和短日照下更易进行花芽分化；许多秋播草花如金盏菊、雏菊等要求在低温下进行花芽分化。

3. 温度与花色　有的花卉随温度的升高和光照度的减弱，花色会变浅，如菊花、大丽花等。月季花在低温下呈较浓的红色，在高温下呈白色。

有的花卉随温度的升高而花色变深。如碧冬茄在30～35 ℃开花时呈蓝或紫色，在15 ℃以下开花时呈白色，在上述两者之间的温度下开花时呈蓝和白的复色。

4. 低温对花卉的影响　花卉不同发育时期的抗寒性不同，休眠的种子可以忍耐极低的温度；生长中的植物体耐寒力很低，但经过秋季和初冬冷凉气候的锻炼后，可以忍受较低的温度。增强花卉耐寒力的措施如下所述。

（1）炼苗：盆花或花苗，在移植到露地前加强通风、逐渐降温。

（2）早播：在早春寒冷时播种。

（3）施磷、钾肥：增施磷、钾肥，减少氮肥的施用。

（4）地面覆盖：覆盖秸秆、落叶、马粪、塑料薄膜等，或者设置风障。

低温是很多种子打破休眠期的关键，经过低温处理后，发芽率可提高。有些花卉需要低温条件才能促进花芽形成和花器发育，这一过程称为春化，而使花卉通过春化阶段的这种低温刺激和处理过程称为春化作用。

5. 高温对花卉的影响

（1）危害：高温使植物生长速度下降，严重时引起植物体失水，造成原生质脱水，蛋白质凝固，甚至导致植株死亡。

（2）耐热性：一般花卉在35～40 ℃时生长缓慢，50 ℃以上时除热带干旱地区的多肉植物外，绝大多数花卉死亡。

（3）降温措施：叶面喷水、灌溉、松土、地面铺草、设置荫棚等，重点是保持土壤湿润，促进蒸腾作用。

二、光照

光照是花卉赖以生存的必要条件，是植物制造有机物的能量源泉。植物的光合作用只有在光照下才能进行，没有光照就没有绿色植物，也就没有花卉。光照对花卉生长发育的影响主要表现在三方面，即光照度、光照长度和光的组成。

（一）光照度对花卉的影响

1. 影响光合作用 引起植株形态结构上的变化，如叶片的大小和厚薄、茎的粗细、节间的长短、叶肉结构、花色浓淡等。

（1）光照过强（如夏季强光）：使植物同化作用减缓。

（2）光照不足（如冬季温室内）：使植物同化作用和蒸腾作用减弱，植株徒长，节间伸长，花色减淡，花的香气不足，分蘖力减弱，易感染病虫害。

（3）一般植物的最适需光量为全日照的 50%～70%，多数植物在全日照 50% 以下的光照条件下生长不良。

2. 影响花卉的开花期 如半支莲、酢浆草等必须在强光下开花，紫茉莉、晚香玉等在傍晚开花，昙花在晚上开花，圆叶牵牛在早晨开花；多数花卉晨开夜闭。可以通过调节光强度和光照长度来调整花期。光照度还会影响花青素的形成，影响糖的积累，从而影响花色。植物学家林奈为了说明开花时间和光照度的关系，早于 18 世纪时就按照不同花卉的开花时间，制作出世界上第一个"花时钟"。

几种常见花卉的花蕾开放时间如下所述。

3 时，蛇床花开花；4 时，圆叶牵牛开花；5 时，蔷薇开花；6 时，龙葵花开花；7 时，芍药开花；8 时，睡莲开花；9 时，半支莲开花；10 时，马齿苋开花；16 时，万寿菊开花；17 时，紫茉莉开花；18 时，烟草开花；19 时，剪秋罗开花；20 时，夜来香开花；21 时，昙花开花。

（二）光照长度对花卉的影响

1. 影响花卉种类的分布 热带和亚热带植物，全年接受的日照长度均等，属于短日照植物；温带地区的植物，属于长日照植物。

2. 影响休眠 一般短日照促进休眠，长日照促进生长。

3. 影响营养繁殖 有的花卉在长日照下才能进行营养繁殖，如虎耳草匍匐茎的发育，落地生根叶缘上幼小植物体的生长，禾本科植物的分蘖等。

4. 影响块根和块茎的形成 短日照可促进某些花卉块根和块茎的形成和生长，如菊芋、大丽花、秋海棠等。

5. 影响花卉开花 自然花期为春末和夏季的花卉有唐菖蒲、瓜叶菊、绣球、令箭荷花等。秋、冬季开花的花卉有秋菊、一品红、蟹爪兰等。温度适宜时可以四季开花的花卉有月季花、碧冬茄、非洲菊、香石竹、仙客来等。

可根据花卉所需日照情况来选择遮阳网的种类，遮阳网还可用来调控花期。

（1）对于半耐阴花卉，夏天要有遮阳网。

（2）根据花卉的耐阴程度选择遮阳网材料。

（3）双层调控的遮阳网，可以更好地调控光照度和光照长度。

三、水分

（一）花卉对水分的要求

1. 旱生花卉 如多数原产于炎热干旱区的仙人掌科、景天科花卉等都是旱生花卉。其特点是叶片变小，或退化成刺毛状，或肉质化；表皮角质层加厚，气孔下陷；叶表面具厚茸毛。栽培管理中应掌握"宁干勿湿"的浇水原则。

2. 中生花卉 如大多数露地花卉均为中生花卉，它们对水分的要求和形态特征介于旱生花卉与湿生花卉之间。一般宿根花卉根系强大，抗旱力强；一二年生花卉与球根花卉根系浅，耐旱力弱。栽培管理中应掌握"见干见湿"的浇水原则。

3. 湿生花卉 湿生花卉一般为原产于热带沼泽地、阴湿森林中的植物，如海芋、合果芋、水仙、燕子花、马蹄莲、龟背竹、花菖蒲等。其特点是喜生长于空气湿度较大的环境中。栽培管理中应掌握"宁湿勿干"的浇水原则。

4. 水生花卉 生长在水中的花卉称为水生花卉，如莲、睡莲、萍蓬莲等。其特点是根或茎一般都具有较发达的通气组织。

（二）水分对花卉生育的影响

1. 花卉不同生育期对水分的要求

种子萌发期：花卉种子发芽时，需要较多的水分以便透入种皮，有利于胚根的抽出。

幼苗期：幼苗时因根系弱小，在土壤中分布较浅，抗旱力极弱，必须经常保持湿润。

营养生长期：营养生长期抗旱力增强，但要有充足的水分才能旺盛生长。

开花结果期：要求空气湿度小，有利于传粉。

种子成熟期：要求空气干燥。

2. 水分对花卉花芽分化及花色的影响 控制水分有利于花卉的花芽分化。如梅花的"扣水"就是减少水分的供应，使新梢顶端自然干枯，叶面卷曲，停止生长，从而转向花芽分化。

球根花卉中，球根含水量少的，花芽分化早；球根含水量多的或较早掘起的，花芽分化延迟。如球根鸢尾、水仙、风信子、百合等用 30～35 ℃的高温处理，使其球根脱水，可以达到促进花芽分化和花芽伸长的目的。

适度的控水可使一些花卉的色素形成较多，花色变浓，如蔷薇、菊花等。

3. 干旱对花卉的影响 干旱使植株萎蔫，叶片及叶柄皱缩下垂，特别是一些叶片较薄的花卉更易受到影响。暂时的萎蔫可以恢复，但长久萎蔫会使老叶和下部叶片脱落死亡。

干旱使草花木质化：多数草花在遭受干旱时，由于木质化的增加，会造成植株表面粗糙，叶片失去鲜绿的色泽。

4. 水分过多对花卉的影响

根系损伤：根系缺氧受损，不能正常吸水，植株呈现的情况与干旱时极其相似。

植株徒长和易发病：水分过多还常使花卉叶色发黄，植株徒长，易倒伏，易受病菌侵害。

四、土壤

土壤是花卉生长的物质基础，它能不断地提供花卉生长发育所需要的空气、水分及营养元素。因此，土壤的理化性质及肥力状况对花卉的生长具有重要的影响。

（一）土壤的理化性质

1. 土壤质地 土壤质地是指土壤中直径不同的矿物颗粒的组合状况。土壤质地有沙土、壤土和黏土之分。

（1）沙土。沙土含沙粒较多，土质疏松，易于耕作，土粒间孔隙大，通气透水，但蓄水保肥能力差。土温高，昼夜温差大，有机质分解迅速，不易积累，腐殖质含量低，常用作扦插基质，或用作培养土的配制成分和改良黏土的成分，适宜栽植球根花卉和多肉植物。

（2）黏土。黏土含黏粒多，土质黏重，土粒间孔隙小，通气透水性能差，吸水保肥能力强。土温低，昼夜温差小，有机质分解缓慢，对大多数花卉生长不利。

（3）壤土。壤土土粒大小适中，性状介于沙土和黏土之间，不松不紧，既能通气透水，又能蓄水保肥，水、肥、气、热的状况比较协调，是理想的土壤质地。适合大多数花卉的生长。

2. 土壤密度　土壤密度是指单位体积内土壤或介质的干物重，常用单位是 g/cm³、kg/L。密度偏高时则说明土壤紧密，田间土壤的密度常见范围是 1.25～1.50 g/cm³。盆栽花卉需要经常搬动，栽培基质的密度以小于 0.75 g/cm³ 为宜。

3. 土壤持水量　土壤持水量是指土壤在排去重力水之后所能保持的水分含量，一般用水分占土壤干重或体积的百分数表示。田间土壤持水量一般以水分占土壤干重的百分数表示，以 25% 为宜。盆栽土壤或基质的持水量，一般以水分占土壤体积的百分数表示，其范围应是 20%～60%。

4. 土壤孔隙　土壤孔隙主要是指重力水排掉后土壤中留下的大孔隙，即非毛细管孔隙，又称通气孔隙。通常通气孔隙应维持在 5%～30%，若通气孔隙过高，则土壤持水量降低，并易引起土壤，尤其是盆栽土干燥。不同种类的花卉对通气孔隙的要求不同。

5. 土壤酸碱度　土壤酸碱度是指土壤溶液的酸碱程度，用 pH 表示。土壤酸碱度与土壤理化性质及微生物活动有关，因此，土壤中有机质及矿质营养元素的分解和利用也和土壤酸碱度密切相关。各种花卉由于原产地土壤条件不同，对土壤酸碱度的要求也不同，大部分花卉生长适宜的 pH 范围是 5.5～6.5。一般而言，原产于北方的花卉耐碱性强，原产于南方的花卉耐酸性强。而大多数露地栽培的花卉要求中性土壤，温室盆栽花卉要求酸性或微酸性土壤。

pH 等于 7 表示酸碱呈中性，pH 大于 7 表示酸碱度呈碱性，pH 越小则酸性越强。

（1）耐酸性（pH4～5）花卉有杜鹃、绣球、栀子、彩叶草、紫鸭跖草、蕨类、兰科植物等。

（2）适宜弱酸性（pH5～6）花卉有秋海棠、朱顶红、仙客来、山茶、茉莉、米仔兰、含笑、木樨、棕榈科植物等。

（3）适宜中性偏酸性（pH6～7）花卉有菊花、文竹、一品红、月季花、倒挂金钟、君子兰、水仙、贴梗海棠等。

（4）适宜中性偏碱性（pH7～8）花卉有玫瑰、石竹、天竺葵、迎春花、南天竹、榆叶梅、木槿、石榴、紫藤等。

（二）花卉对土壤的要求

（1）露地花卉中的一二年生花卉：在排水良好的沙壤土、壤土和黏壤土上均可生长良好，在重黏土和沙土上生长不良。需要表土深厚、地下水位较高、干湿适中、富含有机质的土壤。夏季开花的种类最忌干燥的土壤，秋播花卉如金盏菊、矢车菊等，以表土深厚的黏壤土为宜。

（2）宿根花卉：根系较一二年生花卉强大，入土较深，达 40～50 cm，栽植时应施入大量有机肥。一次栽植后可多年开花。幼苗期喜腐殖质丰富的疏松土壤，而在第二年以后以黏壤土为佳。

（3）球根花卉：对土壤的要求更为严格，一般以富含腐殖质且排水良好的沙壤土或壤土为宜。最好的土壤是下层为排水良好的沙砾土，而表土为深厚的沙壤土。但水仙、晚香玉、风信子、百合、石蒜和郁金香等，以黏壤土为宜。

（4）温室花卉大多进行盆栽，由于盆土容量有限，盆花根系伸展受到限制，因此，培养土的好坏是盆花栽培的关键。为满足盆栽花卉生长发育的需要，要求盆土富含腐殖质、通透性良好、酸碱度适宜等。

五、气体

空气中的各种气体对花卉的生长发育有不同的作用，有的气体为花卉生长所必需，但随着空气污染的日趋严重，致使大气中还含有一些对花卉生长不利甚至有害的气体。有些花卉具有适应和抵抗有害气体的能力，成为重要的环保植物。了解花卉与各种气体的关系，对于正确选择绿化用花卉，科学管理花卉的栽培环境有重要意义。

（一）气体对花卉的影响

1. 氧气 氧气为花卉呼吸作用所必需。大气中氧的含量约为 21%，在普通栽培条件下足够满足花卉的呼吸需要，不存在缺氧问题。但是，花卉的根系同样需要呼吸，当土壤紧实或表土板结时，会影响土壤中的气体交换，致使二氧化碳在土壤板结层下大量聚集，造成氧气不足，根系呼吸困难，甚至导致根系腐烂。土壤中氧气不足还会影响种子萌发。通过松土可保持土壤的团粒结构，使空气流通，氧气可达到根系，同时可使二氧化碳散到空气中。

2. 二氧化碳 大气中二氧化碳的含量平均约为 0.03%，虽然空气中二氧化碳含量很少，但它是花卉光合作用的重要原料之一。在一定的范围内，增加空气中二氧化碳的含量，能增加光合作用强度，从而增加光合产物的累积。但当空气中二氧化碳含量高于 0.3% 时，又会对光合作用造成抑制。还应注意，在增加二氧化碳的同时，还必须增加光照，才能促进光合作用。由于棚室内空气流动性差，花卉光合作用所需要的二氧化碳往往显得不足，这时，除了加强通风换气外，还常增施二氧化碳气肥来加以补充，可施用固体二氧化碳（干冰），棚室中 1 m³ 空气内，每天施用干冰 10 g；另外也可通过使用二氧化碳钢瓶、二氧化碳发生器等方法来补充二氧化碳气肥。

3. 二氧化硫 二氧化硫是工厂燃料燃烧而产生的有害气体，当空气中二氧化硫含量增至 0.001% 时，会使花卉受害，而且二氧化硫浓度越高，危害越严重。二氧化硫由气孔侵入叶部组织后，叶绿体被破坏，组织脱水并坏死。表现症状是在叶脉间出现许多褪色斑点，严重时致使叶片黄化脱落。各种花卉对二氧化硫的敏感程度不同，表现的症状也不同，对其抗性较强的花卉有金鱼草、蜀葵、美人蕉、金盏菊、百日草、鸡冠花、大丽花、唐菖蒲、玉簪、酢浆草、石竹等；对二氧化硫敏感的花卉有碧冬茄、秋英、蛇目菊等。

4. 氨气 氨气是由氮肥散发出来的，在棚室栽培花卉时，如果经常使用氮素肥水，就会增加空气中氨气的含量，当其含量达到 0.1%～0.6% 时，叶缘开始出现烧伤现象；在 4% 浓度下，经过 24 h 后，大部分花卉便会中毒死亡。

5. 其他有害气体 在工矿比较集中的地区，空气中还含有许多其他有毒气体，如乙烯、乙炔、硫化氢、氟化氢、氯化氢、一氧化碳、氯气等，它们对花卉都有严重危害。这些有害气体大部分来自工厂烟囱排放出的烟尘，有时也会从工厂排出的废水中散发出来。

（二）花卉在改善空气质量方面的作用

1. 吸收二氧化碳，放出氧气 植物是环境中二氧化碳和氧气的调节器，在光合作用中每吸收 44 g 二氧化碳可放出 32 g 氧气。虽然植物也进行呼吸作用，但在白天由光合作用所放出的氧气，要比由呼吸作用所消耗的氧气多 20 倍。通常每公顷森林每天可消耗 1 000 kg 二氧化碳，放出 730 kg 氧气。

2. 分泌杀菌素 城镇中闹市区空气里的细菌数比公园绿地中多 7 倍以上，公园绿地中细菌少的原因之一是很多植物能分泌杀菌素。如桉树、肉桂、柠檬等树体内含有芳香油，它们具有杀菌作用。植物的一些芳香性挥发物质还可使人精神愉快。

3. 吸收有毒气体 城市空气中含有许多有毒物质，植物的叶片可以将其吸收或富集于体内而减少空气中的毒物含量。

4. 阻滞尘埃 尘埃中除含有土壤微粒外，还含有细菌和其他金属性粉尘、矿物粉尘、植物性粉尘等，它们会影响人体健康。尘埃会使多雾地区的雾情加重，降低空气的透明度。

（三）摆放在居室中的多种花卉对室内空气有很好的改善作用

如吊兰能吸收有毒的化学物质，仙人掌有过滤空气的作用，紫丁香有杀菌的作用等。

项目小结

花卉的生长发育除受自身生物特性的影响外，还受多种环境条件的影响，这些环境条件不但直接影响花卉的生长发育，而且各种环境条件之间也相互影响、相互制约。所以，花卉的生长发育实际上是各种环境条件的综合结果。

探究与讨论

1. 不同种类的花卉发育特点有什么不同？
2. 什么叫花卉的年周期？各种花卉的年周期有什么不同？
3. 温度对花卉的生长发育有什么影响？

项目四 花卉栽培设施及器具

项目导读

花卉栽培设施是指人为建造的适宜或保护不同类型的花卉正常生长发育的各种建筑及设备，主要包括温室、塑料大棚、阳畦与温床、荫棚、风障，以及机械化、自动化设备，各种机具和容器等。

学习目标

☑ 知识目标

- 掌握温室结构特点及作用，现代化温室发展的特点以及温室的种类。
- 掌握塑料大棚的结构和作用。
- 掌握荫棚的结构和作用。
- 了解风障的作用和结构，了解阳畦、温床、冷窖的作用及阳畦、温床、冷窖的结构。
- 熟悉保护地栽培的技术要点。

☑ 能力目标

- 正确判断温室、塑料大棚的结构。
- 正确利用温室、塑料大棚进行环境调控。

项目学习

任务一 温室

一、温室的发展历史

(一) 保护地栽培

20 世纪 80 年代以来，栽培设施的发展包括风障（图 4-1、彩图 4）、地膜覆盖（图 4-2）、小拱棚（图 4-3）和浮面覆盖、阳畦、塑料大棚（图 4-4、彩图 5）、温室（图 4-5）、连栋温室（图 4-6、彩图 6、彩图 7）等几个阶段。

图 4-1　风障

图 4-2　地膜覆盖

图 4-3　小拱棚

图 4-4　塑料大棚

图 4-5　温室

图 4-6　连栋温室

（二）温室发展历史

20 世纪 80 年代，在我国东北地区率先研究开发的节能日光温室（图 4-7、彩图 8），实现了在 −20～−15 ℃的高寒地区基本不加温进行冬季喜温果菜的生产，从而得到了迅速的推广普及，20 世纪 90 年代温室在花卉业普遍应用。

20 世纪 30 年代，辽宁海城的农民创建了玻璃日光温室（图 4-8），但其作为家传手艺，发展很慢。20 世纪 80 年代中期，当地科技工作者和菜农经过长期探索，对原有日光温室进行技术改造，研发高效节能型的拱圆式塑料日光温室及其配套栽培技术，在北纬

40°～41°的高纬度地区，进行冬春茬黄瓜不加温栽培，使黄瓜可以在1月至4月初上市，且亩*产量超5 000 kg，产值超1万元。这为解决我国北方地区冬季鲜菜供应问题开辟了一条节能、简易、实用的新途径。1984年，《人民日报》以《冬天里的春天》为题做了报道，引起瞩目，彼时农业部大力组织科研部门，对其结构性能进行优化改进，主要在我国北纬33°～46°地区进行推广普及，其应用面积从1984年的3 000 hm² 增长到2000年的407 000 hm²，从而使我国北方地区冬春鲜菜供应不足的问题得到了有效缓解，在我国设施园艺发展史上谱写了辉煌篇章。

图4-7　节能日光温室　　　　　　　　　图4-8　玻璃日光温室

二、温室在花卉生产中的作用及发展趋势

（一）作用

温室在花卉生产中的作用主要是：在不符合植物生态要求的季节，创造出适合植物生长发育的环境条件来栽培花卉，以实现花卉的反季节生产；在无法满足植物生态要求的地区，利用温室创造的条件来栽培花卉，以满足人们对花卉的需求；进行大规模集约化生产，提高劳动效率。

（二）发展趋势

温室在花卉生产中的发展趋势为温室的大型化、现代化、结构标准化、环境调节自动化、栽培管理机械化和栽培技术科学化等。

三、温室的类型和结构

（一）温室的类型

1. 按温室覆盖材料分类　有玻璃温室、塑料温室、日光温室等种类。

（1）玻璃温室。玻璃温室内设有加温、滴灌等设备，保温性能好，造价较高（图4-9）。

（2）双层塑料温室。双层塑料温室以双层塑料薄膜作为保温材料，保温效果较好（图4-10）。

（3）日光温室。日光温室北、东、西三面围墙，脊高2 m以上，跨度6～8 m，热量

---

*　亩为非法定计量单位，1亩≈666.7 m²。

来源（包括晚上）主要为太阳辐射能。它是我国特有的一种保护地生产设施（图 4-11）。

图 4-9 玻璃温室

图 4-10 双层塑料温室

图 4-11 日光温室

2. 按用途分类

（1）生产性温室。生产性温室以满足栽培需要和经济实用为原则（图 4-12）。

图 4-12 生产性温室

（2）试验研究温室（人工气候室）。试验研究温室是可人工控制光照、温度、湿度、气压和气体成分等要素的密闭隔离设备，又称可控环境实验室。它不受地理、季节等自然条件的限制并能缩短研究周期，已成为科研、教学和生产上的一种重要设备（图4-13）。

（3）观赏性温室。观赏性温室多设在公园、植物园或高等院校内，供展览观赏植物、普及科学知识和教学之用，其建筑形式要求具有一定的艺术性（图4-14）。

图4-13　试验研究温室（人工气候室）　　　　　　图4-14　观赏性温室

3. 根据温度分类

（1）高温温室：室内温度冬季一般保持在18～36 ℃。

（2）中温温室：室内温度冬季一般保持在12～25 ℃。

（3）低温温室：室内温度冬季一般保持在5～20 ℃。

（4）冷室：室内温度冬季一般保持在0～15 ℃。

（二）日光温室的结构

日光温室一般由三面围墙、后屋面、前屋面和保温覆盖物四部分组成（图4-15）。大多以塑料薄膜为采光覆盖材料，以太阳辐射为热源，靠最大限度地采光、加厚的墙体和后坡，以及防寒沟（彩图9）、草苫等一系列保温御寒设备以达到增温、保温的目的，从而充分利用光热资源，减弱不利气象因子的影响。一般不进行加温或只进行少量的补温。

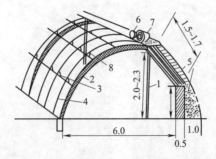

图4-15　常见日光温室结构示意（单位：m）

1. 中柱　2. 钢架　3. 横向拉杆　4. 拱杆　5. 后墙后坡　6. 纸被　7. 草苫　8. 吊柱

1. 日光温室的结构类型

（1）钢竹混合结构日光温室。常见的钢竹混合结构日光温室跨度 6 m 左右，每 3 m 设一道钢拱杆，矢高 2.3 m 左右，前面无支柱，设有加强桁架；结构坚固，光照充足，便于室内保温。

（2）全钢架无支柱日光温室。全钢架无支柱日光温室跨度 6.5～7.0 m，矢高 3 m 左右，后墙为空心砖墙，钢筋骨架，有三道花梁横向拉接，拱架间距 80～100 cm；结构坚固耐用，采光好，通风方便，有利于室内保温和室内作业（图 4-16 至图 4-18）。

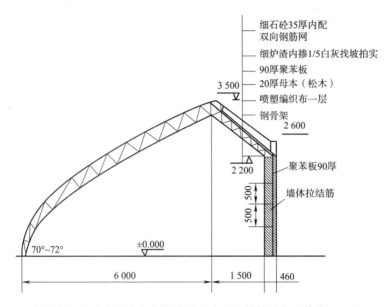

图 4-16 辽沈Ⅰ型全钢架无支柱日光温室结构示意（单位：mm）

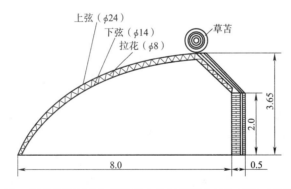

图 4-17 改进冀优Ⅱ型全钢架无支柱日光温室结构示意（单位：m）

2. 日光温室的结构参数 日光温室骨架由后墙、后坡、前屋面和两山墙组成，各部位的长宽、厚薄和用材决定了它的采光和保温性能。根据近年来的生产实践，此种温室的总体要求为：采光好、保温好、成本低、易操作、高效益。其具体结构的参数可归纳为五度、四比、三材。

图 4-18　全钢架无支柱日光温室

（1）五度。

①角度。角度包括屋面角（图 4-19）、后屋面仰角（图 4-20）、方位角（图 4-21）。

图 4-19　日光温室屋面角　　　　　　　　图 4-20　日光温室后屋面仰角

屋面角决定了温室采光性能，要使冬、春季阳光能最大限度地进入棚内。一般为当地地理纬度减少 6.5° 左右。

后屋面仰角是指后坡内侧与地平面的夹角，要达到 35° ～ 40°。这个角度的设置是为了让冬、春季阳光能射到后墙，使后墙受热后储蓄热量，以便晚间向温室内散热。

方位角是指一个温室的方向定位，要求温室坐北朝南，东西向排列，向东或向西偏斜的角度不应大于 7°。

②高度。高度包括矢高和后墙高度。

矢高是指从地面到脊顶最高处的高度，矢高一般要达到 3 m 左右（图 4-22）。由于矢高与跨度有一定的关系，在跨度确定的情况下，高度增加，屋面角度也增加，从而提高了采光效果。

跨度为 6 m 的冬季生产温室，其矢高以 2.5 ～ 2.8 m 为宜；7 m 跨度的温室，其矢高以 3.0 ～ 3.1 m 为宜。为保证作业方便，后墙的高度以 1.8 m 左右为宜，过低影响作业，过高时后坡缩短，保温效果下降（图 4-23）。

图 4-21 日光温室方位角

图 4-22 日光温室矢高

③跨度。跨度是指温室后墙内侧到前屋面南底脚的距离，一般以 6～7 m 为宜（图 4-24）。这样的跨度，配之以一定的屋脊高度，既可保证前屋面有较大的采光角度，又可使植物有较大的生长空间，便于覆盖保温，也便于选择建筑材料。近年来根据栽培作物的不同，日光温室在跨度上有所加大，如 8 m 跨度的温室，但应同时将矢高提高到 3.3～3.4 m，后墙高度提高到 2 m。

图 4-23 日光温室后墙高度

图 4-24 日光温室跨度

④长度。长度是指温室东、西山墙间的距离，以 50～60 m 为宜，也就是一栋温室净栽培面积应为 350 m² 左右，以利于一个强壮劳力操作。

⑤厚度。厚度包括三方面的内容，即后墙、后坡和草苫的厚度。厚度的大小主要决定保温性能。后墙的厚度根据地区和用材不同而有不同要求。

后墙：后墙厚度在黄淮区应达到 80 cm 以上，在东北地区应达到 1.5 m 以上；砖结构的空心异质材料墙体厚度应达到 50～80 cm，才能起到吸热、贮热、防寒的作用。

后坡：后坡为草坡的，厚度要达到 40～50 cm；对于预制混凝土后坡，要在内侧或外侧加 25～30 cm 厚的保温层。

草苫：草苫的厚度要达到 6～8 cm，即 9 m 长、1.1 m 宽的稻草苫质量要在 35 kg 以上；1.5 m 宽的蒲草苫质量要达到 40 kg 以上。

（2）四比。四比即温室各部位的比例，包括前后坡比、高跨比、保温比和遮阳比。

①前后坡比。前后坡比是指前坡和后坡垂直投影宽度的比例。

日光温室的前坡和后坡有着不同的功能。后坡由于有较厚的厚度，起到贮热和保温作用；而前坡面覆盖透明覆盖物，白天起采光作用，但晚上由于覆盖物较薄，散失的热量也较多，所以，它们的比例直接影响着采光和保温效果。

现在建造的日光温室大多用于冬季生产，为了保温必须有后坡，而且后坡长一些能增强保温效果。但是，若后坡过长、前坡过短，又会影响白天的采光，且造成栽培面积小。所以，从保温、采光、方便操作及扩大栽培面积等方面考虑，前后坡投影比例以 4.5：1 左右为宜，即一个跨度为 6～7 m 的温室，前屋面投影 5.5～5.5 m，后屋面投影 1.2～1.5 m。

②高跨比。高跨比是指日光温室的高度与跨度的比例。二者比例的大小决定了屋面角的大小。若想有合理的屋面角，高跨比以 1：2.2 左右为宜。即跨度为 6 m 的温室，高度应达到 2.6 m 以上；跨度为 7 m 的温室，高度应达到 3 m 以上。

③保温比。保温比是指日光温室内的贮热面积与放热面积的比例。温室内的贮热面为温室内的地面，散热面为前屋面，故保温比就等于温室室内地面面积与前屋面面积之比。

保温比的大小说明了日光温室保温性能的大小，保温比越大，保温性能越好。要提高保温比，就应尽量扩大温室室内地面面积，减少前屋面面积；但前屋面又有采光作用，所以保温比应该保持在一定的范围内。

根据近年来日光温室开发的实践及保温原理，保温比为 1 较好，即室内地面面积与屋面散热面积相等较为合理，也就是跨度为 7 m 的温室，前屋面拱杆的长度以 7 m 为宜。

④遮阳比。遮阳比是指在建造多栋温室时或在高大建筑物北侧建造温室时，前面地物对温室的遮阳影响（图 4-25）。

图 4-25　日光温室间距（遮阳比）

如郑州冬至日的正午太阳高度角为 $31°57'$，温室前有一栋 3 m 高的建筑物，则要建造的温室与该建筑物的最小距离为（ctg31°57′×3）m＝4.81 m，但这样也只能保持中午时前后排不遮阳，如果考虑到 10～11 时不能有遮阳影响，那么要建造的温室与该建筑物的最小距离为（ctg25°×3）m＝6.43 m，则其遮阳比应增加到 1：2，也就是前室高 3 m 时，后排距该建筑物北侧的距离要达到 6 m 以上。

（3）三材。三材是指建造温室所用的建筑材料、透光材料及保温材料。

①建筑材料。建筑材料主要视投资多少而定，投资多时可选用耐久性的钢结构、水泥结构等；投资少时可采用竹木结构。无论采用何种建材，都要考虑有一定的牢固度和保温性。

②透光材料。透光材料是指前屋面采用的塑料薄膜，主要有聚乙烯（PE）和聚氯乙烯（PVC）两种。近年来又开发出了乙烯-醋酸乙烯共聚膜，具有较好的透光和保温性能，且质量轻、耐老化、无滴性能好。

③保温材料。保温材料是指各种围护组织所用的保温、贮温材料，包括墙体保温材料、后坡保温材料和前屋面保温材料。墙体除用土墙外，在利用砖石结构时，内部应填充保温材料，如煤渣、锯末等。

对于前屋面，主要是采用草苫加纸被进行保温，也可进行室内覆盖。对于冬、春季多雨的黄淮区，可用防水无纺布代替纸被，无纺布保温效果与纸被相似。对于替代草苫的材料，有些厂家已生产了聚乙烯高发泡软片，专门用于外覆盖。用两层 300 g/m² 的无纺布也可达到草苫的覆盖效果，不同覆盖材料的保温效果不同。

四、我国引进温室的使用情况及存在问题

（一）使用情况

1979—1994 年，我国从日本、荷兰、罗马尼亚、美国等国家引进了约 21.1 hm² 现代温室。由于 20 世纪 80 年代我国国内生产总值（GDP）水平尚低，加之缺乏现代温室的管理经验，除个别单位能正常运营这些引进的温室外，其他单位基本上都是连年亏损。

1995 年北京中以合作农场率先从以色列引进现代化大型塑料温室；1996 年上海从荷兰引进 15 hm² 左右 Venlo 型现代全自控温室（图 4-26），经过三年运营，基本取得了成功。

图 4-26 引进温室

1996—2000 年，全国各地相继从荷兰、以色列、美国、法国、日本和西班牙等多个

国家引进了约 175.4 hm² 现代温室，同时还引进了与之配套的植物品种、栽培技术和管理人员，并通过学习、消化、吸收，研究开发国产化现代温室设施。据不完全统计，截至 2000 年，全国大型现代温室总面积已达 1 290 hm² 左右，其中进口的现代温室面积约为 185.4 hm²。

（二）存在问题

我国设施园艺面积虽居世界之首，但总体技术水平与世界先进地区相比仍有较大差距：设施种类以简易型为主，环境可控程度低，抗灾能力弱，市场流通体制尚不健全，经济效益不够高。

我国的现代设施园艺技术正在兴起，但在因地制宜的材料结构优化与现代化、栽培管理和经营管理的现代化方面仍缺少经验和人才，一个高效稳定的设施园艺产业体系尚有待提高和完善。

五、温室内环境的调节

温室内的环境因子虽在很大程度上仍受外界环境的影响，但通过温室可使在露地生产中无法实现的环境调控成为可能。因此，了解温室内的环境特点，并掌握其人工调控方法，对促进设施园艺作物的优质高产高效栽培，具有重要意义。

温室设施内主要的环境因子有光环境、温度环境、湿度环境等。

（一）光环境

光环境对温室作物的生长发育产生光效应、热效应和形态效应，直接影响作物的光合作用，光周期反应和器官形态的形成；在设施园艺作物的生产中，尤其是在喜光园艺作物的优质高产栽培中，具有决定性的影响。

1. 直射光的透光率　直射光的透光率依纬度、季节、时间、温室建造方位、单栋或连栋、屋面角和覆盖材料的种类等而异；随着纬度的增加，东—西栋与南—北栋温室的透光率差值增大。

（1）西连栋温室的屋面角增大到约 30°时透光率达最高值，但再继续增大屋面角则透光率又迅速下降，这是由于屋脊升高后，直射光透过温室时要经过的南屋面数增多了。

（2）东—西单栋温室的透光率随屋面角的增大而增大。

（3）南—北单栋温室的透光率与屋面角的大小关系不大。

（4）单栋温室的透光率均高于连栋温室。

2. 设施内的光照调节

（1）改善设施的透光能力，增强设施内的自然光照度。

（2）强光下的夏季栽培或软化栽培等特殊条件下的栽培，要遮光。

（3）冬季弱光期或光照长度较少的地区要进行人工补光。

3. 改善设施的透光能力

（1）采用透光率高、防尘性能好、抗老化、无水滴的覆盖材料。

（2）建造设施时应尽量采用合理的屋面角度。

（3）减少建材的遮阳。

（4）建造设施时，要注意选择合理的方位。

要充分利用反射光。如日光温室适当缩短后坡并在后墙上涂白及安装镀铝反光膜，地面覆盖地膜等。

从透光率和骨架材料遮阳两方面考虑。对单栋温室、塑料大棚而言，若是单屋面，则应以东西延长、坐北朝南为优。若是双屋面，以冬季生产为主时，东西延长比南北延长的光照度强，并可调整屋面坡度，减少水平构架材料从而减少床面上的弱光带；以春、秋季栽培为主或全年栽培时，则应以南北延长为优。

4. 加强设施的光照管理　建造设施应选择粉尘、烟尘等污染较轻的地方。应经常打扫和清洗透光覆盖面，增加透光率。阴雪天过后应及时揭开保温覆盖物。

5. 强光下的夏季栽培或软化栽培等特殊条件下栽培的遮光

（1）遮光的目的。

①减弱设施内的光照度。

②降低设施内的温度。

（2）遮光的措施。如遮阳网、玻璃面涂白、屋面流水、苇帘、竹帘等。

①涂白分全部涂白、部分涂白和斑状涂白，涂白原料一般为石灰水，在国外也有用温室专用涂白剂的。

②内遮阳。

③玻璃屋面喷雾。

6. 冬季弱光期或光照时长较少的地区进行人工补光

（1）人工补光的目的。

①日常补光是以抑制或促进花芽分化，调节作物开花时期为目的，即以满足作物光周期的需要为目的。

②调控花期：弱光（5～10 W/m²），红光，用白炽灯、荧光灯即可；蓝光，用荧光灯或高压气体放电灯。

③栽培补光是以加强作物光合作用，促进作物生长，补充自然光照的不足为目的。

（2）栽培补光对电光源的要求。

①光照度在 3 000 lx 以上。

②光照度具有一定的可调性。

③有一定的光谱组成，最好具有太阳光的连续光谱。

（3）人工补光的光源。

①白炽灯。红光、远红光多，可见光所占比例少。其价格便宜，但发光效率低，光色较差，目前只能作为一种辅助光源。使用寿命约 1 000 h。

②荧光灯。荧光灯的光谱主要集中在可见光区：蓝紫光（16.1%）、黄绿光（39.3%）、红橙光（44.6%）。作为第二代电光源，其价格便宜，发光效率高（约为白炽灯的四倍），还可以改变荧光粉的成分以获得所需的光谱。使用寿命长达 3 000 h 左右。主要缺点是功率小。

③金属卤化物灯。发光效率高（光通量达 60～80 lm/W），光色好（主要集中在可见光区域），功率大（200～400 W），是目前高强度人工补光的主要光源。缺点是成本较高。

④高压气体放电灯。

水银灯（汞灯）：主要是蓝绿光，紫外辐射高，发光效率高（光通量达 50～60 lm/W），光色差。低压灯主要用作紫外光源，高压灯用于照明及人工补光。

氙灯：分为长弧氙灯和短弧氙灯，两种氙灯的辐射能量分布均与日光较接近，故又称"小太阳"。发光效率高（光通量达 $27 \sim 37$ lm/W），体积小，寿命长。

生物效应灯：连续光谱，紫外光、蓝紫光和远红外光低于自然光（远红外光比自然光低 25%）。绿、红、黄光比自然光高。

（二）设施内的温度调节

设施内的温度调节包括保温、加温、降温、变温管理。

1. 保温

（1）室外覆盖，如使用草苫、纸被或保温被等。

（2）两层固定覆盖（双层充气薄膜），间距 $10 \sim 20$ cm 比 5 cm 保温效果好。

（3）室内覆盖，如使用活动保温幕（活动天幕，两层足够）等。

（4）室内扣小拱棚。

（5）使用保温性能好的材料做墙体和后坡，并尽量加厚。

（6）减少换气放热，尽可能减少园艺设施缝隙，及时修补破损的棚膜。

（7）在门外建造缓冲间，并随手关严房门。

（8）减少土壤传热，设置深 40 cm、宽 30 cm 的防寒沟，减少温室南面底角土壤热量的散失。

（9）减少土壤蒸发和作物蒸腾。如使用全面地膜覆盖、膜下暗灌、滴灌等，阻止或减少潜热损失。

2. 加温

（1）增加设施内进光量，提高透明覆盖物的透光率。

（2）人工加温。当单靠保温不能维持作物生长所需温度时，需补充加温。现代温室加温成本占运营成本的 $50\% \sim 60\%$。不同加温方法：明火加温、气暖加温、电热加温、水暖加温、辐射加温等。

（3）降温措施。通风换气（自然通风）；强制通风；减少进入设施内的热量，如遮光、屋顶喷水等；通过蒸发冷却增大潜热消耗。

（三）设施内的湿度调节

1. 设施内的湿度概念　空气湿度是表示空气的潮湿程度即空气中水汽含量的物理量（大多数花卉适宜的相对空气湿度为 $60\% \sim 90\%$）。土壤湿度是表示土壤的湿润程度即土壤中水分含量的物理量。

2. 设施内湿度环境特征　设施内空气湿度的特点是空气湿度大，存在季节变化和日变化，湿度分布不均匀。

3. 设施内空气湿度的影响因素　设施内空气湿度的影响因素主要是设施的密闭性和设施内温度。

4. 具体影响表现

（1）园艺植物对营养物质的吸收及转运需要水分：根系对元素的吸收需要在水溶液中进行；营养元素在植株体内的运输需要水分作为介质。

（2）园艺植物的生理代谢需要水分，如光合作用、蒸腾作用、渗透压的维持等。

（3）园艺植物器官的形成需要较多的水分，若水分不足会影响产量和品质。

5. 设施内湿度环境与病虫害发生的关系 设施内湿度过高，会加重花卉病虫害的发生。

6. 除湿措施

（1）被动除湿。不用人工动力（电力等），只靠空气的自然流动，将设施内空气中多余的水汽或水雾等放出设施外，使设施内保持适宜的湿度环境。

①减少灌水：通过改良灌水的方法提高水分的利用率。

②地膜覆盖：地膜覆盖能阻隔土壤表面的水分蒸发，降低设施内的空气相对湿度。

③增大通风量和透光量。

④采用透湿性和吸湿性良好的保温幕材料。

（2）主动除湿。采用人工动力（电力等），强制推动空气流动，将设施内空气中多余的水汽或水雾等放出设施外，使设施内保持适宜的湿度环境。

①强制通风换气。

②强制推动设施内的空气流动：可促进水汽扩散，防止作物沾湿。

③加温除湿。

（四）保护地土壤

保护地土壤与露地土壤的区别见表4-1。

表 4-1 保护地土壤与露地土壤的区别

项目	保护地土壤	露地土壤
类型	聚集型	淋溶型
温度、湿度变化	稳定	变化大
土壤溶液浓度	高	低

1. 保护地土壤的管理

（1）注意施肥量：按照必要的最低限度施肥量来施肥。

（2）注意施肥种类：磷肥对土壤溶液浓度升高的影响小；氮、钾肥对土壤溶液浓度升高的影响大。

（3）完善排灌系统。

2. 不同花卉对土壤的要求

（1）一二年生花卉、球根花卉和幼苗：由于根系较浅而细小，在土层中分布于上部，根的扩展能力差，抗旱能力弱，吸肥范围窄，所以要求土质疏松、深厚，水分适中，有机质丰富。

（2）多年生宿根花卉：根系较深，扩展能力强。不但要求表土土质疏松、深厚，有机质丰富，而且要求下层土壤的有机质含量也较高，所以需要改土，增施有机肥。

（3）木本植物：对土壤要求不高，壤土、黏土均适宜。为了让其生长得更好，种植时可以挖大坑，添加有机肥，改良土壤。

（4）盆栽植物：常用腐叶土、壤土、沙按照一定的比例配制盆栽土。总的要求：营养物质丰富，物理性质良好，容重小。

3. 培养土配方

培养土配方组成见表4-2。

表4-2 培养土配方组成（单位：份）

种类	壤土	腐叶土	河沙	泥炭	畜禽粪	骨粉
扦插成活苗上盆（一般盆花）	1	1	2	—	—	20
移栽小苗	1	1	1	—	—	20
需腐殖质较多的花卉	2	1	1	2	0.5	适量
木本花卉	2	1	2	2	0.5	适量
仙人掌类与多肉	适量碎陶＋适量碎石＋适量骨粉					
苗床	上述均可					

一般盆花用土：适用于天竺葵、吊钟海棠、菊花及棕榈科植物等。

需腐殖质较多的花卉用土：适用于秋海棠、报春花、蕨类植物等。

木本花卉用土：适用于杜鹃、瑞香等。

任务二 塑料大棚

一、塑料大棚的类型和结构

塑料大棚是南方主要的栽培设施。通常将不用砖石结构围护，只以竹、木、水泥或钢材等材料做骨架，用塑料薄膜覆盖的一种大型拱棚称为塑料薄膜大棚（简称塑料大棚）。它和温室相比，具有结构简单，建造和拆装方便，一次性投资较少等优点；与中小棚相比，又具有坚固耐用，使用寿命长，棚体空间大，作业方便及有利于作物生长，便于环境调控等优点。

塑料大棚的骨架是由立柱、拱杆（拱架）、拉杆（纵梁、横拉）、压杆（压膜线）等部件组成，俗称"三杆一柱"。这是塑料薄膜大棚最基本的骨架构成，其他形式都是在此基础上演化而来的。大棚骨架使用的材料比较简单，容易造型和建造，但大棚结构是由各部分构成的一个整体，因此选料要适当，施工要严格。

1. 竹木结构大棚 这种大棚一般跨度6～8 m，高2.4～2.6 m，长30～60 m，面积180～480 m²。以3～6 cm粗的竹竿为拱杆，拱杆间距0.8～1.0 m，每一拱杆由6根立柱支撑，立柱用木杆或水泥预制柱。这种大棚的优点是建造简单，拱杆由多个立柱支撑，比较牢固，建造成本低；缺点是立柱多导致遮光严重，且作业不方便（图4-27至图4-29）。

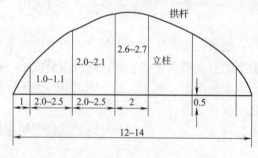

图4-27 竹木结构大棚示意（单位：m）

图4-28 竹木结构大棚骨架

2. 悬梁吊柱竹木拱架大棚 悬梁吊柱竹木拱架大棚是在竹木结构大棚的基础上改进而来的,中柱由原来的每排0.8～1.0 m改为每排2.4～3.0 m,横向每排4～6根。用木杆或竹竿做纵向拉梁将立柱连接成一个整体,在拉梁上的每个拱架下设一立柱,下端固定在拉梁上,上端支撑拱架,通常称为"吊柱"。其优点是减少了部分支柱,大大改善了棚内的光环境,且仍有较强的抗风载雪能力,造价较低(图4-30、图4-31)。

图4-29 竹木结构大棚内植物

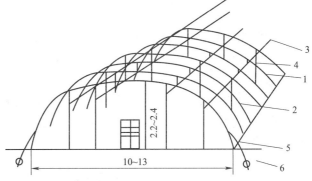

图4-30 悬梁吊柱竹木拱架大棚示意(单位:m)
1.立柱 2.拱杆 3.纵向拉杆 4.吊柱 5.压膜线 6.地膜
(张振武,1995,设施园艺学)

图4-31 悬梁吊柱竹木拱架大棚

3. 无支柱竹木结构大棚　此类大棚一般跨度 6～7 m，长度 30～50 m，矢高 2.0～2.5 m，肩高 1.2～1.5 m。拱杆间距 60～80 cm，不设中柱，用竹片纵向连成一个整体。这种大棚有时全部采用竹片建造，建造简单容易，作业也比较方便，特别适合早春促成栽培；缺点是不耐大风和雪，只在南方无雪地区应用。由于建造简单，南方常用于早春育苗、西瓜促成栽培等，一季生产结束后有时还会拆除，再在地面上种植其他作物（图 4-32）。

图 4-32　无支柱竹结构大棚

4. 拉筋吊柱大棚　此类大棚一般跨度 12 m 左右，长 40～60 m，矢高 2.2 m，肩高 1.5 m。水泥柱间距 2.5～3.0 m，水泥柱用 6 号钢筋纵向连接成一个整体，在拉筋上穿设 2.0 cm 长的吊柱支撑拱杆，拱杆用粗 3 cm 左右的竹竿，间距 1 m。该类大棚钢竹混合结构，晚上可在棚上盖草帘。优点是建造简单，用钢量少，支柱少，减少了遮光，作业也比较方便，而且晚上有草帘覆盖保温，提早和延迟栽培果菜类作物效果好（图 4-33）。

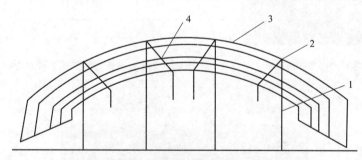

图 4-33　拉筋吊柱大棚示意
1. 水泥柱　2. 吊柱　3. 拱杆　4. 柱筋

5. 无柱钢架大棚　此类大棚一般跨度 10～12 m，矢高 2.5～2.7 m，每隔 1 m 设一道桁架，桁架上弦用 16 号钢筋，下弦用 14 号钢筋，拉花用 12 号钢筋。桁架下弦处用 5 根 16 号钢筋做纵向拉梁，拉梁上用 14 号钢筋焊接两个斜向小立柱支撑在拱架上，以防拱架扭曲。此类大棚无支柱，透光性好，作业方便，有利于设置内保温，抗风载雪能力强，可由专门的厂家生产成装配式以便于拆卸。与竹木结构大棚相比，该类大棚一次性投资较大（图 4-34）。

6. 玻璃纤维增强型水泥大棚 玻璃纤维增强型水泥大棚又称 GRC 大棚。此类大棚骨架以低碱早强水泥为基材,以玻璃纤维为增强材料,一般跨度 6~8 m,矢高 2.4~2.6 m,长 30~60 m。其优点是坚固耐用,使用寿命长,成本低(每 667 m² 约 5 000 元);但这类大棚搬运移动不便,须就地预制。目前其在湖北推广应用较多(图 4-35)。

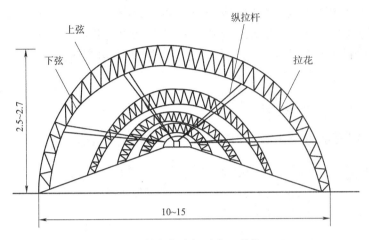

图 4-34 无柱钢架大棚示意(单位:m)

图 4-35 水泥龙骨大棚

7. 装配式镀锌薄壁钢管大棚 此类大棚一般跨度 6~8 m,矢高 2.5~3.0 m,长 30~50 m。由管径 25 mm,管壁厚 1.2~1.5 mm 的薄壁钢管制作成拱杆、拉杆、立杆(两端棚头用),钢管内外热浸镀锌以延长使用寿命。用卡具、套管连接棚杆组装成棚体,覆盖薄膜用卡膜槽固定。此种棚架属于国家定型产品,规格统一,组装拆卸方便,盖膜方便。棚内空间较大,无立柱,两侧附有手动式卷膜器,作业方便,南方普遍采用。

除了上述介绍的大棚外,常用的还有竹木钢混大棚、竹木钢混连栋大棚、钢管连栋大棚、立柱式钢管连栋大棚、简易钢竹木混避雨棚等,这里不再一一赘述。

二、大棚设计与建造中的注意事项

（1）根据生产需要，以适合适宜为原则选择大棚类型。

（2）所建造的大棚必须设计通风天窗和通风口，当温度较高时，要能及时通风降温。

（3）可在大棚内建造两层拱棚和地面小拱棚，冬季保温时，可覆盖薄膜加强保温效果，在南方基本可实现棚内温度比棚外高5～8℃，可避免作物遭受冻害。

（4）建造材料、覆盖材料、遮阳材料与温室相同，不再赘述。

任务三　荫棚

一、荫棚在花卉生产中的作用

荫棚是提供遮阳环境的设施，常与温室、塑料大棚配套使用（图4-36）。

作用：是花卉生产中必不可少的设备，具有遮阳、降温、增湿、减少蒸发等特点，为夏季花卉栽培管理创造了适宜的环境条件。

图4-36　夏季荫棚

二、荫棚的类型和结构

（一）类型

生产上常见的有两种类型：永久荫棚（图4-37、彩图10）和临时荫棚（彩图11）。

图 4-37　永久荫棚

永久荫棚：用于温室花卉栽培。

临时荫棚：多用于露地繁殖的园艺植物。

（二）结构

1. 永久荫棚（图 4-38、图 4-39）

（1）立柱：角钢、钢管、水泥柱、竹木立柱。

（2）荫棚结构参数：高＞2.5 m，柱间行距＞2 m，南北宽＜10 m。

图 4-38　竹木结构荫棚

图 4-39　钢架结构荫棚

2. 临时荫棚　临时荫棚一般春季搭建、秋季拆除。用木材、竹材搭建骨架，东西延长，高 2.5 m，宽 6～7 m，上覆塑料薄膜，薄膜上盖苇帘、草帘等遮阳物，东西两侧应下垂至距地面 60 cm 处。棚内地面铺炉渣、沙砾等，以利于排水，并减少泥水溅污枝叶（图 4-40）。

（三）遮阳网

遮阳网俗称遮阴网、凉爽纱，国内产品多以聚乙烯、聚丙烯等为原料，是经加工制作编织而成的一种轻量化、高强度、耐老化、网状的新型农用塑料覆盖材料（图 4-41）。

图 4-40　临时木结构荫棚

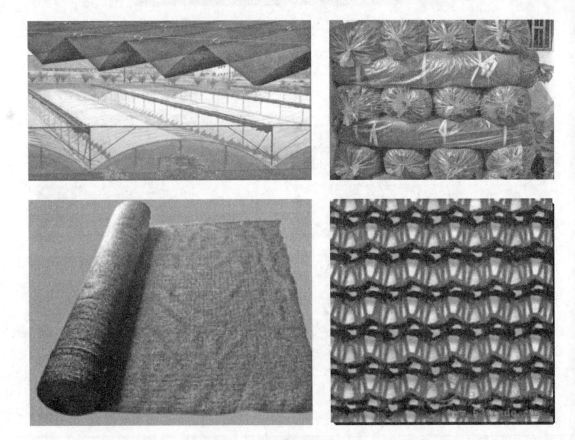

图 4-41　遮阳网

遮阳网的特点如下所述。

（1）遮阳网具有一定的遮光、防暑、降温、防台风暴雨和防旱保墒等功能，可用来替代芦帘、秸秆等农家传统覆盖材料，进行夏、秋高温季节蔬菜的栽培或育苗。

（2）我国南方地区夏、秋季蔬菜供应不足，遮阳网已成为解决这个问题的一种简易实用、低成本、高效益的新技术。它使我国的蔬菜设施栽培从冬季拓展到夏季，成为我国热带、亚热带地区的特色栽培设施。

（3）遮阳网依颜色分为黑色和银灰色，也有绿色、白色和黑白相间等种类；依遮光率分为35%～50%、50%～65%、65%～80%、大于80%四种规格，应用最多的是35%～65%的黑网和65%的银灰网。

（4）遮阳网宽度有90、150、160、200、220 cm不等；每平方米重45～49 g。许多厂家生产的遮阳网密度是以一个密区中纬向的编丝条数来度量产品编号的，如SZW-8表示一个密区有8根编丝，SZW-12则表示一个密区由12根编丝编织而成，数字越大，网孔越小，遮光率越大。

任务四　花卉栽培的其他设施

随着社会的发展、科技的进步，园艺栽培设施由简单到复杂，由低级到高级，逐渐发展成为今天的各种类型，以满足不同作物、不同季节的栽培需要。

一、阳畦

（一）定义

阳畦又称冷床，是由风障畦发展而来的。在风障的基础上，将风障畦的畦埂增高成为畦框，在畦框上覆盖塑料薄膜，并在薄膜上加盖不透明覆盖物，这样的简易保护设施即为阳畦。风障分直立和倾斜，畦框有四周等高和南框低北框高，透明的覆盖物有玻璃、塑料薄膜、草席、草苫、苇毛苫和纸被等。

（二）类型

根据畦框的不同，可将阳畦分为抢阳畦和槽子畦两大类型。

（三）结构

1. 抢阳畦　抢阳畦的北框高于南框，侧框北高南低呈斜坡状。其风障向南倾斜，可使畦内多接受阳光照射，因此称为抢阳畦。其北框高40～60 cm，南框高25～40 cm，畦面宽1.5～1.6 m，畦长6～7 m，风障与铅锤平面的夹角为60°～90°。

2. 槽子畦　槽子畦的南、北框近似等高，四框围成的形状近似槽形，故名槽子畦。其北框高40～60 cm，南框高40～55 cm，畦面宽1.5～1.6 m，畦长6～7 m，风障与铅锤平面的夹角为90°。

在阳畦基础上提高北框高度，加大斜面角，成为拱圆状小暖窖，即为改良阳畦。

（四）性能

阳畦除具有风障的效应外，由于增加了土框和覆盖物，所以白天可以大量吸收太阳光热，晚上可以减少散热损失。

二、温床

（一）定义

温床除了具有阳畦的防寒保温功能外，由于增加了人工加温设备来补充阳光的不足，所以可以提高床内的气温和地温，满足低温季节进行蔬菜栽培或提早育苗的需要。

（二）类型

1. 根据加温设施的不同分类　可分为酿热温床、电热温床、火炕温床和太阳能温床。

2. 根据床框的位置分类　可分为地下式温床、地上式温床和半地下式温床。

（1）地下式温床：南框全在地表以下。

（2）地上式温床：南框全在地表以上。

（3）半地下式温床：南框内酿热物和床土部分在地表以下，其余部分在地表以上。

（三）结构

1. 酿热温床　酿热温床是指在阳畦的基础上，在床下铺设酿热物来提高床内温度的温床。温床的畦框结构、覆盖物与阳畦相同，温床的大小和深度要根据用途而定，一般长10～15 m、宽1.5～2.0 m，并且将床底部挖成鱼脊形，以求温度均匀。酿热物根据分解发热的情况不同，分为高热酿热物和低热酿热物。

高热酿热物：如新鲜的马粪和厩肥、各种饼肥等。

低热酿热物：如牛粪、猪粪及作物秸秆等。

各种酿热物的混合比例、数量及厚度应根据天气寒冷程度、应用时间的长短及作物的种类而定。酿热物厚度播种床一般要大于30 cm，移植床可为15～20 cm。

2. 电热温床　电热温床一般宽1.3～1.5 m，长度依需而定，床底深15～20 cm。

铺设电热线时，先在栽培畦或育苗床表土下15 cm深处铺设两层隔热层（厚5～10 cm），如麦糠、碎稻草等，以阻止热量向下传导。在隔热层上撒一些沙子或床土，经踏实平整后，再铺上电热线。

电热线的功率及铺设密度根据当地气候条件、作物种类、育苗季节等来选定。电热线的功率一般播种床要求80～100 W/m^2，分苗床可为50～70 W/m^2。电热线间距一般中间稍稀，两边稍密，以使温度均匀。

温度控制可分为人工控温和自动控温两种。

人工控温：在引出线前端装一把闸刀，由专人观察和管理，晚上土温低时合闸通电，白天土温高时断电保温。

自动控温：采用控温仪，据负载功率大小正确选择连接方法和接线方法。控温仪应安装于控制盒内，置于阴凉干燥安全处。感温探头插入的床土层，其引线最长不得超过100 m，控温仪使用前应先调整零点，然后再设定所需温度值。一定要按生产厂家说明书进行安装操作。

（四）性能

酿热温床在不同季节、不同天气以及昼夜间的温度变化基本与阳畦相同，只不过多了酿热物对温床温度所产生的影响。因为南框温度最低，所以酿热物填充得最厚，北框次之，中部最薄，这在一定程度上消除了阳畦不同部位的温度差异。

电热温床是利用电热线将电能转变为热能进行土壤加温的设备，可自动调节温度，且能保持温度均匀。可进行空气加温和土壤加温。

三、栽培床（槽）

在现代化的温室里，一般采用移动式栽培床和栽培槽。移动式栽培床一般用于生产种苗和周期较短的盆花，栽培槽常用于栽植期较长的切花生产。

（一）移动式栽培床

移动式栽培床在建造和安装时应注意：①床底部应有排水孔道，以便及时将多余的水排掉；②床底要有一定的坡度，便于将多余的水及时排走；③床宽和高的设计，应以有利于人员操作为准。

（二）栽培槽

栽培槽有以下类型等。

（1）基质槽培系统（彩图12）。

（2）专用切花种植槽。如门廊种植槽、窗台种植槽等。

（3）悬吊式种植网篮。

四、花盆

（一）种类

花盆有泥盆、陶盆、釉瓷盆、紫砂盆（宜兴盆）、木盆、水养盆、兰盆、盆景盆、塑料盆、套盆等各种。

（二）特点

1. 泥盆（瓦盆）　泥盆又称素烧盆，以黏土烧制而成，是最常用的种植容器，可分为红盆和灰盆两种。耐用、透气、排水性能良好，有利于空气流通，广泛用于小苗的培育与成苗的培养。

适于花卉根系的生长发育，价格低廉，用途广泛；但外观差，质地粗糙，不牢固。有各种规格，口径最小的约10 cm，一般为14～33 cm，大的达39～59 cm。

2. 陶盆　陶盆分为素陶盆和釉陶盆。

素陶盆：采用较纯的黏土烧制而成，外形美观，结实耐用；缺点是透气、透水性能较差。

釉陶盆：在素陶盆外面涂上釉彩再烧制加工而成，制作精细，形状美观，但由于涂上釉彩再经烧制，透气、透水性能变得更差。适合室内装饰用。

3. 釉瓷盆　釉瓷盆也称陶瓷花盆，其质地坚固，色彩华丽，但排水、通气性能差。釉瓷盆常作为套盆使用，也可直接用于栽培较大型的观叶植物，但必须配以疏松多孔的基质，否则植株生长不良。

4. 紫砂盆（宜兴盆）　紫砂盆的透气性比普通素烧盆稍差，但造型美观，形式多样，并有刻花题字，用来栽培盆花，典雅大方，具有典型的东方容器特点。

5. 木盆　素烧盆过大时容易破碎，而且不容易搬运，当需要40 cm以上口径的盆时，采用木盆较为合适。木盆的形状以圆形为多，也有方形。盆的两侧有把手，便于搬动。

6. 水养盆　水养盆专用于水生花卉盆栽，盆底无排水孔，盆面阔大而浅，如莲花盆，形状多为圆形。球根水养用盆多为陶或瓷制成的浅盆，如水仙盆。养沉水植物时一般用较大的玻璃槽，以便于观赏。

7. 兰盆　兰盆即兰花专用盆，专用于气生兰及附生蕨类植物的栽培，其盆壁上有各种形状的孔洞，便于空气流通。兰花多有气生根，可伸出盆外吸收空气中的氧气，所以兰盆较深。也可用木条、柳枝等制成各种各样的筐代替兰盆。

8. 盆景盆 盆景盆深浅不一，形式多样，属于高档盆。常为陶盆或瓷盆、紫砂盆、汉白玉盆、大理石盆等。制作山水盆景时要用特制的浅盆，以石盘为上品。

9. 塑料盆 塑料盆也称塑胶盆，是室内观叶植物常用的种植容器之一，可分为硬质塑胶盆和软质塑胶盆。

硬质塑胶盆：一般体积不大，轻便美观，色彩鲜艳，多用于观赏栽培，但通气性较差，不利于植物生长，所以不宜用来长期种植，并且上盆时必须采用疏松、通气、排水性能良好的多孔隙基质。

软质塑胶盆：仅用于室内观叶植物的育苗，一般不作观赏栽培用。

10. 套盆 套盆不用来直接栽种植物，而是将盆栽花卉套在里面，防止给盆花浇水时多余的水弄湿地面或家具。也可以将普通的素烧盆遮挡起来，使盆栽花卉更美观。上述功能决定套盆必须无孔洞，不漏水，美观大方。供装饰用的各种材料制作的套盆，如钢化玻璃花盆、藤制品套具、不锈钢套具等，这类套盆美观大方，可增添华丽多彩的气氛，但仅供陈列用，不直接作栽培使用。

盆托（或盆垫）是常用来代替套盆的用具，形状像盘子，多用塑料做成。一般与塑料盆配套使用，也可配合其他盆使用。

（三）花盆的形状

生产用花盆多为圆形，如素烧盆。装饰用花盆形状多种多样，如圆形、六棱形、方筒形等，造型美观，色彩丰富。

项目小结

花卉栽培设施是指人为建造的适宜或保护不同类型的花卉正常生长发育的各种建筑及设备，主要包括温室、塑料大棚、阳畦与温床、荫棚、风障，以及机械化、自动化设备，各种机具和容器等。目前在国内广泛使用的花卉栽培设施是日光温室与塑料大棚，由于成本较低，容易管理，所以它们的使用面积最大。利用连栋温室进行规模化、工厂化、集约化生产花卉是未来的发展趋势，但如何加强其科学管理，提高生产效率和经济效益是亟待解决的问题。

探讨与研究

1. 什么是日光温室？我国目前较为实用的日光温室有哪些类型？各有何特点？
2. 日光温室保温增温有哪些措施？
3. 日光温室内空气相对湿度变化与哪些因素有关？
4. 设施内土壤为什么易发生次生盐渍化？如何防治？
5. 荫棚有哪几种类型？在花卉生产中如何使用？
6. 阳畦与温床有何不同？在花卉生产中各自如何使用？
7. 试论述花卉容器在生产中的作用。

项目五 花卉繁殖

项目导读

本项目主要学习花卉有性繁殖和无性繁殖的特点及技术方法。通过学习，重点掌握有性繁殖过程中的关键环节，无性繁殖中的扦插繁殖、嫁接繁殖、分生繁殖的类型、特点及影响成活的因素；同时了解花卉组织培养、孢子繁殖的理论依据。最终达到能根据具体花卉种类、具体环境条件和生产要求选择不同的繁殖方法并能综合运用的目的。

学习目标

☑ 知识目标

● 了解有性繁殖和无性繁殖的概念、特点及有关的基本知识。

☑ 能力目标

● 掌握露地苗床播种和容器育苗技术。
● 掌握分株繁殖和分球繁殖技术。
● 学会叶插、枝插和根插技术。
● 学会枝接、芽接、根接、靠接和仙人掌类嫁接技术。
● 学会植物组织培养中培养基的配制、外植体的接种和培养技术。

项目学习

任务一　种子繁殖

一、种子的概念

种子是裸子植物和被子植物特有的繁殖体，它由胚珠经过传粉受精形成。种子一般由种皮、胚和胚乳组成，有的植物成熟的种子只有种皮和胚两部分。

二、种子繁殖的概念和特点

种子繁殖也称播种繁殖，是指用种子繁殖花卉的方法。用种子繁殖的花卉苗称为实生苗或播种苗。种子繁殖具有简便、快速、数量大、苗株健壮等特点，又是新品种培育的常规手段，所以应用范围最广，几乎绝大多数花卉均能采用；但播种苗变异性大，不易于保持原品种的优良性状，开花较迟。

三、种子的成熟与采收

从种子发育的内部生理和外部形态特征来看，种子的成熟包括生理成熟和形态成熟。

1. 生理成熟　种子在转向生理成熟的过程中，内部由透明状液体状态变成乳胶状态，并逐渐浓缩向固体状态过渡，同时，胚不断成长，子叶和胚乳等逐渐硬化。当种胚发育完全，种子具有发芽能力时，可认为此时种子已成熟，并称此为种子的生理成熟。达到生理成熟的种子，种子不饱满，种皮还不够致密，此时的种子还不宜保存。因而种子的采集多不在此时进行。

2. 形态成熟　当种胚的发育过程完成，种子内部的营养物质转为难溶状态，含水量降低，种皮变得致密坚实，从外观上看，种粒饱满坚硬而且呈现特有的色泽和气味时，可称之为种子的形态成熟。

3. 种子采收　种子采收一般应在种子成熟后进行，采收时要考虑果实开裂方式、种子着生部位及种子的成熟程度。花卉的种子多数是陆续成熟，可进行分批采收。采收的种子要进行干燥，使其含水量下降到一定标准后再贮藏。

四、种子的寿命与贮藏

（一）种子的寿命

种子从完全成熟到丧失生活力为止所经历的时间称为种子寿命。依据种子寿命的长短，可将种子区分为短寿命种子、中寿命种子和长寿命种子。

1. 短寿命种子　短寿命种子主要是指生活力保存期只有几天、几个月至1～2年的种子。如栗、栎和银杏等淀粉含量较高的种子，杨、柳、榆等夏季成熟的种子。

2. 中寿命种子　中寿命种子是指生活力保存期为3～10年的种子。这类种子脂肪或蛋白质含量较多，如松、杉、柏、椴、槭、水曲柳等的种子。

3. 长寿命种子　长寿命种子是指生活力保存期超过10年的种子。如合欢、刺槐、槐树、台湾相思、皂荚等的种子。这些种子本身含水量低，种皮致密不透水，非常有利于生活力的保存。

（二）种子的贮藏

种子采收后要晾干脱粒，放在通风处阴干，避免暴晒。要去杂去壳，清除各种附着物。种子处理后即可贮藏。常见的有以下几种贮藏方法。

1. 干燥贮藏法　干燥贮藏法适于耐干燥的一二年生草花种子，待这些种子充分干燥后，可放进纸袋或纸箱中保存。

2. 干燥密闭法　干燥密闭法是指将充分干燥的种子装入罐或瓶一类的容器中，密封起来放在冷凉处保存。

3. 低温贮藏法　低温贮藏法是指将充分干燥的种子，置于1～5 ℃的低温条件下贮藏。

4. 层积贮藏法　某些花卉的种子，较长期地置于干燥条件下容易丧失生活力，可采用层积贮藏法。即将种子与湿沙交互地做层状堆积，沙：种子＝3：1，保持温度为2～7 ℃或0～5 ℃，湿度适中。休眠的种子用这种方法处理，可以促其发芽。如牡丹、芍药、月季花、桃、龙胆、白蜡、铃兰、白兰、鸢尾、报春花等的种子，采收后可以进行沙藏层积。

5. 水藏法 某些水生花卉，如睡莲、王莲等的种子，必须贮藏于水中才能保持生活力。

五、种子检验

1. 种子检验 种子检验是保证种子质量（种子品质）的关键，特别是将种子作为商品流通后，种子检验工作就显得更为重要了。所有种子的生产、加工、销售全部过程的质量，都须通过对种子进行检验来确定。

2. 种子检验的内容 种子检验的内容包括种子真实性、纯度、净度、生活力（发芽率）、千粒重、水分和健康状况等。其中，纯度、净度、发芽率和水分四项指标为种子质量分级的主要标准，是种子收购、贸易和分级定价的依据。

六、种子繁殖技术

（一）种子萌发条件

1. 水分 种子萌发首先需要吸收充足的水分，种子吸水膨胀后，种皮破裂，呼吸强度增大，各种酶的活性也随之加强，蛋白质及淀粉等贮藏物进行分解、转化，被分解的营养物质输送到胚，才使胚开始生长。

2. 温度 原产于温带的一二年生花卉，多数种类的种子萌芽适温为20～25 ℃，适于春播；也有一些种子萌芽适温为15～20 ℃，如金鱼草、三色堇等的种子，适于秋播；萌芽适温较高的可达25～30 ℃，如鸡冠花、半支莲等的种子。而原产于美洲热带地区的王莲种子在30～35 ℃的水池中才能萌发。

3. 氧气 氧气是种子萌发的条件之一，供氧不足会妨碍种子萌发。但对于水生花卉来说，只需要少量氧气就可供种子萌发。

4. 光照 多数花卉的种子，只要有足够的水分、适宜的温度和一定的氧气，有无光照都可以发芽。但对于某些花卉来说，在发芽期间必须具备一定的光照才能萌发，这一类种子被称为好光性种子，如报春花、毛地黄、瓶子草等的种子；反之在光照下不能萌发的种子称为嫌光性种子，如黑种草、雁来红等的种子。

（二）播种前的准备

1. 种子的准备 在播种前，要确定种子是否纯正，所记录名称必须与实物一致。选取种粒饱满，发育充实，色泽新鲜，富有生命力，无病虫害的种子准备播种。

2. 种子处理

（1）浸种催芽。对于容易发芽的种子，播种前用30 ℃温水浸泡，一般浸泡2～24 h，然后可直接播种，如一串红、半支莲、金莲花、紫荆、珍珠梅等的种子。对于发芽迟缓的种子，如文竹、仙客来、君子兰、天门冬、珊瑚珠等的种子，播种前须浸种催芽，待种子露白后才可播种。

（2）剥壳。对于种壳坚硬，不易发芽的种子，须将种壳剥除后再播种，如黄花夹竹桃等的种子。

（3）挫伤种皮。美人蕉、莲、紫藤等的种子种皮坚硬不易透水、透气，很难发芽，可于播种前在近脐处将种皮略加挫伤，再用温水浸泡，可促进发芽。

（4）药剂处理。用硫酸等药物浸泡种子，可使坚硬种皮变软，处理时间视种皮的坚硬程度及透性强弱而定，勿使药液透过种皮伤及胚芽，浸种后必须用清水将种子洗净方可播种。

（5）低温层积处理。对于要求低温和湿润条件来完成休眠的种子，如牡丹、鸢尾、蔷薇等的种子，常用冷藏法或秋季湿沙层积法来处理。越过冬季后播种，可以打破休眠，促进发芽。

（6）拌种。对于小粒或微粒种子，拌入"包衣剂"给种子包一层外衣，保持种子的水分和防治病虫害，有利于种子发芽。

（三）播种时期

不同花卉的播种时期依其耐寒力、越冬温度及人们所需的开花时期而定。

一年生花卉适合春播。南方在2月下旬到3月上旬，中部地区在3月中下旬，北方在4月上中旬。为了促使种子提早开花或者着花较多，往往在温室或阳畦中提早播种育苗。

二年生花卉适合秋播。南方在9月下旬至10月上旬，北方在8月底至9月初。

有些花卉种子含水分多，生命力短，不耐贮藏，经干燥或贮藏会丧失生活力，这类种子宜随采随播，如君子兰、朱顶红、马蹄莲、四季秋海棠、杨、柳、桑等的种子。

温室花卉播种受季节性气候条件的影响较小，因此播种期没有严格的季节性限制，常随所需要的花期而定。

（四）种子繁殖的方法

1. 露地苗床播种　露地苗床宜选光照充足，空气流通，土质疏松、肥沃且排水良好的沙壤土。耕翻整平后，做畦准备播种（彩图13）。

种子的大小不同，播种方式也不同。种子多或者细小的可撒播；品种较多而种子数量较少的适合条播；大粒种子适合点播，每穴2~4粒种子。

覆土厚度取决于种子的大小，通常大粒种子覆土厚度为种子直径的2~3倍，小粒种子以不见种子为度。

覆土完毕后，在床面均匀地覆盖一层稻草，然后用细孔喷壶充分喷水，保持苗床的湿润。种子发芽出土时，应撤去覆盖物，使幼苗逐步见光。当真叶出土后及时间苗，间苗后须立即浇水。

2. 直播　对于不宜移植的直根性种类，如虞美人、羽扇豆、花菱草、牵牛、扫帚草等的种子，应采用直播法。当需要提早育苗时，可先播种于小花盆，成苗后带土球定植于露地（彩图14），也可用营养钵或纸盆育苗。

3. 容器育苗　容器育苗是指用特定容器培育花卉幼苗的育苗方式。

容器盛有养分丰富的培养土等基质，用容器在塑料大棚、温室等保护设施中进行育苗，可使苗在生长发育阶段获得较佳的营养和环境条件。苗木随根际土团栽种，起苗和栽种过程中根系受损伤少，成活率高，缓苗期短，发根快，生长旺盛，对不耐移栽的花卉尤为适用。该法还为机械化、自动化操作的工厂化育苗提供了便利。育苗容器有两类：一类具外壁，内盛培养基质，如各种育苗钵、容器袋、育苗盘、育苗箱等；另一类无外壁，将腐熟的厩肥或泥炭加园土，并混少量化肥压制成钵状或块状，供育苗用。

任务二　无性繁殖

一、扦插繁殖

（一）扦插繁殖的概念

扦插繁殖是指从母株上切取根、茎、叶、芽等营养器官作为插穗插入土壤、河沙或蛭石等基质中，使之生根成苗的一种育苗方法。通常包括枝插、叶插和根插。

（二）影响插穗生根成活的环境条件

1. 温度　不同植物的插穗，生根时所需温度并不完全相同。大多数花卉插穗生根的适宜温度在 15～20 ℃，常绿阔叶树种以 23～25 ℃为宜，热带花卉以 25～30 ℃为宜。一般认为土壤温度高于气温 3～5 ℃时，有利于插穗先生根后发芽，可提高成活率。

2. 湿度　插穗离开母体后，吸水能力变差，但蒸腾作用仍在进行，而芽的萌动抽梢又比根的形成要早得多，插穗很容易失水，所以要求土壤中有较充足的水分供给，保持土壤持水量稳定在 60%～70%为宜。较高的空气湿度可以减少土壤水分的蒸发和插穗内部水分的蒸腾，这对嫩枝扦插尤为重要。因此在进行嫩枝扦插时要遮阳或喷水，使空气相对湿度保持在 80%～90%。

3. 土壤通气状况　插穗生根时进行强烈的呼吸作用，需要充足的氧气，如果灌水过多或土壤黏重，透气不良，则会造成插穗窒息、腐烂甚至死亡。因而扦插基质应选择结构疏松，透气良好，既能保持水分，又不易积水的沙质土壤为好。

4. 光照度　光照强弱及时间长短对插穗生根的影响很大。插穗接受散射光为好，强烈的直射光会造成温度过高，蒸发量过大，对插穗成活不利。因此扦插初期要适当遮阳，后期可逐渐加大光照度。

5. 生根激素　花卉繁殖中常用的生根激素有萘乙酸（NAA）、吲哚乙酸（IAA）、吲哚丁酸（IBA）等。生根激素的应用浓度要在一定范围内，一般情况下草本花卉为 50～500 mg/kg，木本花卉为 500～1 000 mg/kg。

（三）扦插繁殖的方法

扦插繁殖根据所用材料的不同分为叶插法、枝插法和根插法。

1. 叶插法　叶插法是利用叶脉和叶柄能长出不定根、不定芽的特性，以叶片扦插来繁殖新植株的育苗方法。叶插常在生长期进行，分为平置、直插法和叶柄插三种。

（1）平置法。平置法又名全叶插，常用于蟆叶秋海棠、三色椒草等。取一枚成熟叶片，将叶柄剪掉，过大或过长的叶片可适当短截。先将叶片背面的各段主脉用刀片割伤，然后将叶片平铺在沙面上，再用小石块压住叶面，使主脉和沙面密切贴合，同时保持一定的湿度。经一个月左右，根和新叶自切口处长出。

（2）片叶插。片叶插又名直插法，常用于虎尾兰、蟆叶秋海棠、长寿花、红景天等（彩图 15、彩图 16）。将叶片切成 4～6 cm 长的小段，或按主脉分布情况将叶片分切为数块，每块上带有一条主脉，然后浅浅地插入素沙中。经一段时间，基部伤口即发出不定根，长出不定芽，形成完整的小植株。

（3）叶柄插。叶柄插常用于叶柄发达并易生根的植物种类，如非洲紫罗兰、大岩桐和菊花等。可取带叶柄的叶片进行扦插，即将叶柄插于素沙中，叶片露在外面，一段时间后新株由叶柄处长出。

2. 枝插法 枝插法是利用植物的茎或枝条作为扦插材料，培育出新植株的一种育苗方法。常见的枝插法有叶芽法、硬枝扦插、嫩枝扦插、肉质茎扦插和草质茎扦插等。

（1）叶芽法。叶芽法是用完整叶片带腋芽的短茎作为扦插材料的一种育苗方法。扦插时间一般在春、秋季为宜，扦插深度以仅露芽尖为好。

（2）硬枝扦插。硬枝扦插是指在植物的休眠期，利用充分木质化的一二年生枝条作为繁殖材料进行扦插育苗的方法。在秋季落叶后或者来年萌芽前采集生长势旺盛、节间短而粗壮、没有病虫害的枝条，截取中段有饱满芽的部分，剪成 10～20 cm 长、带有 2～3 个饱满芽的小段，上切口剪成平口，距上部芽 1 cm 为宜，下切口位于节下或叶柄下 0.2～0.5 cm 处（水分条件较差或生根期较长的树种扦插时可用斜面，以增加对水分的吸收，一般情况下剪成平口即可）。插床基质为壤土或沙壤土，开沟将插穗斜埋于基质中成垄形，覆盖顶部芽，喷水压实。

有些难以扦插成活的花卉可采用带踵插、锤形插、泥球插等。

（3）嫩枝扦插。嫩枝扦插是指在植物生长期间利用半木质化带叶枝条作为繁殖材料进行扦插育苗的方法。适用于硬枝扦插不易成活的树种。

在 5 月中旬至 8 月上旬，从生长健壮、无病虫害的母树上选取当年生半木质化枝条，剪成 4～10 cm 长、含 2～4 个节间的插穗。切口要平滑，下切口应在叶或腋芽之下 0.1～0.3 cm 处。常绿树种一般带顶扦插，去掉基部部分叶片即可。落叶阔叶树要去除顶端过嫩部分，保留上部 1～2 枚叶片，为了减少蒸发也可将叶片剪去 1/2～2/3。

嫩枝扦插应随采条、随制穗、随扦插。由于组织细嫩，一般先开缝，后将插穗插入。插入深度宜浅不宜深，以能固定插穗为好。密度以叶片相连，但不重叠为宜。

3. 根插 根插是指截取植株或苗木的根插入或埋于苗床，使之产生不定根和不定芽，进一步发育成新植株的繁殖方法。适用于插条成活率低，而插根效果好的植物，如泡桐、毛白杨、刺槐、臭椿、芍药、牡丹、蜡梅、凌霄等。

采集种根多在植物休眠期进行。根穗长度为 15 cm 左右，上端切口宜平，下端切口宜斜，以便扦插时分清上、下端。根插一般在 2～3 月进行，常用的方法有直插、斜插和平埋，但直插效果较好。根插深度以插穗上切口与地面齐平或稍高于地面为宜。插后封土踏实，上覆松土保墒。

二、嫁接繁殖

（一）嫁接繁殖的概念

嫁接繁殖是园林植物繁育技术的一种主要方法，是将具有优良性状的母体的枝或芽，移接到另一植株的根、茎上，经过愈合生长，形成一个独立的完整个体的育苗方法。供嫁接用的枝或芽称为接穗，而接受接穗的植株称为砧木，用嫁接方法培育的苗木称为嫁接苗。

（二）嫁接前的准备工作

1. 砧木的选择与培育

（1）砧木的选择。砧木应具备以下条件：与接穗亲和力强；对栽培地区的环境条件适应能力强，抗性强（野生砧木一般都具有较强的抗性）；对接穗的生长、开花、结果、寿命能产生积极的影响；来源充足、易繁殖；在运用上能满足特殊需要，如乔化、矮化、无刺等。

（2）砧木的培育。砧木可选用实生苗，也可选用营养繁殖苗，但是以实生苗为好。实生苗砧木在培育时应注意肥水供应，并结合摘心措施使之尽快达到优良砧木的要求。

2. 接穗的采集和贮藏

（1）采穗母树的选择。选择品质优良纯正、生长健壮、没有病虫害，并且观赏价值或经济价值高，遗传性状稳定的植株作为采穗母树。

（2）枝条的选择。采接穗时，应选母树树冠中上部外围向阳面的，生长旺盛、发育充实、无病虫害、粗细均匀的一年生枝条作为接穗。

（3）接穗的贮藏。枝接接穗应在落叶后至树木萌动前采集，一般不迟于发芽前2～3周。采集后，按不同品种或类型分别扎捆，然后进行低温（0 ℃以下）窖藏。

芽接用的接穗，随采随接。采下的接穗立即剪去叶片，保留一段叶柄，以减少水分蒸发。如当日用不完，要在阴凉处用湿沙保存，从采穗到嫁接不宜超过10 d，否则影响成活。

（三）嫁接繁殖的方法（图 5-1）

1. 切接法 切接法是枝接中常用的一种嫁接方法，适用于较小的砧木，一般在春季3～4月进行（图 5-2）。

图 5-1　嫁接

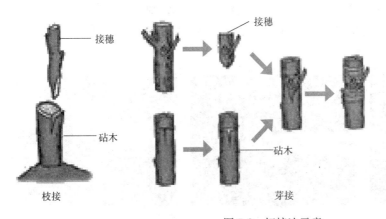

图 5-2　切接法示意

接穗一般长 5～10 cm，带有两个以上的叶芽。用切接刀在接穗基部没有芽的一面起刀，削成一个长 2.5 cm 左右平滑的长斜面，一般不要削去髓部，稍带木质部较好。在另一面削成长不足 1 cm 的短斜面，使接穗下端成扁楔形。削时切接刀要锋利，手要平稳，保证削面平整、光滑，最好一刀削成。

砧木应选生长健壮、根系发达、无病虫害、与接穗有亲和力的植株，一般选用 1～2 cm 粗的幼苗，将砧木从距地面 5～8 cm 处剪断，按接穗的粗度，在砧木比较平滑的一侧，用切接刀略带木质部垂直下切，切面长 2.5 cm 左右。

将削好的接穗长的削面向里插入砧木切口中，并将两侧的形成层对齐，接穗削面上端要露出 0.2 cm 左右，即俗称的"露白"，这有利于砧木与接穗愈合生长。

接好后用宽 0.5 cm 的塑料膜绑扎接口，并涂以接蜡，以防干燥。绑扎时，不要移动砧穗形成层对准的位置，松紧要适度，既不要损伤组织又要牢固。

2. 劈接法　劈接法适用于砧木较粗大而接穗细小的嫁接，一般在 3～4 月进行（图 5-3）。

嫁接时根据需要在砧木的根际向上 6～100 cm 范围内截去砧木上部，并将截面削平，用劈接刀从砧木的截面中心垂直向下劈开砧木，深 3～4 cm。在接穗下端，于顶芽同面的两侧各削一个向内的削面，削面长 3～4 cm，使接穗下部形成外宽内窄的楔形。然后窄面向里迅速插入砧木劈口中，使二者形成层紧密接触，然后进行绑扎。为了提高嫁接成活率，在砧木较粗的情况下可在砧木劈口左右侧各接一穗，成活后选留发育良好的一枝。

图 5-3　劈接

3. 靠接法　靠接法多用于常绿木本花卉，一般在生长旺季进行（图 5-4）。

先将培育好的一二年生砧木搬运到用于嫁接的母株附近，选择母株上与砧木粗细相当的枝条，在适当部位各削一段平面，长 2～3 cm，深达木质部，削口要平整，两者的削口长短要一致，然后使两者形成层对齐进行绑扎。成活后，自接口下将接穗剪断，自接口上将砧木枝条剪断。

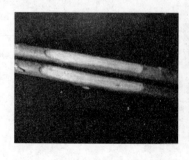

图 5-4　靠接

4. 根接法 根接法是用树根作为砧木，将接穗接在根上的一种嫁接方法，肉质根的花卉适合用此法嫁接（图5-5）。

图5-5 根接

牡丹根接在秋天于温室内进行。以牡丹枝为接穗，芍药根为砧木，按劈接的方法将两者嫁接成一株，嫁接处扎紧放入湿沙堆埋住，露出接穗接受光照，保持空气湿润，30 d左右成活后即可移植。

5. 芽接法 芽接法是以芽为接穗的嫁接方法。春、夏、秋三季均可进行，但以秋季进行较多。

（1）T字形芽接（图5-6）。选取当年生充分成熟的枝条，除去叶片，只留叶柄。在枝条上选择饱满的腋芽，在其上方0.4 cm处横切一刀，深达木质部，再从腋芽下方1 cm处向上推削至横切处。用手捏住叶柄，轻轻取下芽片，芽片呈盾形，芽片内稍带一点木质部，然后将芽片用湿毛巾包好。

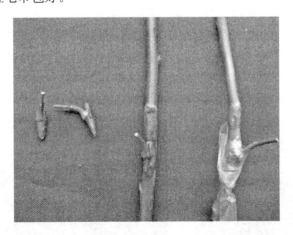

图5-6 T字形芽接

砧木选用一二年生小苗，在砧木苗的北侧距地面5～10 cm处，选一光滑的皮面，先横切一刀，然后自下而上竖切，使之成为一个T字形切口，深度以切断皮层为宜，其长、宽略大于芽片，然后用芽接刀柄挑开树皮。

挑去芽片内的木质部，保留芽内维管束，将芽片自 T 字形切口上方插入砧木的皮层内，使芽片上端与砧木上切口吻合，但须露出芽片上的芽及叶柄。

用塑料薄膜绑扎，从芽的上方开始逐步向下，使芽片的叶柄外露。芽片上缘和切口横线密接，不要因绑扎而移动。

（2）嵌芽接（带木质部芽接）。在砧木与接穗相差不大的情况下可采用嵌芽接。嵌芽接在春季萌芽前或 7 月中下旬至 8 月上旬进行。

具体操作方法：倒持接穗，先从芽的上方向下竖削一刀，深达木质部，长约 2 cm，然后在芽的下方稍斜切入木质部，长约 0.6 cm，取下芽片，芽片呈盾形。在砧木北面离地面 5～10 cm 处，选一光滑的皮面下刀，砧木切口的削法与接穗相似，但比接芽稍长。将芽片插入砧木切口，注意芽片上端必须露出一线宽窄的木质部。插入接芽后，用塑料薄膜紧密绑缚即可。

6. 仙人掌类、多肉植物的嫁接 仙人掌类、多肉植物没有形成层，嫁接时只要将同类组织靠紧，连接部分维管束就能成活。仙人掌类植物在春末夏初，气温达到 20～25 ℃ 时嫁接较好，最好选在晴天进行。仙人掌类植物常用的嫁接方法有平接、斜接、劈接。

（1）平接（图 5-7、彩图 17）。在砧木的适当高度用利刀水平横切，将接穗的下部再水平横切，切后立即放置在砧木切面上，放置时要使接穗与砧木的维管束有一部分相接触，接触面要平滑紧密，然后绑扎固定。嫁接时要注意：球形种类的砧木要切去生长点，否则会将接穗顶掉使嫁接失败；砧木横切后，将四周茎肉及外皮向斜下方呈 30°削掉一部分，防止砧木顶端肉质多浆部分失水干缩下陷，使砧木的硬皮顶掉接穗，造成嫁接失败；绑扎时，用力要均匀，不要让接穗产生位移，较大的接穗要用木板、铁片等物加压，以利于密接愈合，嫩小的接穗可在上面加一小片棉花或泡沫，防止绑扎物勒伤接穗。

（2）斜接。斜接常用于指状仙人掌，将接穗和砧木分别削成 60°的斜面，然后将二者贴合，用仙人掌刺或竹钉固定即可。

（3）劈接（图 5-8）。劈接又名楔接，常用于嫁接蟹爪兰、仙人指等具有扁平茎节的种类。先将砧木从所需的高度横切，然后在顶部或侧面不同部位切几个与接穗相应的裂口，再将接穗下端削成楔形或 V 形，插入楔形裂口中，然后用仙人掌刺或竹钉固定。嫁接时侧面的楔形裂口必须深达砧木髓部，用仙人掌作砧木时，顶部的楔形裂口不能开在正中，应靠在一边，这样接穗和砧木的维管束才易于接触并愈合。

图 5-7 仙人掌类植物平接

图 5-8 仙人掌类植物劈接

三、压条繁殖

（一）压条繁殖的概念

压条繁殖是使连在母株上的枝条形成不定根，然后再切离母株成为一个新生个体的繁殖方法。多用于扦插难以生根的木本花卉或一些根蘖丛生的花灌木。

（二）压条繁殖的方法

压条繁殖的基本方法是将母株枝条的一段刻伤，埋入土中，待生根后切离母株，使之成为独立的新植株。压条繁殖在温暖地区一年四季均可进行，北方多在春季进行。

1. 普通压条法（图 5-9） 选用靠近地面而向外伸展的枝条，先进行扭伤或刻伤或环剥处理后，弯入土中，使枝条端部露出地面。为防止枝条弹出，可在枝条下弯部分插入小木权固定，再盖土压实，生根后切离母体。如石榴、素馨花、玫瑰、金莲花等可用此法。

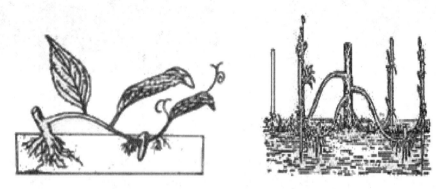

图 5-9 普通压条法示意

2. 波状压条法（图 5-10） 波状压条法多用于枝条柔软而细长的藤本花卉，如迎春花、金银花、凌霄等。压条时将母株外围枝条弯曲牵引到地面，在枝条上进行数处刻伤，将每一伤处弯曲后埋入土中，用小木权固定在土中。当刻伤生根后，与母株分别切开移栽，即成数个独立的植株。

图 5-10 波状压条法示意

3. 堆土压条法（图 5-11） 堆土压条法适用于丛生性强，枝条较坚硬不易弯曲的落叶灌木，如红瑞木、榆叶梅、黄刺玫等。于初夏将枝条的下部距地面约 25 cm 处进行环状剥皮约 1 cm 宽，然后在母株周围培土，将整个株丛的下半部分埋入土中，并保持土堆湿润。待其充分生根后到来年早春萌芽以前，刨开土堆，将枝条自基部剪离母株，分株移栽。

4. 高枝压条法（图 5-12）　高枝压条法一般用于枝条发根难又不易弯曲的常绿花木，如白兰、米仔兰、含笑、栀子、佛手、金柑等。一般在生长旺季进行，挑选发育充实的二年生枝条，在其适当部位进行环状剥皮，然后用塑料袋装入泥炭、山泥、青苔等，包裹住枝条，浇透水，将袋口包扎固定，保持培养土湿润。待枝条生根后自袋的下方剪离母体，去掉包扎物，带土栽入盆中，放置在阴凉处养护，待大量萌发新梢后再见全光。

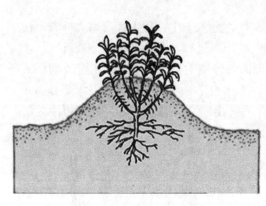

图 5-11　堆土压条法示意

图 5-12　高枝压条法

四、分生繁殖

分生繁殖是指人为地将植物体上长出来的新植株与母株分离并另行栽植的繁殖方法。分生繁殖有分球法和分株法两种方式。分生繁殖操作简单、成活率高、成形早、见效快。

（一）分球繁殖

大部分球根类花卉在老球上面或侧面每年都能长出一些新的球根，将新球根分离栽培，形成新植株的过程称为分球繁殖。

一般在春、秋两季进行，春植球根如唐菖蒲、晚香玉等，秋季挖出晾干，再将新球与子球分开，分别贮藏，来年春天种植。秋植球根如郁金香、风信子等，夏季休眠时挖取晾晒，再将大、小球分开，分别贮藏，秋天进行种植。

分球根的方法主要有以下几种。

1. 球茎类（图 5-13、彩图 18）　球茎类花卉如唐菖蒲、小苍兰等，开花后在老球茎干枯时，能分生出几个大小不等的球茎。大球茎第二年分栽后，当年即可开花；小球茎则要培养 2～3 年后才能开花。

2. 鳞茎类（图 5-14、彩图 19）　鳞茎类花卉每年从老球基部的茎盘分生出几个子球，抱合在母球上，可将这些子球分开另栽来培养大球。

3. 块茎类（图 5-15、彩图 20）　块茎类花卉如马蹄莲、花叶芋等，分割块茎时要注意不定芽的位置，每块分割下来的小块茎都必须带芽才能长出新的植株，这种块茎分栽后，当年即可开花。

4. 根茎类　有些植物如美人蕉等，具有肥大而粗长的根状茎，具有节、节间、芽等，节上可形成根和芽，可按根茎上的芽数，分割数段后栽植。

5. 块根类（图 5-16）　块根芽都着生在根颈处，单纯栽一个块根不能萌发新株，因此分割时每一部分都必须带有芽或根颈部分才能形成新的植株。如大丽花、花毛茛等。

图 5-13 球茎类（唐菖蒲）

图 5-14 鳞茎类（水仙）

图 5-15 块茎类（马蹄莲）

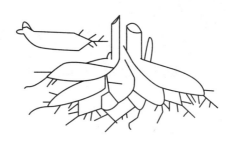

图 5-16 块根类示意

（二）分株繁殖

分株繁殖就是将植物的萌蘖枝、丛生枝、吸芽、匍匐枝等从植株上分割下来，另行栽植为独立新植株的方法（图 5-17）。

落叶植物的分株繁殖最好在休眠期进行。北方地区多在早春进行，华南地区多在秋季落叶后进行。常绿植物没有明显的休眠期，但它们在冬季大多停止生长而进入半休眠状态，这时树液流动缓慢，因此多在初春分株。

露地植物分株根据植物的生长特性可分为以下三种情况。

1. 掘起分株 掘起分株是指将母株从田内整株挖掘出来，并尽可能多带根系，然后将株丛分成几份，每份都带有较多的根和 1～3 个茎干，然后另行栽植。

2. 根蘖分株 根蘖分株是指萌蘖力很强的花灌木和藤本植物，如蔷薇、凌霄等，在母株的四周常萌发出许多幼小株丛，在分株时不必挖掘母株，只挖掘分蘖苗另栽即可。

3. 灌丛分株 灌丛分株是指将母株周围土层挖开，露出根系，将带有一定茎干和根系的萌株带根挖出，另行栽植。挖掘时注意不要对母株根系造成大的损伤，以免影响母株的生长发育，减少以后的萌蘖。

图 5-17 分株繁殖

盆栽植物分株前先脱盆，抖掉大部分泥土，分开盘在一起的根团，按照根系自然伸展间隔，顺势从缝隙中用手分开或用利刀切开，每盆分 2～3 株。

五、孢子繁殖

蕨类植物是一群进化水平最高的孢子植物，无种子，用孢子进行有性繁殖，孢子来自孢子囊。蕨类植物繁殖时，孢子体上有些叶的背面出现成群分布的孢子囊，这类叶称为孢子叶，其他叶称为营养叶。孢子成熟后，孢子囊开裂，散出孢子。

当孢子囊群变褐色，孢子将散出时，给孢子叶套袋，连叶片一起剪下，在 20 ℃下干燥，抖动叶子，帮助孢子从囊壳中散出，收集孢子。然后将孢子均匀撒播在浅盆表面，盆内以两份泥炭藓和一份珍珠岩混合作为基质。也可以用孢子叶直接在播种基质上抖动撒播孢子。以浸盆法灌水，保持清洁并盖上玻璃片。将盆置于 20～30 ℃的温室庇荫处，经常喷水保湿，一般 3～4 周后"发芽"并产生原叶体（叶状体），此时第一次移植，用镊子钳出一小片原叶体，待产生出具有初生叶和根的微小孢子体植物时再次移植。

蕨类植物孢子的播种，常用双盆法。将孢子播在小瓦盆中，再将小盆置于盛有湿润水苔的大盆内，小瓦盆借助盆壁吸取水苔中的水分，这样更有利于孢子萌发。

六、组织培养

（一）组织培养的概念

植物组织培养是指在无菌条件下，将植物体的一部分，包括器官、细胞等，在人工控制的营养和环境条件下培养成新植株的繁殖技术（图5-18）。培养的离体植物材料称为外植体。

图 5-18　组织培养

（二）培养基的成分及种类

1. 培养基的成分　培养基的基本成分主要包括无机养分、有机养分、植物生长调节物质、糖（碳源）以及介质（载体）五大类。

（1）无机养分。无机养分是指植物在生长时所必需的各种化学元素。根据植物对无机养分的吸收量，将其分为大量元素和微量元素。大量元素主要有氮（N）、磷（P）、钾（K）、钙（Ca）、镁（Mg）、硫（S）及来源于水中的氢（H）、氧（O）和来源于空气中的碳（C）等。微量元素主要有铁（Fe）、锰（Mn）、锌（Zn）、铜（Cu）、硼（B）、碘（I）、钼（Mo）和钴（Co）等。

（2）有机养分。有机养分是指植物生长发育过程中所必需的有机碳、氢、氮等物质，主要有各种维生素、肌醇和氨基酸等。

（3）植物生长调节物质。植物生长调节物质是培养基中不可缺少的关键物质，用量虽少，但对外植体愈伤组织的诱导和根、芽等器官的分化起着重要的调节作用。组织培养常用的植物生长调节物质主要有两类：一类是细胞分裂素，有激动素（KT）、6-苄基腺嘌呤（6-BAP）、玉米素（ZT）以及2-异戊基腺嘌呤等，其主要功能是促进细胞分裂，诱导芽的分化；另一类是生长素，有吲哚乙酸（IAA）、萘乙酸（NAA）、2,4-二氯苯氧乙酸和吲哚丁酸（IBA），其主要功能是促进细胞分裂，诱导根和愈伤组织的形成。

（4）糖（碳源）。培养基中用蔗糖作为碳源，为细胞提供合成新化合物的碳骨架，为细胞的呼吸代谢提供底物与能源；糖还用以维持一定的渗透势。

（5）介质（载体）。用液体培养时水就是营养介质，用固体培养时琼脂是最好的固化剂。

2. 培养基的种类　培养基的种类很多，不同培养基的特性不同。常用的如下所述。

（1）MS培养基。MS培养基无机盐的浓度高，营养丰富，能满足植物组织对矿质营养的要求，有加速愈伤组织和培养物生长的作用，是目前应用最为广泛的一种培养基。

（2）White培养基。White培养基无机盐浓度低，使用也很广泛。

（3）N_6培养基。N_6培养基中KNO_3和$(NH_4)_2SO_4$的含量高，不含钼。多用于小麦、水稻等植物的花粉和花药培养。

（4）B₅培养基。B₅培养基含有较低的铵盐，较高的硝酸盐和盐酸硫胺素。适用于木本植物外植体的生长。

（5）SH培养基。SH培养基含有较高的矿质盐，在不少单子叶植物和双子叶植物上使用效果很好。

（6）Miller培养基。Miller培养基和MS培养基相比，无机元素含量减少 $1/3\sim1/2$，微量元素种类减少，不含肌醇。

（三）植物组织培养途径

用植物的组织或细胞培养成植株，可以通过以下三条途径实现。

1. 通过愈伤组织分化成植株 由外植体细胞转化成的分生细胞进行活跃分裂产生愈伤组织，愈伤组织再诱导分化成芽和根，成为完整植株。

2. 通过器官发生形成植株 器官发生就是指由外植体产生的愈伤组织的部分细胞，在形态结构上发生了特化或者不经愈伤阶段而直接转化成原形成层细胞，再进一步依次分化，形成初生芽和初生根，进而形成一个完整的植株。

3. 通过胚状体发生形成植株 由培养的外植体产生愈伤组织，再通过悬浮培养；或直接产生大量的胚状体，再由胚状体发育成完整的植株。

（四）培养基的配制

1. 母液的配制和保存 为了提高工作效率，常把大量元素、微量元素、铁盐、有机物配成浓缩贮备液，即母液。一般扩大 $10\sim100$ 倍，其中大量元素为 $10\sim20$ 倍，微量元素、有机盐及铁盐为 $50\sim100$ 倍。将配制好的母液保存在 $2\sim4$ ℃冰箱内。使用时，将它们按照一定的比例进行稀释混合即可。

2. 培养基的配制

（1）培养基的配制程序。①母液的量取：培养基选定后，将所需母液按顺序排好，算好母液吸取量，吸取相应量的各种母液和生长调节物质，计算和称取琼脂和蔗糖。②溶解琼脂和蔗糖：按要求计算和称取琼脂、蔗糖，放在烧杯或不锈钢锅中并加入一定量的水，加水量为所配培养基的2/3左右；然后加入琼脂和蔗糖，加热溶解。③混合：将各种母液倒入融化的琼脂中，搅拌均匀。④定容：加水定容至所需体积。⑤调整培养基pH：用 1 mol/L 的 HCl 或 NaOH 溶液调整培养基pH。⑥培养基的分装和包扎：配制好的培养基要趁热分装，分装量一般以占培养容器的 $1/4\sim1/3$ 为宜；分装后尽快用封口膜将容器进行封口。⑦做标记：为了防止多种培养基混杂，配好的培养基应及时做好标记。

（2）培养基的灭菌和保存。培养基分装后应及时灭菌。常用的灭菌方法有高温高压灭菌和过滤灭菌两种。

①高温高压灭菌。一般用高压灭菌锅灭菌，锅内保持 1.1 kg/cm² 的压力，温度在 $121\sim128$ ℃，持续 $15\sim20$ min 即可。注意灭菌锅不能装得过满。培养基灭菌后从锅中取出，使其自然冷却和凝固，在常温下放置 3 d，若无污染便可使用。

②过滤灭菌。一些易受高温破坏的培养基成分，不宜用高温高压灭菌，可用过滤灭菌，过滤灭菌后再加入已高温高压灭菌的培养基中。过滤灭菌应在无菌室或超净工作台上进行，以避免污染培养基。

灭菌后暂时不用的培养基，置于 10 ℃以下保存，含有生长调节物质的培养基在 4～

5 ℃低温下保存。含有吲哚乙酸（IAA）和赤霉素的培养基在一周内用完，并在使用前保存于黑暗处，其他培养基应在两周内用完，最多不能超过一个月。

（五）外植体的选择和灭菌

1. 外植体的选择　在选择外植体时，要注意外植体的来源，器官、组织的大小和生理状态。

（1）组织的大小。外植体的大小根据培养目的而定。如果是为了一般的快速繁殖，外植体宜大，长度通常在 0.5 cm 左右，可使用带有少量幼叶的茎尖、芽或带芽的茎段。如果为了得到无病毒植株，外植体宜小，长度通常在 0.3 mm 以下。

（2）生理状态。木本植物、较大的草本植物以茎段作为外植体。植株矮小或缺乏显著茎的草本植物以叶片、叶柄、花葶或花瓣作为外植体。

2. 外植体的灭菌　外植体采回后，必须尽快进行表面灭菌处理。

（1）常用的灭菌剂。常用的灭菌剂有次氯酸钠、次氯酸钙、漂白粉、氯化汞、乙醇、过氧化氢等。其中最为常用的是次氯酸钠、乙醇和氯化汞。不同灭菌剂的使用方法见表 5-1。

表 5-1　常用灭菌剂的使用和效果

（彭星元，2013，植物组织培养技术）

消毒剂	体积（质量）的浓度	清除难度	消毒时间/min	灭菌效果
次氯酸钠	2%	易	5～30	很好
次氯酸钙	9%～10%	易	5～30	很好
漂白粉	饱和溶液	易	5～30	很好
氯化汞	0.1%～1.0%	较难	2～10	最好
乙醇	70%～75%	易	0.2～2.0	好
过氧化氢	10%～12%	最易	5～15	好
溴水	1%～2%	易	2～10	很好
硝酸银	1%	较难	5～30	好
抗生素	4～50 mg/L	中	30～60	较好

（2）外植体的表面灭菌。

①整理与清洗。采来的植物材料除去不用的部分，将需要的部分仔细清理干净，然后置于自来水龙头下，用流水冲洗几分钟至数小时。

②材料的表面灭菌。这一过程要在超净工作台或接种箱内进行。将清洗好的外植体用 70% 乙醇浸泡 2～30 s，幼嫩的材料浸泡时间可短些，成熟的组织浸泡时间可长些。然后用无菌水冲洗干净。再选择合适的灭菌剂倒入盛装外植体的容器中进行深层灭菌，灭菌时不断搅动，使植物材料与灭菌剂有良好的接触。不同灭菌剂浸泡时间不同，取出后用无菌水冲洗 4～6 次后就可以接种了。

③外植体的灭菌步骤。外植体取材→自来水冲洗→70% 乙醇表面灭菌→无菌水冲洗→灭菌剂处理→无菌水充分清洗→接种。

不同的外植体灭菌程序见表 5-2。

表 5-2 不同外植体的灭菌程序

（彭星元，2013，植物组织培养技术）

外植体	消毒程序			备注
	前处理	消毒	冲洗	
茎段	自来水冲洗后，70%乙醇中浸泡数秒	2%次氯酸钠溶液中浸泡 15～30 min	无菌水冲洗 3～4 次	以茎段或顶芽为外植体
叶片	自来水冲洗后，70%乙醇中浸泡数秒	0.1%氯化汞溶液中浸泡 1 min 或 2%次氯酸钠溶液中浸泡 15～30 min	无菌水反复冲洗，无菌滤纸吸干水分	以叶片或叶柄切段为外植体
器官	自来水冲洗后，70%乙醇中浸泡数秒	2%次氯酸钠溶液中浸泡 15～30 min	无菌水冲洗 3～4 次，无菌滤纸吸干水分	取芽眼或内部器官为外植体
果实	70%乙醇中浸泡数秒	2%次氯酸钠溶液中浸泡 10 min	无菌水冲洗 3～4 次	培养幼胚获得植株，或取果肉为外植体
种子	70%乙醇中浸泡数分钟，无菌水冲洗	10%次氯酸钙溶液中浸泡 20～30 min，再用 1%溴水浸泡 5 min	无菌水冲洗 3～4 次，无菌滤纸吸干水分	以萌芽的幼苗各部位为外植体

（六）外植体的接种和培养

1. 接种 将消好毒的材料置于灭过菌的培养皿中，按要求用灭过菌的解剖刀将外植体切成小块接种在培养基上，但不能陷于培养基中，接好后随即将瓶口封好，等待培养。

2. 培养

（1）外植体的增殖。将接种后的外植体放在培养室中培养。温度控制在 25 ℃左右；空气相对湿度保持在 70%～80%；光照度在 1 000～3 000 lx。

试管苗长到一定大小后，将材料分株或切段并转入增殖培养基中，进行多次增殖培养，当增殖到所需数量之后，即可转入壮苗与生根的培养基中。

（2）试管苗的壮苗与生根。当试管苗长到一定大小时，将小苗及时转入生根培养基中，经过一个月左右的培养即可获得健壮根系。生根培养基一般多采用 1/2 或 1/4 量的 MS 培养基，同时减少细胞分裂素，增加适量的生长素。

（七）试管苗炼苗和移植

1. 炼苗 试管苗从无菌的环境进入自然环境，必须经过一个炼苗过程。具体做法是：将生根状态理想的试管苗，由培养室转移到半遮阳的自然光下进行锻炼，再置于较强的光照下进行适应性锻炼，并打开容器盖注入少量的自来水，使幼苗逐渐降低温度，转向有菌环境。炼苗一般进行 2 周左右。

2. 移植 炼苗结束后，取出试管苗，用自来水将根系上的培养基冲洗干净，再栽入消过毒的基质中。移栽前期需要适当遮阳，环境温度保持在 15～25 ℃，空气相对湿度保持在 98%左右。当幼苗长出 2～3 片新叶时，可转入常规管理。

项目小结

花卉繁殖是指通过各种方式产生新的植物后代，繁衍其种族和扩大其群体的过程与方法。在长期的自然进化、选择与适应过程中，各种植物形成了自身特有的繁殖方式。人类的栽培实践和技术进步，不断干预或促进植物的繁衍数量和质量，使植物朝着满足人类各种需要的方向进化。花卉繁殖是花卉生产中的重要一环，掌握花卉的繁殖原理和技术对进一步了解花卉的生物学特点，扩大花卉的应用范围都有重要的理论意义和实践意义。

探究与讨论

1. 什么是种子繁殖？种子繁殖有何特点？
2. 成熟种子的储藏方法有几种？各有何特点？
3. 花卉的种子繁殖可分为哪几个时期？各时期的主要操作特点是什么？

项目六 花卉的栽培管理

项目导读

花卉的生长过程是在各种环境条件的综合作用下完成的。为使花卉生长健壮、姿态优美，必须满足其生长发育所需要的条件，而在自然环境下较难满足这些条件，故在花卉生产过程中常采取一些栽培管理措施进行调节，以期获得优质高产的花卉产品。所谓"三分种，七分管"，花卉栽培管理是花卉应用的基础，也是重中之重。

学习目标

知识目标

● 了解花卉露地栽培的土壤选择与管理、灌溉与排水、施肥与覆盖等措施。

● 了解花卉温室栽培的环境条件（温度的调控、湿度的调控、光照的管理、土壤消毒等）管理方法。

● 了解盆栽花卉的常用花盆种类、盆土类型、上盆和换盆的方法、灌水与施肥的方法和效果、修剪与整形的方法与效果、绑扎与设支架的方法与效果、摘心与抹芽的方法。

● 了解花卉无土栽培的方式、营养液的配制及栽培管理方法。

能力目标

● 掌握露地花卉主要的栽培管理要点。

● 掌握无土栽培的基本方法。

● 掌握不同习性的花卉对温室环境的要求及环境的调控方法。

项目学习

任务一 花卉的露地栽培

一、土壤的选择与管理

1. 花卉露地栽培的主要生产过程

（1）整地。

（2）传统育苗。

（3）现代育苗。

（4）栽培管理。

（5）产品分级。

2. 土壤的选择　土壤是花卉生活的介质之一，栽培花卉应选择肥沃、疏松、排水良好的土壤。

3. 土壤因素　土壤因素主要包括土壤深度、肥沃度、质地、构造等，这些都会影响花卉根系的生长与分布。

4. 土壤管理　土壤管理主要包含调节土壤 pH、松土等。

二、灌溉与排水

"水是生命之源"，花卉的生长过程离不开水，不同的花卉因为生存环境的不同，需水量不同；同一种花卉在不同生育阶段或不同季节对水分的要求也不同。水分缺少时给花卉供水的行为就是灌溉。

（一）灌溉方式

1. 漫灌　漫灌适于夏季高温地区大面积的植物生长密集地等。

2. 沟灌　沟灌适于宽行距栽培的花卉，水能完全到达根区。

3. 浸灌　浸灌适于容器栽培的花卉。

4. 喷灌　喷灌易于定时控制，可节省用水和改善小气候，但设备投资较高（彩图 21）。

5. 滴灌　滴灌利用低压管道系统，使水分缓慢不断地呈滴状浸润根系附近的土壤，可节约用水；但滴头易阻塞，且设备投资较高。

（二）灌溉原则

（1）春、夏、秋季，灌水量应大而多，入冬则少灌或不灌。

（2）一次性灌透，切勿只灌表皮形成夹干层。

（3）黏土灌溉少，沙土灌溉多。

（4）针叶、狭叶种类灌水少，大叶、圆叶种类灌水多。

（5）前期生长期须多灌水，后期花果期宜少灌水。

三、施肥

（一）肥料的类型

无机肥：肥效高，是基本肥料或称肥料三要素，常用作追肥。

复合肥：花卉专用肥，其优点是不会淋失和引起灼伤，肥效长，可达 3～16 个月。

有机肥：来自动、植物的遗体或排泄物，肥效满，常以腐熟态作基肥。

无论是有机肥、复合肥，还是无机肥，均不得含有毒物质。

（二）施肥的时期

应根据不同的生育期施用不同的肥料。一般关键性的生育期均应施肥。

（1）幼苗期：施氮肥多。

（2）花芽分化和果实发育前：施磷、钾肥多。

（3）苗期、生长期、花前花后期应施追肥；高温多雨或沙土上，施肥应量少而多次。

（三）施肥量

一般植株矮小，生长旺盛的花卉可少施；植株高大，枝叶繁茂，花朵丰硕的花卉宜多施。

（四）施肥方法

土壤施肥的深度和广度应依根系分布的特点而定，通常要将肥料施在根系分布范围内或稍远处，这样可诱导根系形成更强大的根系而有利于提高花卉的抗逆性。

主要有全圃施肥（多与园圃整地配合进行）、环状施肥、施肥与灌溉同时进行、根外追肥等方法。

四、覆盖

覆盖是指将一些对花卉生育无害的材料覆盖在圃地上。

1. 覆盖的益处　覆盖的益处主要有防止水土流失，减少水分蒸发，防止地表板结，预防杂草滋生，调节土温，改善土壤结构等。

2. 覆盖物的选择　覆盖物应该是容易获得、使用方便、价格低廉的材料，应因地制宜地选择。可用堆肥、秸秆、腐叶、松毛、树皮、甘蔗渣、花生壳等，也可用聚乙烯薄膜。

任务二　花卉的温室栽培

温室的温度、光照、湿度和通风等可人为调控，因此在温室栽培花卉，可依据花卉的生长发育要求调节环境条件。

一、温度的调节

（一）花卉对温度的要求

花卉对温度的要求有三基点温度，即最高温度、最低温度、最适宜温度。温室的温度应控制在最低温度和最高温度之间，且温度变化应符合自然界温度变化的规律。

一般温室温度，热带植物不低于 16～18 ℃；亚热带植物不低于 8～10 ℃；温带植物不低于 3～5 ℃；冬季休眠的植物只要不低于 0 ℃即可。

（二）温室降温措施

（1）加盖遮阳网。

（2）喷淋。

（3）水帘。

（4）排气扇。

（5）开天窗。

同一温室中最好栽培一种花卉或者对温度要求基本一致的花卉。

二、光照的管理

温室花卉大多引自热带和亚热带地区，有的种类如仙人掌科、龙舌兰科、大戟科等要求强光照；另一些如茉莉花、白兰、含笑等在阳光充足的条件下生长良好，盛夏稍遮阳即可；但更多的温室花卉如金粟兰科、秋海棠科、天南星科、兰科、蕨类等一般要求遮阳50％～80％。

遮阳的作用：降低光照度、降低温度、保湿、提高空气湿度。

遮阳的方法有以下几种。

（1）室顶加盖网帘。

（2）室中间加遮阳网。

（3）室中间可盖多层遮阳网。

（4）温室西南方栽植落叶乔木等。

三、湿度的调控

对绝大多数温室花卉而言，在适宜的温度下，湿度宜保持在65％～85％。增加湿度的方法有洒水、喷雾等。降低湿度的方法有提高温度、加强通风等。

四、土壤消毒

温室环境适于花卉生长，同样也适于病菌和害虫的生存繁衍，故温室内土壤应进行预消毒。消毒方法有土壤蒸气消毒和药剂消毒两种。

任务三 盆栽花卉的管理

盆栽是温室花卉生产的主要方式之一，是指用盆、桶、吊篮等容器栽培植物。盆栽有便于控制各种生活条件，有利于花卉的促控栽培，便于搬移，易于调节花期等优点。

一、花盆和盆土

花卉盆栽应选择合适的花盆与富含营养物质、物理性状良好的盆栽用土。

（一）花盆

花盆的类型有很多，前文已有详细论述，此处不再赘述。

（二）盆土

盆土主要有堆肥土、腐叶土、草皮土、松针土、沼泽土、泥炭、河沙、木屑、蛭石、珍珠岩、煤渣、园土、黄心土、塘泥、陶粒（坚硬如石，浑圆光洁，同时拥有良好的吸水和透气性；集装饰性、营养性、保水性三种功能于一体）等。

常见的盆土配比见表6-1。

表6-1　常见的盆土配比（单位：份）

应用范围	腐叶土或草炭	针叶土或兰花泥	田园土	河沙	过磷酸钙或骨粉	有机肥
播种或分苗	4	—	6	—	—	—
草本定植、木本育苗	3.0	—	5.5	—	0.5	1.0
宿根草本	3.0	—	5.0	—	0.5	1.5
木本定植						

（续）

应用范围	腐叶土或草炭	针叶土或兰花泥	田园土	河沙	过磷酸钙或骨粉	有机肥
木本换盆	2.5	—	5.0	—	0.5	2.0
球根及肉质花卉	4.0	—	4.0	0.5	0.5	1.0
喜酸性土花卉	—	4.0	4.0	0.5	0.5	1.0

一般育苗用土：腐叶土：园土＝1：1，另加少量厩肥和黄沙。

扦插用土：黄沙或砻糠灰。

一般盆土：腐叶土：园土：厩肥＝2：3：1。

耐阴植物盆土：园土：厩肥：腐叶土：砻糠灰＝2：1：0.5：0.5。

多肉植物盆土：黄沙：园土：腐叶土＝1：1：2。

兰科植物盆土：中国兰用腐叶土＋沙，洋兰用碎砖或木炭块。

杜鹃类盆土：腐叶土：垃圾土（偏酸性）＝4：1。

二、上盆和换盆

上盆是指将幼苗移植于花盆中的过程。

当发现多年生观赏植物有根自排水孔伸出或自边缘向上生长时，说明其需要换盆了，即更换大一号的花盆。多年生盆栽花卉于休眠季节换盆，一年一换；一二年生草花可以随时换盆。

经上盆或换盆的花卉应立即灌水，置于庇荫处2~3 d，然后再移到日光下，注意保持盆土湿润。

三、灌水与施肥

水肥管理对盆栽花卉来说是十分重要的环节。

（一）灌水

盆栽花卉测土壤湿润程度的方法：可以用手指按盆土，如下陷达1 cm说明盆土湿度是适宜的；搬动一下花盆，若已变轻，或用木棒敲盆边，若声音清脆，都说明需要灌水了。

灌溉用水：以天然降水为好，其次是江河湖水，井水浇花应注意水质。无论是井水还是自来水，都应在贮水池中贮存24 h之后再浇花。

灌溉基本原则：不干不浇，一浇浇透；休眠期，宁干勿湿。

（二）施肥

盆花栽培中，灌水与施肥常常结合进行。生长季，一般每隔3~5 d，水中加少量肥料混合施用。

施肥要遵循的基本原则如下所述。

（1）勤施薄施。

（2）观叶植物多施氮肥。

（3）观花观果植物营养期以氮肥为主，生殖期以磷、钾肥为主，花前花后应施重肥。

（4）根据不同花卉需肥的多少来决定施肥的频率。

四、修剪与整形

为了使盆花保持株形美观、枝叶紧凑和花果繁密，常借整形修剪来调节其生长发育，修剪的形式多种多样，总体来说分为以下两类。

1. 自然式修剪 自然式修剪着重保持植物自然姿态，仅对交叉枝、重叠枝、丛生枝、徒长枝稍加控制，使自然姿态更加完美。

2. 人工式修剪 人工式修剪是指依人类喜爱和情趣，利用植物生长习性，经修剪整形达到寓于自然、高于自然的艺术境界。

如欲使修剪枝梢集中向上生长则留内方的芽，如欲使修剪枝梢向四方开展生长则在外侧芽上剪去枝条，剪口务必平滑以利于愈合。

整形的植物应随时修剪，以保持其优美的姿态。

五、绑扎与支架

（一）绑扎与支架

盆栽花卉有的花枝细长，如小苍兰、大丽花、蝴蝶兰、大花蕙兰等，需要设支柱。

有的盆栽花卉为攀缘植物，如香豌豆、球兰等，常扎制长龙形或圆球形支架使枝条环绕其上生长，以利于通风、透光和便于观赏。

（二）常用材料

支架常用材料有竹类、芦苇或紫穗槐枝条等。绑扎在长江流域以南地区常用棕线或其他具韧性、耐腐烂的材料，如铁丝等。

六、摘心与抹芽

（一）摘心

适用对象：分枝性不强的花卉，或花着生于枝顶、分枝少的花卉。

摘心的好处：促进激素产生，促发更多侧枝，有利于花芽分化，调节开花期。

摘心时期：一般在生长期进行。

（二）抹芽

适用对象：芽过于繁密，或芽方向不对等的花卉。

抹芽的好处：减少营养消耗，提高观赏效果。

抹芽时期：应尽早于芽开始膨大时进行，如菊花抹芽等。

任务四　花卉的无土栽培

利用其他物质代替土壤，为根系提供另一种环境来栽培花卉的方法称为花卉的无土栽培。无土栽培的好处如下所述。

（1）花卉从栽培基质中可以得到足够的水分、无机营养和氧气。

（2）有利于栽培方式的现代化，可节省劳力、节约用水、降低成本。

（3）清洁卫生，减少病虫危害，利于出口创汇。

（4）节约空间，场地有限时或在家庭中使用尤好。

（5）无土栽培的花卉花大，标准一致，产量高，适于商品性切花的生产。

常用无土栽培的花卉有菊花、百合、唐菖蒲、仙客来、蝴蝶兰、大岩桐等。

一、无土栽培的方式

（一）水培

水培即将花卉的根系悬浮在栽培容器的培养液中的一种无土栽培方法，营养液必须不断循环流动，以改善供氧条件。如吊兰、绿萝等均可大规模水培。

（二）基质栽培

基质栽培即在一定的容器中，以基质固定花卉的根系，花卉从中获得营养、水分和氧气的栽培方法。栽培基质分无机基质和有机基质两类。

1. 无机基质　无机基质有沙、蛭石、砻糠灰、珍珠岩、泡沫塑料颗粒、陶粒等。现在生产上还出现了彩色的栽培基质，如彩虹沙、彩石、水晶泥等。

2. 有机基质　有机基质主要有泥炭、锯末、木屑等。

二、营养液的配制

（一）常用的无机肥料

常用的无机肥料有硝酸钙（良好的氮源和钙源肥料）、硝酸钾（优良氮、钾肥料）、硝酸铵（不宜作主要氮源）、硫酸铵（补充氮肥）、尿素（补充氮肥，根外追肥）、过磷酸钙、磷酸二氢钾（无土栽培优质磷、钾肥）、硫酸钾（良好的钾源）、氯化钾（钾源之一）、硫酸镁（良好的镁源）、硫酸亚铁（良好的铁肥）、硫酸锰（锰源之一）、硫酸锌（重要的锌源）、硼酸（重要的硼源）、硫酸铜（良好的铜肥）、钼酸铵（钼源之一）等。

（二）营养液的配制原则

（1）营养液应含有花卉所需的大量元素——氮（N）、磷（P）、钾（K）、钙（Ca）、镁（Mg）、硫（S）和微量元素——锰（Mn）、锌（Zn）、铜（Cu）、硼（B）、钼（Mo）。

（2）肥料在水中有良好的溶解性，并容易被植物吸收利用。元素比例依花卉种类而定。

（3）水源清洁，不含杂质。

（三）营养液 pH 的调节

营养液 pH 偏高时加酸（如硫酸、磷酸、硝酸），偏低时加入氢氧化钠。徐徐加入，及时检查溶液 pH 的变化，检查方法常用比色法：将营养液 $1\sim2$ mL 置入白瓷比色盘凹穴中，滴入比色剂，待变色后与比色卡比较，即可测出 pH。

（四）几种主要花卉营养液的配方

由于肥源条件、花卉种类、栽培要求以及气候条件的不同，花卉营养液的配方也不同（表 6-2 至表 6-6）。

表 6-2　道格拉斯的孟加拉营养液配方

肥料名称	配方 1/（g/L）	配方 2/（g/L）
硝酸钠	0.52	1.74
硫酸铵	0.16	0.12
过磷酸钙	0.43	0.93
碳酸钾	—	0.16
硫酸钾	0.21	—
硫酸镁	0.25	0.53

表 6-3　波斯特的加利福尼亚营养液配方

肥料名称	用量/（g/L）
硝酸钙	0.74
硝酸钾	0.48
磷酸二氢钾	0.12
硫酸镁	0.37

表 6-4　菊花营养液配方

肥料名称	用量/（g/L）
硫酸铵	0.23
硫酸镁	0.78
硝酸钙	1.68
硫酸钾	0.62
磷酸二氢钾	0.51

表 6-5　唐菖蒲营养液配方

肥料名称	用量/（g/L）
硫酸铵	0.156
硫酸镁	0.550
磷酸钙	0.470
硝酸钠	0.620
氯化钾	0.620
硫酸钙	0.250

表 6-6　非洲紫罗兰营养液配方

肥料名称	用量/（g/L）
硫酸铵	0.156
硫酸镁	0.450
硝酸钾	0.700
过磷酸钙	1.090
硫酸钙	0.210

项目小结

花卉的生长过程是在各种环境条件的综合作用下完成的。在自然环境下较难满足花卉生长需要的各种不同条件，故花卉栽培管理是花卉应用的基础，也是重中之重。

本项目在花卉的露地栽培、花卉的温室栽培、盆栽花卉的管理、花卉的无土栽培四个任务中对花卉的日常栽培管理进行叙述，以求提高花卉栽培管理的技术水平，获得高产优质的花卉产品，提高经济效益。

探究与讨论

1. 露地花卉主要的栽培管理要点有哪些？

2. 无土栽培的基本方法有哪些？各有何特点？

3. 不同习性的花卉对温室环境的要求有什么不同？针对具体花卉，温室环境的调控方法有什么不同？

项目七 花卉装饰

项目导读

花卉装饰是一门综合艺术，它充分表现出大自然的天然美和人类匠心独运的艺术美。它又是一门专业技术，必须熟练掌握花卉的性状，并通过各种表现手法，才能使花卉装饰达到最佳的效果。

学习目标

☑ 知识目标

- ● 了解花卉装饰的定义及作用。
- ● 了解盆花装饰的特点、种类及艺术原则。
- ● 了解切花、插花的应用知识。
- ● 了解插花的艺术风格、构图原则、构图因素等。
- ● 了解干燥花的特点、种类、制作过程。

☑ 能力目标

- ● 掌握常见花卉装饰种类，并了解各种花卉装饰的特点。

项目学习

任务一　盆花装饰

一、盆花装饰的特点

盆栽花卉通常是在特定条件下栽培成型后，达到适于观赏的阶段才被移到需要装饰的场所摆放；失去最佳观赏价值后就被移走，只作为短期的装饰。

二、盆花的种类

（一）根据盆花植物组成分类

根据盆花植物组成可将盆花分为独本盆栽、多本群栽、多类混栽。

1. 独本盆栽　独本盆栽是指一个盆中栽培一株花卉，通常是栽培本身具有特定观赏姿态的花卉。如菊花、仙客来、花烛等（彩图22）。

2. 多本群栽　多本群栽是指相同的植物栽植在同一个容器内，形成群体美。如文竹、瓜叶菊、千日红等。

3. 多类混栽　多类混栽是指将几种对环境要求相似的小型观叶、观花、观果花卉组合栽种于同一容器内形成小群体。

（二）根据植物姿态及造型分类

根据植物姿态及造型可将盆花分为直立式、散射式、垂钓式、图腾柱式、攀缘式等。

1. 直立式　植物本身姿态修长、高耸，或有明显主干，可形成直立形线条。

2. 散射式　植物枝叶开散，占有空间宽大，如苏铁等。

3. 垂钓式　植物茎叶细软下垂，作垂吊式栽培，如吊兰等。

4. 图腾柱式　植物盆栽后中央立一柱，上缠以吸湿的棕皮等介质，将植株缠附在柱上，气生根可继续吸水供生长所需，全株直立柱状，如绿萝等。

5. 攀缘式　蔓性或攀缘性花卉可以在盆栽后经牵引，攀附在墙面或栏杆上，如茑萝等。

三、盆花的装饰

（一）盆花的室外装饰

盆花的室外装饰通常用作专类展示，如菊展、大丽花展等，或模仿园林中的花坛、花境、花丛等模式。所用花材也大体相似，可根据布置的形式与场地环境条件选用不同形态与生态要求的种类，但因布置与回收需消耗大量人力物力，摆放期间要求精细管理，因此只能作为园林布置的补充。

（二）盆花的室内装饰

1. 室内生态环境与花卉布置　室内生态环境对花卉生长发育影响最大的是光照度和空气湿度。

（1）光照度。离窗口近的场所，光照充足，并有部分直射光，可放置较喜光的花卉。离窗口较远的场所或具有其他人工照明的场所，光线较明亮，但无直射光，可摆放半耐阴花卉。远离直射光且光照不足的地方，只可摆放耐阴花卉，有时候甚至不能长期摆放，须频繁更换。

（2）空气湿度。不少室内植物原产于热带雨林，要求空气湿润才能保持蓬勃生机。北方冬季可采用叶面喷水、加湿器或室内设置水景等方法以增加室内空气湿度。

通常室内不宜摆放要求湿度过高的花卉，如蕨类等，以免湿度过大损伤室内墙面、橱柜、书籍、衣物等。

2. 室内花艺布置的艺术原则

（1）装饰效果与所要创造的装饰目标和气氛相一致。

（2）装饰的风格布局要与环境协调。

（3）布局与选材要能增加意境。

（4）盆花装饰要具有一定的适用性。

任务二 切花装饰

一、切花装饰的特点

切花装饰是将剪切下来的新鲜植物材料，经组合、摆插，表现植物自然美的造型艺术。一般用以装饰室内，美化环境，装点服饰与人体，或用于礼仪、社交、馈赠等场合，表达感情。

作为装饰材料的切花，不仅包含植物的花朵，还广泛地包括草本和木本植物的叶、枝、果等观赏部位。

切花装饰的形式很多，常见的有瓶插、花束、花环、花圈、花篮、桌饰、壁饰、捧花、胸花等。

二、插花

（一）插花的组成

1. 插花花材

（1）线形花。线形花的花姿直立、修长，常构成插花构图的高度和外形轮廓，如唐菖蒲、金鱼草、银芽柳等。

（2）特态花。特态花是指具有特殊形态的花材，如百合、水仙、鹤望兰等。

（3）块状花。块状花的外形比较规则，呈团块状，花色鲜明，如月季花、香石竹、牡丹等。

（4）散状花。散状花的花朵小而分散，如勿忘草、天门冬等。

2. 容器 插花容器是插花时用的盛水容器，也是插花造型艺术的组成成分。

（二）插花的构图因素

插花是由花材、容器共同构成的立体造型艺术，是线条、形状、质地、色彩等构图因素的结合，充分体现创作者想要表达的风格、意境与主题。

线条：在插花艺术中是指视觉通道。通过线形花材可以创造线条，重复同样的形状、色彩也可以创造线条。线条也可以建立插花构图的骨架。不同的线条给人不同的感受。

形状：利用形状可创造视觉的和谐效果，建造构图的重心和平衡，创造变化的韵律。

质地：花材和容器给人以质与量的感觉，有厚与薄、轻与重、刚与柔、粗糙与细腻之分。质感的轻重是构图中创造平衡、和谐的重要因素及依据。

色彩：成功的插花构图需要科学地运用色彩，不同的色彩给人不同的感觉，不同色彩的花的组合能创造变化无穷的艺术效果。

（三）插花的艺术风格

插花是一门造型艺术，它的形成与发展受各国文化渊源、习俗等多方面的影响，因而具有不同的风格。世界插花大体上可分为东方插花、西方插花（彩图 23）、现代自由插花几大艺术风格。

1. 东方插花艺术 东方插花艺术是以中国和日本的插花风格为代表的一类插花艺术，起源于中国并流传于日本。东方插花艺术的特点如下所述。

（1）用花量少，多以木本花材为主，配以草本花材。

（2）追求线条美，注重表现花枝姿态的神韵。

（3）用色清雅，一般用1~2种颜色。

（4）寓意人化，以诗、画、园林为发展背景，以直觉思维为主，讲究作品的深刻含义。

2. 西方插花艺术　西方插花艺术是以欧美国家插花风格为代表的一类插花艺术。西方插花艺术的特点如下所述。

（1）用花量大。

（2）造型呈几何形。

（3）色彩艳丽浓重。

（4）富于理性。

3. 现代自由插花艺术　现代自由插花艺术融合了东西方插花艺术特点，既有优美的线条，又有艳丽而规则的图案，渗入了现代人的意识，追求变异，自由发挥。现代自由插花艺术的特点如下所述。

（1）东西式结合，线条优美，色彩明快，图案规则。

（2）追求变异，不受拘束，自由发挥。

（3）既有装饰性，又有抽象寓意。

（四）插花的构图原则

若要完成一件成功的插花作品，在构图手法上需遵循以下共同原则。

1. 均衡　均衡是指花材、容器在构图布局上要给人以稳定感和自我支撑能力，包括重力、形态、色彩、质感各方面的视觉平衡。

2. 协调　协调或调和是指各构图因素本身和相互之间要相互贴切、相互配合，共同完成插花构图要体现的意境、目的和气氛。

3. 韵律　有节奏的变化就能产生美感，观赏者要从多个方位观看插花作品，插花构图要将观赏者的视线引导到视觉中心，这种视觉转移需要通过构图各因素的变化节奏来完成，这就是构图的韵律。

4. 对比　构图各因素形成较大差异时就会产生对比感，对比可使人产生刺激、兴奋之感，使主题突出。

（五）插花的技术

（1）构思与构图设计。

（2）花材整理，根据造型进行修饰。

（3）恰当使用各种辅助工具，如花泥等。

（4）先插骨架花和焦点花，再插填充花与衬叶。

（5）插好的作品应反复多方位进行审视、修饰和调整，使之达到构图要求。

三、切花的其他应用

（一）花束

花束也称手花，是手持的礼仪用花，用以迎送宾客，馈赠亲友，表示祝贺、慰问和思念等。

（二）花篮

可将切花插于用藤、竹、柳条等编制的花篮中，大型花篮用于礼仪、喜庆或悼念等，小型花篮用作室内装饰。

（三）花环和花圈

将切花捆附在用软性枝蔓（如藤、竹片、柳等）扎成的圆环上制成的装饰品或礼品称为花环。花圈是将花捆扎在用枝、蔓等制作的圆盘形支架上，用于祭奠与悼念，花色多用冷色，并用常青叶、松枝等做衬垫，以表示死者永垂不朽。

（四）桌饰

用于宴会席桌面上摆放的装饰花称为桌饰，通常放于餐桌中央。桌饰花要求精细美丽，不能影响视线；花不能有异味，不能有病虫害，不能散落花粉等。

（五）捧花和胸花

捧花又称新娘花，用于婚礼。胸花也称襟花，是指将切花组合成小型的花束小品，可佩戴在胸前、发际或衣襟、裙子上。

任务三　干燥花装饰

一、干燥花概述

（一）干燥花的概念

干燥花是以具有观赏价值的植物材料，如花、叶、茎、果、种子等，经过干燥、定型等处理制成的干燥花材。用干燥花作素材，经人工组合而成的供观赏的艺术作品称为干燥花装饰品。

（二）干燥花的特点

1. 保持天然姿态　干燥花保持着植物的自然风貌与姿态。

2. 持久的观赏期　干燥花及其装饰品能持久地观赏 1～3 年或更长。

3. 应用的灵活性　可在产花季节集中采集鲜花，制作成干燥花后长期保存，在需要时再制作成各种饰品。不同季节的花材也可以任意组配。

4. 种类多样　干燥花装饰品种类丰富多彩，组合与造型随意，不受环境限制。

5. 运输、销售、保存、管理方便　干燥花及其装饰品不需要像鲜花一样严格、复杂的贮运保鲜条件，销售时也不像鲜花那样要承担较大的损耗风险。

二、干燥花的分类

（一）根据制作过程中保存的形态状况分类

1. 干切花　干切花是指剪取的新鲜花材经干燥处理后仍保持花材原来自然生长的立体状态的干燥花。

2. 压花　压花是指将新鲜花材通过压制脱水而制成的干燥花。

（二）根据制作中对花材色彩的处理分类

1. 原色干花　原色干花是指花材干燥后大体保持花材原来的颜色，可直接用于制作装饰品。

2. 漂白干花　对在干燥后出现褪色现象，或色泽晦暗，或形成污斑而影响观赏效果的花材，常将其漂白脱色，使花材变得洁白明净，并依然保持花材原有的姿态风貌。这样得来的干燥花称为漂白干花。

3. 染色干花　对干燥后易于变色、褪色而失去观赏魅力的花材，可采用吸收色料使色料透入花材组织内部使花材着色的方法。这样得来的干燥花称为染色干花。

4. 涂色干花　经过干燥处理的干花，在其表面喷涂色料，利用黏着剂的固着力，将色料固着在花材表面。这样得来的干燥花称为涂色干花。

三、干燥花的制作过程

干燥花的制作过程为：花材的采集→干燥处理→脱色→漂白→染色→加香→软化→漂洗→干燥处理→后整理。

（一）采集与整理

制作干花应选择含水量较少的花卉。花材采集可在各个季节进行，不过秋季是大量采集花材的最好时机。

（二）花材干燥

1. 压花干燥法　将植物材料平放在吸水纸上，上面再覆盖吸水纸，每层植物材料之间垫以足够的吸水纸，将多层夹好植物的吸水纸叠放起来，从最上面施以适当的压力，待植物干燥后即可取出。

2. 自然干燥法　将采集来的花材一束束整理好，用橡皮筋扎紧，倒挂在通风干燥的地方，悬挂时将切花头朝下。

3. 干燥剂埋没干燥法　不适合自然风干的花材，如大花型花材、含水量较多的花材以及肉质花，可利用干燥剂的吸水特性，除去花材中的水分，常用的干燥剂为变色硅胶颗粒。

4. 调节温度和空气压力干燥法

（1）加温干燥法：给植物适当加温，加速水分蒸发。

（2）冷冻干燥法：将花材在低温中冷冻，在减压的真空条件下使结冰水分迅速升华而使花材脱水干燥、保色保形。

（三）脱色与漂白

干燥花的脱色、漂白经常是在同一操作过程中完成的，程序为：水洗（浸泡）→脱色→一段漂白→二段漂白→水洗→中和→水洗→晾晒等。

（四）保色、染色与涂色

（1）保色：用化学药物增加花材原有色素的稳定性，以有效地保持花材的色彩。

（2）染色：将花材浸于色料中，色料随茎干吸的水液流进纤维素的组织中，随着花材干燥而固着在纤维壁上，从而使花材着色。

（3）涂色：将水性颜料或油性颜料喷涂附着在植物表面，从而使植物具有一定的颜色。

项目小结

近年来，花卉装饰在城市公共场所的绿化美化中越来越受重视，而且有可能成为现代城市绿化美化的主旋律。本项目主要阐述了如何利用花卉装饰公共场所，公共场所装饰的意义，室内花卉装饰的基本内容和要求，以及干燥花的制作和装饰方法。利用花卉装饰室内环境，需选用合适的花卉材料及合适的装饰设计手法，以达到和谐统一的效果。

探究与讨论

1. 盆花装饰有哪些原则和方法？
2. 插花有哪些类型？
3. 试述插花艺术及构图原则。
4. 谈谈花卉除观赏外还有哪些用途。

项目八　花卉的生产与经营

项目导读

随着生活水平的提高，人们对花卉产品的需求也越来越大，花卉产业作为一项新兴产业，其发展也越来越迅猛。为了经营管理好花卉产业，应了解花卉生产的特点，花卉产品的市场流通与经营管理，花卉产业结构；明确花卉生产区划，实现花卉周年供应，满足人们对花卉产品的需求。

学习目标

☑ 知识目标

- 了解花卉产业的生产特点。
- 了解花卉产品的市场流通与经营方式。
- 掌握花卉产业结构与生产区划。
- 了解花卉的周年生产。

☑ 能力目标

- 能正确进行花卉生产区划。
- 掌握花卉的周年生产。

项目学习

任务一　概述

一、花卉生产的特点

（一）花卉种类的多样性

花卉种类繁多，有草本花卉、木本花卉、藤本花卉等。

（二）花卉生产的地区性

花卉生产的地区性是指不同地区的生态条件不同，因而花卉产业的主打产品不一样，如昆明的切花生产、上海的盆花生产等。

（三）花卉生产的专业性与技术性

现代花卉生产向着花卉生产的设施化、专业化、专门化方向发展，专业性与技术性特点明显。

（四）花卉产品的鲜活性

花卉产品要保持鲜活性才有观赏价值，特别是切花更要注意保鲜（彩图 24）。

（五）花卉生产必须周年稳定地供应市场

花卉要实现周年供应才能满足人们对花卉产品的需求，如昆明国际花卉拍卖交易中心（彩图 3），每天有各种鲜切花销往全国各地。

（六）花卉生产受国民发展的总体水平影响

随着人们生活水平的提高，大家对花卉的要求也越来越高，花卉装饰居室的应用也越来越受到人们的青睐。

二、花卉产品的市场流通与经营方式

（一）批发市场

批发市场的花卉交易量大、品种多，可以满足不同客户对花卉的需求。许多批发市场一般都兼营零售。

（二）花店

花店是直接面向消费者的零售商，实体花店和网上花店都具有竞争优势。实体花店分布广、数量多，购买方便。

（三）街头商贩

街头商贩一般进行的是流动性的交易，交易规模小，交易灵活，能对市场的变化迅速做出反应，但是很难形成标准化。

（四）花卉超市

超市里的花卉专柜跟花店类似，经营范围既包含鲜切花又有盆花，明码标价，顾客能即买即走，节省时间和精力。

（五）花卉拍卖

花卉拍卖是指人们通过竞价的方式购得花卉商品。进行对手交易时，由于只有买卖双方参与，所以不同的买家或卖家对某一商品的估价不同，成交价格就会不同。

此外，还有团体花艺商、花卉租摆商、网络订花、邮递寄花等多种形式相结合形成的花卉流通体系。

任务二 我国花卉生产的产业结构及生产区划

一、花卉产业结构

（一）切花

切花要求生产栽培技术较高。我国切花的生产相对集中在经济较发达的地区，在生产成本较低的地区也有生产。

（二）盆花

盆花包括观花植物、室内观叶植物、多肉植物、兰科花卉等，是我国目前生产量最大，应用范围最广的花卉形式，也是目前花卉产品的主要形式。

（三）草花

草花包括一二年生花卉和多年生宿根、球根花卉，应根据市场的具体需求组织生产。一般来说，此类花卉多作为花坛、花境材料应用，经济越发达，城市绿化水平越高的地区，对此类花卉的需求量也就越大。

（四）种球

种球生产是以培养高质量的球根花卉的地下营养器官为目的的生产方式，它是培育优良切花和球根花卉的前提条件（彩图18至彩图20）。

（五）种苗

种苗生产是专门为花卉生产公司提供优质种苗的生产形式。所生产的种苗要求质量高，规格齐备，品种纯正，是花卉产业的重要组成部分。

二、生产区划

（一）全国范围内花卉生产布局

从全国花卉生产布局看，云南鲜切花生产量位居第一；广东、福建是全国最大的观叶植物生产中心；北京、上海、广州是盆花生产的重要基地；浙江、江苏、湖南、四川、河南、河北等地已成为绿化苗木和观赏树木的供应基地。

（二）具体生产单位的生产场地布局

1. 温室区　温室区是现代花卉生产的重要组成部分，一般规划在交通便利的醒目处。

2. 塑料大棚区　塑料大棚是南方花卉生产中重要的保温设施，占据花卉生产区的面积较大。

3. 阴生花卉区　耐阴花卉及花卉扦插繁殖时需要荫棚遮阳，占地面积较小。

4. 种苗繁殖区　繁育生产用的种苗或种球的场所为种苗繁殖区，可以根据不同需求设置在大棚内或露地上，占地面积较小（彩图25、彩图26）。

5. 草花区　草花区为露地种植一二年生草花或宿根花卉的区域，要求光照充足，土质肥沃，占地面积较大（彩图27）。

6. 花木区　各种花卉生产单位的生产目标不同，花木区占地面积也不一样。露地苗占地面积大，可布置在边远处。

7. 水生花卉区　水生花卉要求有水湿环境，要根据生产区的环境条件来布置生产区，一般面积较小。

8. 展示区　展示区是用来展示生产单位的花卉产品的区域，应安排在显目位置，也可单辟一块地进行展示，起到宣传效果。

任务三　花卉的周年供应与生产管理

一、花卉周年供应的意义

（1）丰富不同季节的花卉种类。

（2）满足特殊节日及特定供应花展布置的用花要求。

（3）创造百花齐放、丰富多彩的景观效果。

二、周年供应的生产设施

花卉产品是鲜活的产品，要做到周年供应，除了技术上的要求外，还必须有专门的设施，如保温设施、降温设施、浇灌设施等。

（一）保温设施

（1）温室及加温设施。

（2）塑料大棚。

（3）地膜。

（二）降温设施

（1）保鲜库。

（2）荫棚。

（3）水帘、排风扇。

（三）浇灌设施

（1）喷灌（彩图21）。

（2）滴灌。

三、花卉周年供应的实施

（一）花卉周年供应的技术要求

要有保护地设施才能使花卉的生长发育不受环境影响，才能实现花卉的周年供应。花期调控技术是实现花卉周年生产和定时生产的关键技术，可以确保花卉生产与市场需求的有效衔接。花期调控主要是通过改变繁殖时间与方法、分批定植、种苗冷藏、温度控制、光照处理、激素处理、修剪控花等途径人为调节和控制开花，达到周年供花或定时供花的目的。

（二）花卉周年生产管理

露地花卉周年管理有明显的季节性，要根据花卉生长发育对环境条件的要求，确定播种、育苗、定植、栽培管理、成品花供应的时间。

保护地生产的季节性不强，但专业技术要求高，要根据市场对花卉供应时期的不同需求制定生产计划，在人工控制条件下进行播种、育苗、定植、栽培管理、成品花供应、分级、包装、贮运等工作环节。各种花卉生长发育的特点不同，其周年生产管理的方式也不同，下面以大棚切花月季周年生产管理为例进行阐述。

1. 整地与做畦

（1）深翻：在定植前深翻，深度30～40 cm，注意整碎大土块。

（2）施肥：每亩施鸡粪2～3 t、稻壳4～5 m³，施肥后再仔细翻一遍。

（3）做畦：采用高畦栽培，畦高30 cm，畦面宽70 cm，畦沟宽50 cm。

（4）修建排灌系统，力求做到旱能灌、涝能排。

2. 定植 整地后做床，床宽70 cm，双行种植，行距40 cm，株距20～25 cm，挖深10～20 cm的定植穴，定植时使根系舒展开，培土时使土分散在根之间，培完土轻轻踩几下，边踩边提苗，种完后立即浇透水。

3. 合理施肥 及时追肥，每茬花收完后，在畦面中间或两侧开浅沟，施入充分腐熟的鸡粪。每茬花生长期间，每隔 15～20 d 用滴灌设施滴施液肥或人工浇施稀薄粪水（或尿素水）一次。

4. 整枝与修剪

（1）压枝：在整个生育期都要将细弱枝及产花长度不够的枝压下，从枝基部 3～5 cm 处采取边扭边压的方法，将枝条压于地面加以固定，枝条被弯曲后，从植株基部萌发的枝条生长势强，发枝均匀，长而直立，将其作为开花枝培养。

（2）及时摘除产花枝侧芽、侧蕾，及时摘除非产花枝顶蕾，并对之处以折枝。

（3）及时剪除弱枝、病枝、少叶或无叶枝以及无效被折枝。

（4）产花修剪：如为了供应市场需要集中产花，可一次性全面修剪，修剪时间安排在计划产花期前，一般夏季在产花期前 30 d，春、秋季在产花期前 45 d，冬季在产花期前 60～70 d。

5. 温度管理

（1）夏季降温：5 月中下旬架设遮阳网，拉起裙膜，通风降温。

（2）秋季开始保温：9 月下旬去除遮阳网后，加强棚膜管理，注意通风和保温。

（3）冬季保温增温：生产期间确保室内最低气温晴天 8 ℃以上，阴雨天也不低于 5 ℃。冬季注意光照管理，通常情况下要保证每天 7 h 以上光照，以减少盲枝。

6. 光照管理 在月季抽枝期间不使用遮阳网，保障植株有充足的光照；现蕾后可以在晴天上午 10 时至下午 5 时，使用 70%银灰色的遮阳网；夏季连续阴雨天不能遮光，冬季不能遮光。

7. 水分管理 切花月季耐旱，怕涝，缺水会萎蔫，过湿或积水易烂根。最好采取滴灌和喷灌浇水，一般夏季每隔 2～3 d，春、秋季每隔 4～5 d，冬季每隔 7 d 浇一次水。浇水量要根据土壤的持水能力、植株的生长状况等来确定。

8. 及时防治病虫害 切花月季的主要病虫害为黑斑病、白粉病、霜霉病（彩图 28）和蚜虫（彩图 29），务必采取"以防为主，防治结合"的防治原则。

项目小结

随着生活水平的提高，人们对花卉产品的需求也越来越大，花卉产业作为一项新兴产业，其发展也越来越迅猛。本项目着重介绍花卉生产经营的特点，花卉产品的市场流通与经营方式，花卉的产业结构，如何进行花卉的生产区划，花卉周年供应有哪些意义，花卉周年供应应具备哪些生产设施，以及如何做到花卉周年供应。

探究与讨论

1. 花卉生产有何特点？通过哪些渠道进行花卉流通？

2. 花卉生产单位如何进行花卉生产区划？

3. 花卉周年供应需要哪些设施？如何进行周年生产（以一种花卉生产为例进行说明）？

项目九 一二年生花卉

项目导读

一二年生花卉目前主要用来营造景观，以及用作花坛、花境植物，装饰庭院等。在营造景观方面，以花为主要观赏对象的植物要求花朵繁盛美丽，能够营造华丽、热烈的气氛；以叶为主要观赏对象的植物要求叶色美丽鲜艳，能够营造色彩丰富的景观。花坛表现植物的群体效果，所以要求植物均匀一致，包括株形一致和花期相近；最好花期要相对较长，以便延长花坛观赏期，相对降低成本。

学习目标

☑ 知识目标

● 了解一二年生花卉的含义。
● 掌握一二年生花卉的生物学习性。
● 掌握一二年生花卉的繁殖与栽培管理技术要点。
● 了解一二年生花卉的观赏与应用特点。
● 掌握鸡冠花、万寿菊、碧冬茄、一串红、三色堇、石竹、羽衣甘蓝等的栽培管理技术要点。

☑ 能力目标

● 掌握一二年生花卉的繁殖与栽培管理技术要点。
● 掌握鸡冠花、万寿菊、碧冬茄、一串红、三色堇、石竹、羽衣甘蓝等的栽培管理技术要点。

项目学习

任务一 概述

一、一二年生花卉的定义和范围

一二年生花卉是指种子萌发后在一年内或跨年完成生命周期的草本花卉，是营造花坛、花境景观的主角。

一年生花卉是指在一个生长季内完成全部生活史的花卉。从播种到开花死亡在一年内进行，一般春天播种，夏秋开花，冬天来临时死亡，如鸡冠花、凤仙花、半支莲、万寿菊等。多年生作一年生栽培的花卉，在当地露地环境中作多年生栽培时对气候不适应，怕冷；生长不良或两年后生长变差；具有易结实，当年播种就可以开花等特点（如美女樱、紫茉莉、一串红等）。

二年生花卉是指当年播种来年春夏开花结实，跨年完成生命周期的花卉。多年生花卉作二年生栽培的大多数，是多年生花卉中喜欢冷凉的种类，它们在当地的露地环境中作多年生栽培时由于怕热而对气候不适应，会出现生长不良或两年后生长变差的现象；有容易结实，当年播种就可以开花的特点（如雏菊、金鱼草等）。

二、一二年生花卉的异同点（表 9-1）

表 9-1　一二年生花卉生物学特性上的异同点

项目	一年生花卉	二年生花卉
不同点	生命周期为一年；耐寒性差，生长发育主要在无霜期进行；春季播种，夏、秋季开花；多为短日照花卉	生命周期跨两年；较耐寒，不耐高温，以幼苗越冬；秋季播种，翌年春、夏季开花；多为长日照花卉
相同点	种子繁殖为主，自播繁殖能力强，繁殖系数大；生长迅速；幼年期与生命周期短；对环境条件要求高，可进行促成或抑制栽培；花大色艳	

三、一二年生花卉的繁殖与栽培管理技术要点

（一）一二年生花卉的繁殖技术要点

1. 生产中以种子繁殖为主流　F1 代种子（子一代种子）是一二年生花卉主要的种子形式，已经逐步代替了传统的种子生产方式。扦插繁殖也是一二年生花卉常用的繁殖方式，但是为生产优良草花，插穗同样来自 F1 代壮苗。

播种方式有三种：苗床播种、容器播种（如穴盘播种）、应用地或观赏地直接播种（如露地播种）。

2. 草花育苗是生产中的重要环节　为了使花坛多变和富有观赏性，培育大苗（带蕾苗）是重要手段。培育大苗有很重要的意义：①提早开花（苗期在圃）；②提高花朵质量，适时早育苗；③种子防自然灾害；④易用先进技术；⑤经济效益高。

3. 出苗后管理　出苗后管理主要包括移栽、上小钵、摘心、炼苗、上盆、施肥、脱盆定植等环节。

（二）一二年生花卉的栽培管理技术要点

1. 栽培管理精细　需修剪（摘心、整形）的一二年生花卉有万寿菊、五色苋、百日草等，不能摘心的一二年生花卉有鸡冠花等。

2. 控花技术简单　采用相关的园林措施和外科手术调控花期。

3. 易受伤害　一二年生花卉草质茎脆弱，根系不够强大，易受机械损伤和逆境伤害，损害后难恢复。

四、一二年生花卉的观赏与应用特点

（一）花坛

花坛是按照设计意图，在具有几何轮廓的栽植床内种植不同色彩的花卉，应用花卉的群体效果来体现图案纹样，或观赏盛花时绚丽景观的一种花卉应用形式。花坛在园林布局中常作为主景，在庭院布局中也是重点设置部分，对街道绿地和城市建筑物也起着重要的配景和装饰美化作用。

（二）花境

花境是将花卉布置于绿篱、栏杆、建筑物前或道路两侧的园林应用形式，是园林布景的重要形式，也是园林中从规则式到自然式构图的过渡形式，它追求的是"虽由人作，宛自天开"的意境，体现了中国园林创作的艺术境界（彩图 30）。

任务二　主要一二年生花卉

一、栽培草花类型

我国主要栽培的草花依市场状况大致可分为以下两类。

1. 传统种类　如一串红、万寿菊、孔雀草、鸡冠花、千日红、三色堇、雏菊、翠菊、百日草、金鱼草、石竹、美女樱、半支莲、长春花、美人蕉、彩叶草、羽衣甘蓝等。

2. 新兴种类　如碧冬茄、非洲凤仙、矮生向日葵、藿香蓟、香堇菜、香雪球、勋章菊、白晶菊、黄晶菊、金光菊等。

二、鸡冠花的栽培技术

（一）形态特征及生物学特性

一年生草本，株高 30～90 cm，茎直立。单叶卵状披针形，穗状花序，呈黄、白、紫色，花序的颜色主要由花被苞片的颜色形成，具丝绒光泽，鲜艳。花小，花被膜质。种子扁圆形，黑色，寿命 4～5 年。

喜干燥和炎热的气候，不耐寒。喜肥沃的沙土和充足的阳光，能自播繁衍。花期 8～10 月。

（二）类型与品种

鸡冠花变种、变型和品种很多。

按植株高度分有矮生（性）种（高 20～30 cm）、中生（性）种（高 40～60 cm）和高生（性）种（高约 80 cm）。

依花期分有早花型和晚花型。如晚花型的凤尾鸡冠，又名芦花鸡冠、笔鸡冠，高30～120 cm，茎粗壮而多分枝，植株外形呈等腰三角形。穗状花序聚集成三角形的圆锥状，直立或略倾斜，着生于枝顶，呈羽毛状。色彩有各种深浅不同的黄色和红色。花期7～10 月。

（三）繁殖与栽培

一般进行种子繁殖，也可扦插繁殖。发芽适温 20～30 ℃，一周左右出苗，小苗具

5～6片真叶时移植。生产上可根据观赏时间调整播种期，可从4月至7月下旬播种，播后两个半月左右为盛花期。鸡冠花一般不需摘心。

一般条件下均能生长良好，对土壤要求不严，富含腐殖质的沙壤土中生长最好。注意幼苗定植后不施肥或少施肥，以防侧枝太壮，影响主枝发育，生长旺盛阶段可每半个月追施一次稀薄液肥。鸡冠分化后多施磷、钾肥。

主要通过调整播种期和定植期来调控花期，短日照、高温条件也能促进提前开花。如迎国庆的栽培如下所述。

播种期：6～7月，不要早于6月15日，不能晚于7月5日，无经验者宜早不宜迟，因为鸡冠花不易开败，早开几天影响不大。独本种植，移栽一次。

定植：上盆时间不能迟于开花期60～70 d，选苗大小一致者定植。

（四）园林应用

鸡冠花可用来布置花坛和花境，也可盆栽及作切花；是花坛布置和造景常用材料，可形成多种图案。搭配布置时用切花、干花均可。耐热，是夏季常见花卉。

三、万寿菊的栽培技术

（一）形态特征及生物学特性

一年生草本，茎直立，粗壮，多分枝，株高约80 cm。叶对生或互生，叶缘背面有腺点，具强臭味。头状花序花色多，有红、橙、紫、复色（边黄、内紫）等，花期6～10月。瘦果线性。喜阳光充足的环境，耐寒，耐旱，在多湿的环境中生长不良，对土壤要求不严，但以肥沃、疏松、排水良好的土壤为好。

（二）类型与品种

商业品种主要来源于以下两个种及其杂交种。

1. 万寿菊（*Tagetes erecta*） 非洲型：大花，常为重瓣式，管状花，花序球形。

2. 孔雀草（*T. patula*） 法国型：花小，常为单瓣式，舌状花，花序半球形。

3. 万寿菊与孔雀草的杂交种（*T. erecta*×*T. patula*） 近于法国型：又可分为矮型、中型和高型。

（三）繁殖与栽培

种子繁殖或扦插繁殖。3月下旬至4月初播种，发芽最适温度15～20 ℃，播后一周出苗，小苗具5～7枚叶时定植，株距30～35 cm。扦插易在5～6月进行，很易成活。

管理较简单，从定植到开花期间每20 d施一次肥，摘心可促使分枝。病虫害较少。

以国庆节开花为例，其栽培管理技术如下所述。

育苗以种子繁殖为主，7月上旬播种，5～8 d发芽，苗高5～10 cm时移栽一次，间距20 cm×20 cm。

开花前60～70 d定植，高6 cm左右时摘心一次，以促发分枝，从而增加开花数量。据观察，摘心后2～3 d腋芽即萌动伸长，一周可伸长至5～6 cm。

施肥只需用过磷酸钙作基肥，生长旺盛期每半个月追施一次稀薄液肥。

光照要充足，最好全日照，至少每天有4 h阳光直射。喜高温，忌寒冷，生长适温20～30 ℃，最宜20～24 ℃，35 ℃以下也可生长。

（四）园林应用

万寿菊用途广泛，盆花、花坛、花境、丛植成片、单株点缀等均可。

四、碧冬茄的栽培技术

（一）形态特征及生物学特性

多年生草本，可作一二年生栽培，植株较矮，花似牵牛，故俗称矮牵牛。植株呈灰色，株高 40～60 cm，叶卵形，较小。花漏斗状，有单瓣、重瓣之分，花色多样，红、紫、白、复色和镶边等均有，花期 4～10 月。如果平均温度控制在 15～20 ℃，四季均可开花。喜温暖、向阳和通风良好的环境。不耐寒，耐暑热，喜排水良好、疏松的沙壤土。土壤不宜过肥，否则枝条徒长而倒伏。

（二）类型与品种

1. 花坛品种　株高 30～40 cm，花瓣边缘波状，单瓣；或株高约 20 cm，花小，单瓣。

2. 盆花品种　重瓣，花有大有小，大者花径可达 15 cm。

3. 藤本状品种　枝长，花径 5～7 cm，单瓣，可栽植于吊盆中。

（三）繁殖与栽培

种子繁殖：用细小种子播种，种子∶干沙＝1∶10，用浸水法给水。用薄膜或玻璃覆盖直至长出 2 片真叶为止。2～4 片真叶时分栽 1～2 次，利于根系发育。

扦插繁殖：大花种、重瓣种宜用扦插繁殖，在 20 ℃左右的温度下，一周左右生根。

花前 70～80 d 定植。喜全日照，荫蔽不利于生长。喜微潮偏干的环境，浇水过多对根系发育不利。生长适温 12～20 ℃，超过 25 ℃应降温。

碧冬茄的向光性偏移明显，所以最好每周转一次盆，转动角度为 180°，以防偏冠。高 6 cm 时摘心一次，摘心时可同时调整株形，强、弱枝分别对待，宜强多弱少。

（四）园林应用

碧冬茄用途广泛，用于盆栽、花坛、花境，丛植成片、单株点缀等均可（彩图 31）。

五、一串红的栽培技术

（一）形态特征及生物学特性

多年生草本或亚灌木，多作一年生栽培，又称红花鼠尾草。株高 30～80 cm，叶对生。总状花序顶生，2～6 朵轮生，开一朵落一朵，颜色较深，花期 7～10 月。不耐寒，喜肥沃土壤。最适生长温度为 20～25 ℃，15 ℃以下停止生长，10 ℃以下叶片枯黄脱落。

（二）类型与品种

主要变种有一串白（*Salvia splendens* var. *alba*）、一串紫（*S. splendens* var. *atropurpura*）、丛生一串红（*S. splendens* var. *compalta*）、矮一串红（*S. splendens* var. *nana*）。按高度还可分为矮性、中性、高性三种（彩图 32）。

（三）繁殖与栽培

种子繁殖：露地栽培可从 3 月下旬至 6 月下旬播种，早播早开花，花期 7 月至 10 月下旬。在保护地条件下也可秋播，春季开花。播后幼苗具 2～4 片真叶时移植，6 片真叶时摘心，留 2 片叶，摘心三次以上，以促进分枝。播种 100 d 后开花。

扦插繁殖：5～8月可进行扦插繁殖，7～10 d发根。应在防雨、遮阳、通风、凉爽处扦插，两周后上育苗盆，25 d后定植。扦插苗成活后一个月便可开花，但花序质量差，应多次摘心，促发侧枝，保证株形丰满。

一串红是短日照植物，在8 h日照条件下，57 d开花；16 h日照条件下，82 d开花。

一串红的花期除了通过调整播种期来调节外，也可利用摘心调节。一般摘心后40 d左右开花。一串红喜肥，生长期多施肥则叶茂花繁。

（四）园林应用

一串红的应用极其广泛，既可地栽，又可盆栽，是节日和平时美化环境，烘托热烈气氛的重要花材。花坛、花境、丛植成片、单株点缀等均可（彩图33）。

六、三色堇的栽培技术

（一）形态特征及生物学特性

二年生草本，株高15～30 cm。叶互生，基生叶近圆心形，茎生叶阔披针形。花梗细长，生于花梗顶端，花径4～6 cm。种子倒卵形，寿命2年。较耐寒，好凉爽环境。在白天温度15～25 ℃、夜晚温度3～5 ℃的条件下发育良好，昼温连续多日30 ℃以上，则花芽消失或不形成花瓣。喜肥沃、排水良好、富含有机质的中性壤土或黏壤土。花期4～6月。

（二）类型与品种

除了三色堇（*Viola tricolor*）本种外，其变种大花三色堇（*V. tricolor* var. *hortensis*）也应用较广。大花三色堇有标准型和新花型两类。

（三）繁殖与栽培

种子繁殖：9～10月播种，播后两周出苗。常用育苗盘播种，播干燥的种子，一般覆土0.6～1.0 cm厚，覆薄膜，控制土温为18 ℃，7 d左右出苗，出苗后揭去薄膜。三色堇株型矮小，作地被栽培时应密植，株行距应在15 cm左右。虽在原产地为多年生花卉，但因其不耐高温，一般难以越夏，所以多作二年生栽培。

扦插繁殖：夏初扦插。插穗不用开花枝条，也不用过于粗壮的枝条，要用植株中心根茎处萌发的短枝。用沙土作扦插基质，扦插床要遮阳和防雨，扦插后2～3个星期生根。也可以用压条繁殖。

秋、冬季生长要求阳光充足，春、夏季开花可略耐阴。生长适温为7～15 ℃，15 ℃或以上有利于开花，15 ℃以下会形成良好的株形，但会延长生长期。夏季30 ℃以上花朵变小，生长缓慢。浇水须在土壤干燥时进行，温度低、光照弱时，浇水要小心。过多的水分会影响生长，又易产生徒长枝。气温高时，要防止缺水干枯。在植株开花时，保持充足的水分对花朵的增大和花量的增多都有必要。在生长期每浇2～3次水要施一次液肥，以含钙的复合肥料为主；初期以氮肥为主，临近花期可以增加磷肥。

（四）园林应用

三色堇是春季花坛的主要装饰材料（彩图34）。

七、石竹的栽培技术

（一）形态特征及生物学特性

多年生草本，但一般作一二年生栽培。北方秋播，来年春天开花；南方春播，夏秋开花。株高 30～40 cm，直立簇生。叶对生，条形或线状披针形。花单朵或数朵簇生于茎顶，花色有大红、粉红、紫红、纯白、杂色等，单瓣 5 枚或重瓣，花期 4～10 月。耐寒，耐干旱，不耐酷暑，夏季多生长不良或枯萎，栽培时应注意遮阳降温。性喜阳光充足、干燥、通风及凉爽、湿润的环境。要求肥沃、疏松、排水良好及含石灰质的壤土或沙壤土，忌水涝，好肥。

（二）类型与品种

品种有‘白魔力’石竹（*Dianthus chinensis* ‘Magic Charms White’）。本属常用其他栽培种有羽瓣石竹（*D. plumarius*），花顶生 2～3 朵，芳香，俗称"冬不枯""夏不伏"，地被植物。

（三）繁殖与栽培

种子繁殖：一般在 9 月进行。播种于露地苗床，播后保持土壤湿润，播后 5 d 即可出芽，10 d 左右即出苗，苗期生长适温 10～20 ℃。当苗长出 4～5 片叶时可移植，翌年春天开花。也可于 9 月露地直播或 11～12 月冷室盆播，翌年 4 月定植于露地。

扦插繁殖：10 月至翌年 2 月下旬到 3 月进行。枝叶茂盛期剪取长 5～6 cm 的嫩枝作插条，插后 15～20 d 生根。

8 月施足底肥，当播种苗长出 1～2 片真叶时间苗，长出 3～4 片真叶时移栽，株距 15 cm、行距 20 cm，移栽后浇水，可喷施新高脂膜以提高成活率。

生长适温 15～20 ℃。生长期要求光照充足，夏季以散射光为宜，避免烈日暴晒。温度高时要遮阳、降温。浇水应掌握"不干不浇"的原则。秋季播种的石竹，11～12 月浇防冻水，翌年春天浇返青水。整个生长期要追施 2～3 次腐熟的人粪尿或饼肥。要想多开花，可摘心，令其多分枝，必须及时摘除腋芽，减少养分消耗。石竹花修剪后可再次开花。

（四）园林应用

石竹是重要的春季花坛、花境材料，也可作盆栽观赏，高茎类品种可作切花。

八、雏菊的栽培技术

（一）形态特征及生物学特性

多年生草本，多作二年生栽培，株高 15～20 cm。叶基部丛生，头状花序单生，直径 3～5 cm，有白粉、紫等色，管状花黄色，花期 4～6 月。瘦果扁平。耐寒，在 3～4 ℃ 的条件下可露地越冬，不耐酷暑，能耐半阴和瘠薄土壤，但以排水良好的肥沃壤土最为适宜。

（二）类型与品种

1. 斑叶品种　叶有黄斑、黄脉。

2. 重花品种　头状花序，小花开败后从总苞鳞片腋部再生出 1～4 朵小花。

3. 管瓣品种　舌状花向中心翻卷呈管状。

4. 矮生小花品种　舌状花深红色，卷瓣，株矮而圆整。

（三）繁殖与栽培

种子繁殖：秋播为主，北方寒冷地区也可春播。播种选用疏松、透气的介质。介质要经消毒处理，最好再用蛭石覆盖薄薄一层，以不见种子为度。因雏菊种子很小，不宜点播,所以一般用撒播,当苗长有 2～3 片真叶时即可移植一次。播种用基质 pH 在 5.8～6.5 为宜,播后一周出苗,幼苗长出 4～5 片真叶时定植。

5 ℃以上可安全越冬,保持 18～22 ℃的温度对良好植株的形成是最适宜的。雏菊喜肥沃土壤,单靠基质中的基肥是不能满足其生长需要的,所以每隔 7～10 d 追一次肥,可用 20-10-20 和 14-0-14 的花肥,也可用复合肥进行点施或溶于水浇灌,但点施不如浇灌见效快。

(四)园林应用

雏菊耐移植,且植株矮小,极适于花坛和地被。

项目小结

一二年生花卉近年来在市场上发展迅速,逐步成为城市绿化、美化,营造景观的主角。在花坛、花境、丛植、地被、庭院绿化中都起着十分重要的作用。尤其适合节日里烘托热烈气氛,营造华丽场景,扮靓城市,受到人们的喜爱。

了解并掌握常见一二年生花卉的栽培养护管理技术,了解其类型品种,能更好地服务于城市绿化工作。

探讨与研究

1. 一二年草花的含义和范围是什么?
2. 国内草花市场划分的草花类型有几种?举出常见的 20～30 种。
3. 简述草花的主要繁殖技术特点。
4. 简述一二年生花卉的主要栽培技术要点。
5. 简述万寿菊的栽培技术。
6. 鸡冠花有几种类型?比较其外部特征。
7. 简述碧冬茄的栽培技术。
8. 试述三色堇在园林造景中的用途。
9. 简述石竹的生物学特性。
10. 雏菊用于花境时,布置在什么位置较合适?

项目十 宿根花卉

项目导读

通过学习，掌握菊花、香石竹、芍药、君子兰、非洲菊、花烛、鸢尾等宿根花卉的繁殖方法和栽培管理技术；熟悉宿根花卉的观赏特性和园林应用。

学习目标

☑ **知识目标**

- ●了解宿根花卉的观赏特性、园林应用、繁殖方法和栽培管理技术。

☑ **能力目标**

- ●掌握菊花切花和造型菊的栽培技术。
- ●掌握香石竹、非洲菊切花的生产技术。
- ●掌握芍药的露地栽培生产技术。
- ●掌握君子兰、花烛盆栽的生产技术。

项目学习

任务一 概述

一、宿根花卉的定义与范围

宿根花卉是指植株地下部分宿存越冬而不膨大，次年仍能萌发开花，并可持续多年的草本花卉。宿根花卉的种类很多，如大花耧斗菜、荷包牡丹、蜀葵、鸢尾、芍药等。

二、宿根花卉的特点

宿根花卉适应性强，对干旱、寒冷、瘠薄、盐碱等不良环境条件均有较强的抵抗力；宿根花卉栽培管理比较简单，大多没有特殊要求，一次种植后若管理得当可连续多年开花；是城镇绿化、美化的优良植物材料。

任务二　主要宿根花卉

一、菊花

别名秋菊、寿客、黄花、金英，菊科菊属多年生宿根草本。菊花是我国传统名花，有悠久的栽培历史，我国古代文人对菊花倍加称誉，菊花是"花卉四君子"之一。

（一）生态习性

适应性强，喜凉爽、干燥的环境，较耐寒，生长适温 18～21 ℃，地下根茎耐旱，忌积涝，喜地势高、土层深厚、富含腐殖质、疏松、肥沃、排水良好的沙壤土。忌连作。短日照植物，在 14.5 h 的长日照条件下进行营养生长，每天 12 h 以上的黑暗条件与 10 ℃的夜温适于花芽发育。

（二）繁殖方法

为了保持菊花的优良性状，在生产中一般都用营养繁殖，只有在培育新品种时才进行种子繁殖。

生产中常用的营养繁殖方法有扦插、分株、嫁接、压条和组织培养等，以扦插繁殖应用最多。

（三）栽培管理

菊花的栽培管理技术因艺菊的造型不同差别很大。

1. 大立菊　大型盆栽菊花经过科学的栽培管理，其造型直径可达 2～4 m，花可达几十朵、几百朵，甚至上千朵。

选用根系发达、分枝能力强、枝条柔软、节间长的大花品种，以便于通过牵引和绑扎而将所有的花头固定在一个相对的凸面或平面上，花型以球形、圆盘、卷散、飞舞等不露心的类型为好。

如欲养成百朵以上的大立菊，需在头年 10 月挖取第一代独本菊上萌发的健壮脚芽进行扦插，每盆一株，保持 10 ℃以上的室温，让它们尽量发根，并给予良好的光照和通风条件。11 月上旬新根已经发育充实，这时可用加肥腐叶土换入口径 20 cm 的盆中，12 月以后，减少浇水，松土保墒防止徒长。次年 1 月移入大盆。当植株长有 7～9 片真叶时，留 6～7 片摘心。上部只留 3～4 个侧枝，摘除下部的侧枝。以后侧枝留 4～5 片叶反复摘心。春暖后定植，以后约每 20 d 摘心一次，8 月上旬停止。植株中间插一根细竹，固定主干，四周再插 4～5 根竹竿，引绑侧枝。从 8 月下旬开始，所有侧枝的叶腋间都可能长出花蕾，为了使营养集中供应给顶端孕蕾，应及时将中、下部的侧蕾剥掉，至 9 月上旬移入大盆。立秋后加强水肥管理，当花蕾直径达 1.0～1.5 cm 时，对大立菊进行裱扎。事先要用粗铅丝或竹篾扎成半圆形拍子，每圈之间的间隔距离应根据花头的大小来掌握，以裱扎完成后花头布满而又不相互重叠拥挤为准。在一般情况下拍子的外径应大出花盆口径 20～30 cm，拍子的下面还应扎 4 根坚实的立柱插入盆土内将拍子固定住。过长的花枝应向下弯并向远处牵引，较短的花枝应直立牵引，使花头分布均匀。绑扎前应停止浇水，使花枝柔软，否则花枝过于脆嫩，有碍弯枝和裱扎。

2. 悬崖菊　悬崖菊又名龙菊，是小菊系品种的常见造型方法，经过人工栽培，效仿山间的野生小菊悬垂的自然姿态。宜选择生长健壮、茎干坚韧、分枝性强、花轮直径在5 cm左右的小菊。

繁殖方法和大立菊的繁殖方法相同。

当株高25 cm时进行第一次摘心，用镊子摘去生长点，由于小菊的先端优势很强，摘心后不仅保留先端3个平行生长的侧枝作将来的主枝，还要保留下部的侧枝和几个盆土中萌发出来的脚芽，当这些侧枝和脚芽长出4片叶子时进行摘心，用它们育出基部的株丛，从而使尾部丰满；反复摘心，使其枝叶覆盖盆面。当先端3个主枝长到60 cm长时进行摘心，促使其发生侧枝，并用顶端第一个侧芽萌发后所长出的侧枝来代替主枝继续延长生长。其他侧枝都长出3～4片叶后反复摘心，直到7月下旬至8月上旬再让顶端的延长枝停止延长生长，促使腰部的侧枝丰满。

为了使植株呈悬崖式生长，在第一次摘心后长出的侧枝长5 cm左右时，用加肥腐叶土换入口径24 cm的盆中，要用铅丝缠绕在主枝上诱导它们向前方倾斜生长。来年清明前后，将菊苗用加肥腐叶土换入水桶盆内，然后出室，并摆放在高畦上，将整个植株用"∩"字形环勾或梯形拍子固定、绑扎，使它们向前下方继续生长。10月上旬花蕾形成后再将花盆垫高抬起，用各种型号的铅丝将主枝和侧枝相互牵连，防止枝条下垂时折断，至花蕾透色后移到室内高高的花架上，并适当拆除一部分铅丝，使整个植株自然下垂，时间在9月下旬至10月上旬，过早则花梗向上弯曲，过迟则花头向下，影响美观。

3. 小菊盆景　用小菊系品种制作的菊花盆景小巧玲珑，千姿百态，相当别致。

首先要选用节间密集、叶形小巧、花疏、梗短和花色淡雅的品种。于10月下旬至11月初采集脚芽，在温度为5～10 ℃的室内扦插，来年4月初移出室外分苗，种入口径小且较深的花盆内，使它们形成垂直的根系。6月上旬换入浅盆内，采用提根栽苗的方法，使上面一部分粗根外露，开始时在粗根上盖上青苔或湿草，以后逐渐将青苔或湿草去掉，使外露的根系逐渐适应干燥的空气环境。待孕蕾后再按照附石盆景、连根式盆景、枯干式盆景等的制作方法将它们种入盆景盆中，上部的植株可用铅丝来蟠扎造型。

4. 案头菊　培养案头菊宜选用花大、花型丰满、叶片肥大舒展的矮性品种，如'绿云''绿牡丹''帅旗'等。

扦插育苗时间宜在8～9月。待根系粗壮时，移入口径10 cm的盆中，一周后施完全肥料。以后逐渐加大肥料浓度，至花蕾透色时停止施肥，每次浇肥水切忌过多。扦插成活后，用2%矮壮素水溶液喷顶心，在上盆一周后喷全株，以后每10 d喷一次，直至现色为止，即可实现矮化。

5. 切花菊

（1）秋菊栽培。切花菊生长旺盛，根系大，在整地做畦前应施入腐熟的有机肥。

秋菊一般在5月中下旬至6月上旬定植，单花型独本栽培60株/m²，多本栽培30株/m²。当菊花苗长出5～6片叶时，多本栽培的切花菊进行第一次摘心，促发侧枝后，留强去弱，选留3～5个侧枝；第二次摘心，留3～5个侧枝。留枝过多，会导致营养分散，切花质量下降。

切花菊种植后，每10～15 d追一次肥，在营养生长阶段追施复合肥，生育后期增施磷、钾肥。保持土壤湿润，土壤持水量在50%～60%，切忌过干或过湿，防止积水或浇水不匀。

切花菊茎高，生长期长，易产生倒伏现象，在生长期若要确保茎干挺直，生长均匀，必须立柱架网。当菊花苗生长到 30 cm 高时架第一层网，网眼尺寸为 10 cm×10 cm，每网眼一枝苗，之后植株又生长出 30 cm 高度时，架第二层网，出现花蕾时架第三层网。

当植株侧芽萌发后及时剔除侧芽，现蕾后及时去除副蕾和侧蕾。在栽培中如果出现"柳叶头"，要及早摘心换头。

切花菊采收应根据气温、贮藏时间、运输距离等情况综合考虑。气温高、远距离运输时，要在舌状花紧抱，少量外层瓣开始伸出，花开近五成时采收；气温低、近距离运输时，要在舌状花大部分展开，花开近八成时采收。采收剪口距地面 10 cm，切枝长 60～85 cm，采收后浸入清水中，按色彩、大小、长短分级，10 枝或 20 枝一束，外包尼龙网套或塑料膜。在温度为 2～3 ℃，湿度为 90% 的条件下可较长时间保鲜。

（2）补光栽培。主要用于秋菊的抑制栽培，通过光照抑制花芽分化，延迟开花。

秋菊从短日照处理至开花的时间约为两个月。补光处理一般在深夜进行，深夜间歇补光效果较好。8～9 月每夜补光 2 h，10 月上旬以后每夜补光 3～4 h。补光结束后采用后续补光的方法可提高切花质量，即在停止补光后 11～13 d 再补光 5 d，再停止补光 4 d 后补光 3 d，可显著提高切花质量。在补光栽培过程中，从停止补光前一周至停止补光后三周这段时期内，必须保持夜温在 15 ℃以上，才能保持花芽分化正常进行。

（3）遮光栽培。主要用于秋菊的促成栽培，用黑膜覆盖遮光。一般秋菊遮光处理在开花目标期前 60 d，株高 35～45 cm 时进行为宜。为保持暗处理 10 h 以上，一般傍晚 5 时开始遮光，第二条早晨 7 时左右揭开。遮光栽培常用于夏、秋季出花，但夏季高温对花芽分化影响极大，因此遮光栽培适合在夏季凉爽地区进行。

（四）园林应用

菊花是优良的观赏盆花，可以用来举办大型菊花展览，也是秋季花坛、花境、花台和盆花群的重要材料，还可大量供应切花以及用来制作花束、花篮、花环等。

二、香石竹

别名康乃馨、麝香石竹、大花石竹，石竹科石竹属常绿亚灌木，作多年生宿根花卉栽培。

（一）观赏特性

花朵绮丽、高雅、馨香，花色丰富，单朵花期长，应用广泛，是世界上最大众化的切花。香石竹代表着爱、魅力和尊敬。传说圣母玛利亚看到耶稣受到苦难后流下伤心的泪水，眼泪掉下的地方长出来粉红色的香石竹，因此香石竹成为不朽的母爱的象征。

（二）生态习性

喜阴凉、干燥、阳光充足与通风良好的环境。耐寒性好，耐热性较差，最适生长温度 15～20 ℃，温度超过 27 ℃或低于 14 ℃时，植株生长缓慢。宜栽植于富含腐殖质、排水良好的石灰质土壤上，喜肥。花期 4～9 月，保护地栽培四季开花。

（三）繁殖方法

生产种苗多采用扦插繁殖。插穗可选择枝条中部叶腋间生出的长 7～10 cm 的侧枝，采插穗时要用"掰芽法"，即手拿侧枝顺主枝向下掰取，使插穗基部带有节痕，这样更易成活。

（四）切花的栽培管理

多采用保护地栽培，忌连作。做畦前土壤要彻底消毒，畦高 15～20 cm、宽 80～100 cm。定植时间主要根据预定花期来决定，通常从定植到开花需 110～150 d。定植密度一般为 33～40 株/m²，株行距为 10 cm×10 cm。定植时应浅栽，通常栽植深度为 2～5 cm。

香石竹喜肥，在栽植前应施足基肥，生长期内追施液肥，一般每隔 10 d 左右施一次腐熟的稀薄液肥，采花后追肥一次。氮肥以硝态氮为好，钾、钙肥有利于开花整齐。土壤过干、pH 过高时易缺硼，通常用硼砂、硼酸。生长期需水量较多，但一次浇水不能过多，采收期若水分忽多忽少会造成裂萼现象。

适合在冷凉的环境中生长，夏季要采用搭盖遮阳网、喷雾等措施降温，冬季晚上要加强保温，夜温维持在 5～12 ℃才能保证切花正常生产。

栽培中如能使日照时间延长到 16 h，有利于营养生长和花芽分化，因此生产上常在花芽分化阶段加补人工光源，每次 50 d 左右。

香石竹摘心有一次摘心法、二次摘心法和第二次半摘心法三种。一次摘心法是指对定植植株只进行一次摘心，一般在有 6～7 对叶时进行，摘心后使单株萌发 3～4 个侧枝；二次摘心法是指在主茎摘心后，当侧枝生长有 5 节左右时，对全部侧枝再进行一次摘心，使单株形成的花枝数达到 6～8 枝。第二次半摘心法是指在摘心一次后，第二次摘心时只摘一半侧枝，另一半不摘。

在生长过程中，为了使香石竹茎干直立不倒伏，应在株高 15 cm 时开始张网。

单枝大花型香石竹采收应在花朵外瓣开放到水平状态，能充分表现切花品质时最佳；多头型香石竹通常在花枝上已有 2 朵花开放，其余花蕾现色时采收。采收时要尽量延长花枝长度，同时要为下茬花抽出 2～3 个侧枝打好基础。采收后分级包装，20 枝为一束，保鲜温度为 1～4 ℃。

（五）园林应用

香石竹是优异的切花品种，花色娇艳，有芳香，花期长，适用于各种插花需求，常与唐菖蒲、文竹、天门冬、蕨类组成优美的花束。矮生品种还可用于盆栽观赏。这种体态玲珑、端庄大方、芳香清幽的鲜花，随着母亲节的兴起，正日益风靡世界，成了全球销量最高的花卉之一。

三、芍药

别名将离、没骨花、殿春，毛茛科芍药属多年生宿根草本。

（一）观赏特性

芍药是我国传统名花之一，古人说："芍药著于三代之际，风雅所流咏也。今人贵牡丹而贱芍药，不知牡丹初无名，依芍药得名。"芍药的盛名当在"花王"牡丹之前。春秋战国时期，我国第一部诗歌总集《诗经》中就有"维士与女，伊其相谑，赠之以芍药"的诗句，说明 2 500 多年前，芍药就作为礼品赠给即将离别的情人，故芍药又名"将离"。

（二）生态习性

喜温和而较干燥的气候，喜阳光，但忌烈日暴晒，夏季喜凉爽环境，宜栽植于半阴处。耐寒、耐旱、耐阴，喜肥，宜栽培于肥沃、深厚、排水良好、疏松的沙土上，以中性土或微碱性土为佳。

(三) 繁殖方法

以分株繁殖为主，培育新品种时采用种子繁殖。芍药分株宜在9月至10月上旬进行，不宜在春季分株，我国花农有"春分分芍药，到老不开花"之谚语。分株时将全株掘起，要注意尽量少伤根，抖落附土，依自然裂缝劈开，使每一新株带3～5个芽，剪除腐根，剪口涂以硫黄粉，防止病菌侵入；也可阴干1～2 d，待根系稍软时分株，以免根脆折断。

(四) 栽培管理

栽植前宜施足基肥，以腐熟的堆肥、厩肥和骨粉为宜。浇水和施肥常结合进行，花前一个月和花后半个月各浇一次水，现蕾后施一次速效磷肥。孕蕾时只保留顶部花蕾，侧枝花蕾均要去除，使养分集中于顶蕾。芍药花期较短，一般为8～10 d，天气凉爽或置遮阳处，花期可延续半个月。花谢之后，及时剪去花梗，以免消耗养分。秋冬之际，可追肥一次，以利于来年开花。

(五) 园林应用

因其色、香、韵皆美，所以我国古典园林中常以芍药成片种植于假山石畔来点缀景色，现代园林中常用芍药布置专类花坛。芍药除地栽外，还可盆栽和作切花。花开之日，采摘数朵，插于瓶内水养，可使满室增辉。

四、君子兰

别名剑叶石蒜、大花君子兰、达木兰，石蒜科君子兰属多年生常绿草本。

(一) 观赏特性

叶片青翠挺拔，高雅端庄，潇洒大方。四季观叶，三季看果，一季赏花，叶花果皆美，"不与百花争炎夏，隆冬时节始开花"，颇有"君子"风度。

(二) 生态习性

既怕炎热又不耐寒，喜半阴而湿润的环境，畏强烈的直射阳光，生长适温18～22 ℃，5 ℃以下和30 ℃以上生长受抑制。喜通风的环境和深厚、肥沃、疏松的土壤，适宜室内培养。

(三) 繁殖方法

可用播种和分株繁殖。播种繁殖时要先进行人工授粉，最好是进行异株授粉。分株繁殖时，先将君子兰母株从盆中脱出，去掉宿土，找出可以分株的脚芽，将子株掰离母体，如果子株粗壮，不易掰下，可用小刀将它割下来。子株割下来后，应立即用干木炭粉涂抹伤口，防止腐烂，然后将子株上盆种植。

(四) 栽培管理

适宜含腐殖质丰富的土壤，要求土壤透气、渗水性好，土质肥沃，微酸性（pH6.5左右）。栽培用盆随植株生长而逐渐加大，换盆可在春、秋两季进行。君子兰为肉质根，不宜浇水过多，应保持土壤湿润，同时向叶面喷水保持湿度。应在每次换盆时施底肥，追施液肥可将浸泡沤制过的动植物腐熟的上清液兑30～40倍的清水后浇施盆土，施液肥前1～2 d不要浇水，施液肥后1～2 d浇一次清水。

(五) 园林应用

君子兰株形端庄，叶片宽厚有序，花形规整，花色鲜艳，且能够早春开花，是重要的节庆花卉。可陈设于客厅、书房，置于几架之上，雍容气派。

五、非洲菊

别名为扶郎花。菊科扶郎花属多年生常绿草本。

(一) 观赏特性

花朵硕大，花枝挺拔，花色艳丽，水插时间长，切花率高，瓶插时间可达 15～20 d，为世界著名切花。

(二) 生态习性

喜冬暖夏凉、空气流通、阳光充足的环境，不耐寒，忌炎热。喜肥沃、疏松、排水良好、富含腐殖质的沙壤土，忌黏重土壤，宜微酸性土壤。生长适温 20～25 ℃，冬季适温 12～15 ℃，低于 10 ℃则停止生长。

(三) 繁殖方法

多采用组织培养法进行快繁，也可分株繁殖。

(四) 切花的栽培管理

非洲菊根系发达，所以栽植床至少需要有 25 cm 以上的深厚土层，定植前要施足基肥。做高畦，每畦定植 3 行，株距 30～35 cm，定植时应浅栽。

在生长期应充分供水，冬季少浇水，浇水时叶丛中不要积水。非洲菊为喜肥花卉，生长季每周施一次肥，温度低时应减少施肥。

喜充足的阳光，但忌夏季强光，所以在夏季要适当遮阳，并加强通风降温。非洲菊在生长过程中，为平衡叶的生长与开花的关系，需要适当进行剥叶，每枝留 3～4 片功能叶。过多叶密集生长时，应从中去除小叶，使花蕾露出来，控制营养生长，促使花蕾发育。在幼苗生长初期，为促进营养生长，应摘除早期形成的花蕾。在开花期，过多的花蕾也应疏去。一般不能让 3 个花蕾同时发育，疏去 1～2 个才能保证花的品质。

应在花梗挺直，外围花瓣展平，中部花心外围的管状花有 2～3 轮开放，雄蕊出现花粉时采收。采收时不用刀切，应用手折断花茎基部，分级包装前再切去下部 1～2 cm，浸入水中。采后在 2～4 ℃温度条件下保存。

(五) 园林应用

非洲菊花大色美，娇姿悦目，是重要的切花，大朵的红色非洲菊还可用于新娘捧花。非洲菊与月季花、唐菖蒲、香石竹列为世界最畅销的"四大切花"。还可布置花坛、花境，或盆栽装饰厅堂、会场等。

六、花烛

别名红掌、安祖花、红鹅掌，天南星科花烛属多年生附生常绿草本。

(一) 观赏特性

重要的热带切花，花朵独特，色泽鲜艳华丽，应用范围广，经济价值高，是目前发展较快、需求量较大的高档热带切花和盆栽花卉。

(二) 生态习性

原产于南美洲热带雨林地区，喜温暖，畏寒，生长适温 18～25 ℃，临界低温为 15 ℃。喜湿润，怕干燥，喜半阴，怕强光暴晒，喜疏松、排水良好的土壤。

（三）繁殖方法

一般采用分株繁殖，春季 2～3 月进行。刚分株的小苗，根系受损，应注意不要浇过多的水，以免烂根，20～30 d 即可长出新根。

（四）栽培管理

盆栽基质选用腐殖土、苔藓加少量园土和木炭等混合配制，定植后要浇足水，放在阴凉处，待生根后放在半阴位置。生长期间每月施 1～2 次薄肥，生长季节浇水要充足，浇水宜"见干见湿"，切忌盆内积水，否则容易烂根，从 10 月到翌年 3 月应控制浇水。夏、秋季应保持较高的空气湿度，每天向叶面喷水 2～3 次，同时向地面洒水。花烛怕寒冷，越冬期间室温要保持在 15 ℃以上；怕强光，在夏、秋季应适当遮阳。一般每 1～2 年于早春 3～4 月换盆一次。

（五）园林应用

花烛的单花花期长达 40～60 d，为世界著名的高档盆花。栽培上有大叶种和小叶种之分，家庭盆栽观赏的主要是小叶种。亦可作切花。

七、鸢尾

别名紫蝴蝶、蓝蝴蝶、铁扁担、扁竹花，鸢尾科鸢尾属多年生草本（彩图 35）。

（一）观赏特性

叶片碧绿青翠，似剑若带，花形大而奇，宛若翩翩彩蝶，观赏价值较高，是庭园中的重要花卉之一，也是优美的盆花、切花和花坛用花。

（二）生态习性

耐寒性强，在我国北方大部分地区地下宿根均能在露地安全越冬。要求阳光充足，但也耐半阴。喜腐殖质丰富、排水良好的沙壤土，不耐水淹。3 月新芽萌发，5 月开花。花后地下茎有一短暂的休眠期。

（三）繁殖方法

以分株繁殖为主，每 2～3 年进行一次，于春、秋季或花后分根。鸢尾的种子寿命极短，种子采收后宜立即播种，不宜干藏。

（四）栽培管理

鸢尾分根后要及时栽植，注意将根茎平放在土内，原来向下颜色发白的一面仍需向下，颜色发灰的一面向上，深度以原来的深度为准，一般不超过 5 cm，然后覆土浇水即可。地栽要施足基肥，每年秋后应追施一次有机肥，生长期间不用追肥。其他管理均较粗放，但要防止土壤积水。

（五）园林应用

鸢尾在园林中可丛栽、盆栽，布置于花坛中、石间、路旁均可，也可布置成专类花园，亦可作切花及地被。

八、萱草

别名摺叶萱草、黄花菜，阿福花科萱草属多年生宿根草本。

（一）观赏特性

花色鲜艳，绿叶成丛，极为美观，且春季萌发早，栽培容易，为重要的观花植物。

（二）生态习性

性强健，耐寒，华北地区可露地越冬。适应性强，喜湿润也耐旱，喜阳光又耐半阴。对土壤选择性不强，但以富含腐殖质、排水良好、湿润的土壤为宜。花期 6 月上旬至 7 月中旬，每花仅开放一天。

（三）繁殖方法

以分株繁殖为主，春、秋两季均可进行，通常每 3～5 年分株一次。种子繁殖宜秋播，9～10 月露地播种，冬季覆盖保护，翌春发芽，实生苗一般两年开花。

（四）栽培管理

栽培管理简单粗放，可任其生长，株丛年年不断扩大。在干旱、潮湿、贫瘠的土壤上均能生长，但生长发育不良，开花小而少。因此，生育期如遇干旱应适当灌水，雨涝则注意排水。早春萌发前穴栽，先施基肥，上盖薄土，再将根栽入，株行距 30～40 cm，栽后浇透水一次，生长期每 2～3 周追肥一次，入冬前施一次腐熟的有机肥。作地被植物时几乎不用管理。

（五）园林应用

萱草在园林中多丛植，可用于花境或路旁。耐半阴，可作疏林地被植物，亦可作切花。

项目小结

宿根花卉是适宜我国气候特点的多年生花卉种类，该类花卉中大量的野生种和已经园艺化的品种经适当管理，能够在我国安全越冬和平安度夏。这些资源的开发应用，是人与自然和谐发展，在城市绿化、美化中形成植物多样性的重要途径。宿根花卉比一二年生草花有着更强的生命力，而且节水、抗旱、易管理，合理搭配种和品种完全可以实现"三季有花"，能更好地服务于现代城市的绿化发展。

探究与讨论

1. 常用的艺菊造型有哪些？
2. 怎样调整切花菊的花期？
3. 香石竹的切花栽培管理措施有哪些？

项目十一　球根花卉

项目导读

　　球根花卉是多年生花卉中一个重要的分支，应用广泛，可作切花、盆花和花坛用花。球根花卉包括鳞茎类、球茎类、块茎类、根茎类、块根类等，生长习性各异，观赏器官多种多样。充分了解球根花卉的特性，了解产品的上市类型和标准，才能灵活地运用栽培技术，创造适宜的条件，使球根花卉按照栽培目的生长发育，以期获得高产优质的花卉产品。

学习目标

☑　知识目标

　　● 了解球根花卉的概念、主要类型和特点。
　　● 了解球根花卉的生长发育规律。
　　● 熟悉主要球根切花种类的生产技术。
　　● 熟悉主要球根盆栽花卉种类的生产技术。
　　● 了解主要球根水培花卉种类的生产技术。

☑　能力目标

　　● 正确识别常见球根花卉类型及其特点。
　　● 正确判断球根花卉的生育时期。
　　● 掌握主要球根切花的生产技术要点。
　　● 掌握主要球根盆栽花卉的生产技术要点。

项目学习

任务一　概述

　　球根花卉是指植株地下部分变态膨大，有的在地下形成球状物或块状物，大量贮藏养分的多年生草本花卉；偶尔也包含少数地上茎或叶发生变态膨大者。球根花卉广泛分布于世界各地，供栽培观赏的有数百种，大多属于单子叶植物。

按照地下茎或根部的形态结构，大体上可以将球根花卉分为以下五大类。

1. 鳞茎类 此类球根花卉的地下茎是由肥厚多肉的叶变形体即鳞片抱合而成的，鳞片生于茎盘上，茎盘上鳞片发生腋芽，腋芽生长肥大便成为新的鳞茎。鳞茎又可以分为有皮鳞茎和无皮鳞茎两类。有皮鳞茎类有水仙花、郁金香等，无皮鳞茎类有百合等。

2. 球茎类 此类球根花卉的地下茎呈球形或扁球形，有明显的环状茎节，节上有侧芽，外被膜质鞘，顶芽发达。细根生于球基部，开花前后发生粗大的牵引根，牵引根除支持地上部外，还能使母球上着生的新球不露出地面。如唐菖蒲（彩图18）、小苍兰等。

3. 块茎类 此类球根花卉的地下茎呈块状，外形不整齐，表面无环状节痕，根系自块茎底部发生，顶端有几个发芽点。如白头翁、花叶芋、大岩桐、球根海棠、花毛莨、马蹄莲（彩图20）、仙客来等。

4. 根茎类 此类球根花卉的地下茎肥大呈根状，上面具有明显的节和节间。如姜花、玉簪、美人蕉、莲、睡莲等。

5. 块根类 此类球根花卉的地下主根肥大呈块状，休眠芽着生在根颈附近，由此萌发新梢，新根伸长后下部又生成多数新块根。分株繁殖时，必须附有块根末端的根颈。如大丽花等。

任务二 球根花卉的生长发育规律

一、生长习性

球根花卉系多年生草本，从播种到开花常需数年，在此期间，球根逐年长大，只进行营养生长。待球根达到一定大小时，开始分化花芽、开花结实。如百合，百合种子播种后，植株结成子球，经3～4年长成大球，开始开花结实；百合地下茎节间形成的小球或珠芽播种后，经2～3年长成大球，开始开花结实。也有部分球根花卉，播种后当年或次年即可开花，如大丽花、美人蕉、仙客来等。对于不能产生种子的球根花卉，则用分球法繁殖。

球根栽植后，从生长发育到新球根形成、原有球根死亡的过程，称为球根演替。有些球根花卉的球根一年或跨年更新一次，如郁金香、唐菖蒲等；另一些球根花卉需连续数年才能实现球根演替，如水仙、风信子等。

二、原产地

球根花卉有两个主要原产地。一是以地中海沿岸为代表的冬雨地区，包括小亚细亚、好望角和美国加利福尼亚等地。这些地区秋、冬、春季降水，夏季干旱，从秋季至翌年春季是生长季，为秋植球根花卉（表11-1）的主要原产地，它们秋天栽植，秋冬生长，春季开花，夏季休眠。这类球根花卉较耐寒，喜凉爽而不耐炎热，如郁金香、水仙、百合、风信子等。另一个是以南非（好望角除外）为代表的夏雨地区，包括中南美洲和北半球温带。夏雨地区夏季雨量充沛，冬季干旱或寒冷，由春至秋为生长季，是春植球根花卉的主要原产地，它们春季栽植，夏季开花，冬季休眠，生长期要求较高温度，不耐寒。春植球根花卉一般在生长期（夏季）进行花芽分化；秋植球根花卉多在休眠期（夏季）进行花芽分化，此时提供适宜的环境条件，是提高开花数量和品质的重要措施。球根花卉多要求日照充足，不耐水湿（水生和湿生者除外），喜疏松、肥沃、排水良好的沙壤土。

表 11-1　球根花卉的生物学习性

原产地	种植期	花期	休眠期	耐寒性	种植类型
地中海	秋植	冬春	夏季	较耐寒	秋植球根花卉
墨西哥	春植	夏秋	冬季	不耐寒	春植球根花卉

任务三　球根花卉的繁殖与栽培管理特点

一、繁殖时间

1. 春植球根　如唐菖蒲、大丽花、朱顶红、美人蕉、大岩桐、晚香玉、球根秋海棠、葱莲、嘉兰、蜘蛛兰、网球花、文殊兰、蛇鞭菊、石蒜等，需要在春季繁殖。

2. 秋植球根　如郁金香、风信子、百合、水仙、仙客来、球根鸢尾、番红花、马蹄莲、花毛茛、小苍兰、绵枣儿、花贝母、六出花、铃兰、雪莲花、葡萄风信子、欧洲银莲花等，需要在秋季繁殖。

二、繁殖方法

1. 分球法　分子球——鳞茎、球茎；切割母球——块茎、块根、根茎（图 11-1）。

2. 扦插法　嫩枝扦插——如百合、美人蕉、大丽花等；叶片扦插——如球根秋海棠、百合、大岩桐等。

3. 播种法　如花毛茛、仙客来等。

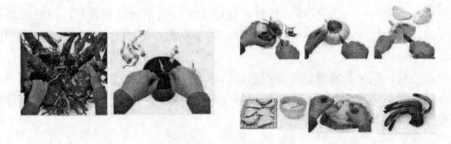

图 11-1　母球切割法

三、栽培管理

球根花卉的种植深度根据不同的种类和品种有很大的差别，栽培管理特点如下所述。

（1）所需劳动力少：仅整地、定植、收花需要劳动力较多，其他环节需劳动力少。

（2）单位面积产值高：取决于密度与价格，一般较高。

（3）容易调节开花：一般通过低温冷藏处理，调节定植期即可。

（4）生长快、周期短：球根贮藏大量营养物质，前期生长快，从定植到开花时间短。

（5）一球一枝花：一般是这种情况，也有例外，如花毛茛、白头翁、水仙能一球产多枝花。

（6）生产成败受球根本身质量好坏影响大。

（7）容易产业化生产。

任务四　切花唐菖蒲的生产技术

唐菖蒲又名十三太保、剑兰，鸢尾科唐菖蒲属，世界四大切花之一。经长期杂交育种形成了一个庞大的品种体系，目前全世界有 10 000 多个品种，中国引种 100 多个，各地有栽培。

一、形态特征

叶剑形，2 列密生于茎基。穗状花序，12～24 朵花，2 列，花色丰富。

二、生态习性

喜温暖，最适生长温度白天 20～25 ℃、晚上 10～15 ℃，5 ℃萌芽，70～100 d 开花，广西、广东地区一年四季均可露地栽培。

发芽前，顶芽鞘叶 9～12 片，本叶 4 片。生长过程中，外表上仅 2 片叶伸出，内部已经形成 7～8 片本叶，此时花芽分化，新球也开始膨大。由内侧 2 片鞘叶和 3～4 片本叶节间膨大形成新球。4～5 片叶以后茎伸长为花茎，腋芽伸长分枝形成木子，短日照促进木子形成。在展开 8～9 片叶时，开始抽穗，直至开花。在生产中发现，当温度低于 5 ℃时，特别是一些温带地区，唐菖蒲已经分化好的花芽会终止发育，形成空苞现象，即盲花（盲花是指在花芽分化过程中，由于栽培环境条件的突然剧烈变化，造成花芽发育终止，不能正常开花的现象）。

三、栽培管理

1. 引进球根　每亩切花定植球数为 18 000～20 000。球根的周径以 12 cm 为宜，大球休眠深，不利于发育；球太小，花品质不好。国产球茎也有质量不错的，但一般不整齐（指大小、花期）。买到球根以后，要将包装箱马上打开，挑出腐烂球根，接着用 200 倍甲基硫菌灵可湿性粉剂溶液浸泡余下的球根 30 min，或者用球根重量 1%的甲基硫菌灵可湿性粉剂进行粉衣处理。

2. 准备栽培场地　栽培场地要选择日照充足、排水良好、保水性强的沙壤土。唐菖蒲怕湿，若地下水位高，可高垄栽培。土壤 pH 一般要求在 6 左右，pH 过高，要使用有机肥和酸性化肥进行调节；如果 pH 过低，要施入消石灰等进行土壤改良。

3. 栽植　唐菖蒲的切花栽培床宽 90～120 cm，定植 6～8 行，株间距为 10 cm，行间距为 15 cm。也可以采用垄宽 75 cm 的高垄，定植两行，株间距为 10 cm，间插定植。种植深度为球根高度的 2～3 倍。在高温季节或容易干燥的地方要适当深植。

4. 施肥　唐菖蒲喜肥，根据土壤的肥力以及球根的大小施入适量的有机底肥。生长期追肥则以二叶期、四叶期、六叶期、八叶期四次为主。氮素过量容易引起病害，特别是氨态氮过量容易造成根系枯萎，并引起叶尖枯黄和球根腐败病，所以肥料要以有机肥料和缓效性肥料为主。

5. 塑料大棚或温室促成栽培管理　一般在温暖地区利用大棚，在比较寒冷的地区利用温室进行促成栽培，定植时期在 10 月至翌年 1 月，定植以后要充分浇水。由于塑料大棚或温室内的土壤容易干燥，或者因肥料浓度过高而造成球根生育不良，所以要及时利用喷灌或滴灌设施浇水以保持适当的土壤湿度。

在定植初期或者生育初期，若温度过低，不但球根的发芽缓慢，而且影响花芽分化甚至造成花芽分化终止，因此要注意栽培期间的温度管理。发芽以前室温最好保持在30 ℃左右，幼芽出土后降低到 25 ℃并开始换气，特别是出穗以后要充分换气，保持最高气温在 25 ℃以下，否则，不但花茎徒长，而且会降低切花的充实感和保鲜性。晚上最低室温要保持在 15 ℃左右，如果室温低于 15 ℃，要适当加温以保证最低生育温度。另外，由于栽培期间在冬季，要尽可能多地接受日照，如果日照时间不足，可以采取电灯照明来补充。尽量选择透光性良好的覆盖材料或者在日照条件良好的地区建立栽培基地。

6. 小棚促成栽培管理　小棚促成栽培适合华中或华南地区，一般在 2 月定植，定植后马上进行地膜覆盖和盖小棚。由于早春的气候比较寒冷，晚上最好用草苫等保温材料覆盖。发芽后在地膜上打孔，露出幼芽。以后的温度管理与塑料大棚管理非常相似，但是，由于小棚的容积很小，白天的升温速度非常快，只要是晴天很容易达到 30 ℃以上，所以要及时放风换气。到了下午，由于降温速度很快，要提早密闭保温。还有，植物体突然降温，叶片容易闪苗，要逐渐将小棚打开换气，一般在背风面换气。

7. 其他管理　为了促进球根发芽整齐，要做好水分管理工作。在 2～3 叶期和 4～5 叶期分别进行追肥，追肥的氮、钾含量各为 2.25 g/m² 左右，同时在 4～5 叶期进行培土或张设防倒伏网，以防止植株倒伏。

8. 病虫害防治　在栽培期间注意防治赤斑病、茎腐病、病毒病等。要注意选择健康球根，避免连作，避免过量施肥，严禁密植，做好排水等。从栽培管理的角度加强防范，及时发现病情并对症下药喷洒杀菌剂防治；对于蚜虫、蓟马、红蜘蛛、夜蛾等害虫要及时发现，于早期喷洒杀虫剂防除。

9. 采收切花与出售　当第一和第二花苞开放之时，开始采收切花。为了采花后养育球茎，可以留下 2 枚叶片采收；如果不养球，可以连球根拔起采收。采收的切花不能长时间横放，否则花穗先端上翘，影响切花品质。按照切花的长短调整以后，每 10 枝为一束，放在纸箱中出售。

10. 花期控制　唐菖蒲对温度的要求呈周期性的变化。地上部生长在无霜期进行，要求较高的温度，此时低温可以抑制球茎内叶芽的伸长。唐菖蒲栽培：栽种期 4 月→发芽期5 月→开花期 8～9 月。从发芽至开花需 80～100 d（随品种不同而不同）。唐菖蒲可以进行促成栽培，可通过高温打破休眠，然后适温栽培：

$$20 ℃温室栽种\xrightarrow{10\ d}发芽\xrightarrow{80\ d}开花$$

唐菖蒲也可以抑制栽培，其过程是：球茎低温储藏（3～5 ℃）→6 月中旬栽种→6 月下旬发芽→10 月上旬开花。即

$$4\text{月球茎} \xrightarrow{3\sim5\ ℃储藏} \text{栽种} \xrightarrow{10\ d} \text{发芽} \xrightarrow{100\ d、20\ ℃} \text{开花}$$

周年生产体系以品种的生育期差异来构建，生育期早花品种为 50～60 d；中熟品种 65～80 d，晚熟品种 80～120 d。用倒数法确定定植日期。

唐菖蒲为长日照植物，遮光至日照时间为 10～12 h 可延迟开花，但仅延迟一周。

除了切花生产以外，唐菖蒲还可以作为盆花（彩图 36）、露地花坛和水培等花卉材料。

任务五 百合的生产技术

百合科百合属植物主要分布在亚洲东部、欧洲、北美洲等北半球温带地区，全球已发现有 100 个种，其中 55 种产于中国，中国是百合属最主要的起源地（本节所说百合指百合属花卉）。

一、形态特征

百合属植物为多年生球根草本，株高 40～60 cm，还有高达 1 m 以上的。茎直立，不分枝，草绿色，茎干基部带红色或紫褐色斑点。地下具鳞茎，鳞片阔卵形或披针形，白色或淡黄色，鳞茎直径 6～8 cm，由肉质鳞片抱合成球形，外有膜质层。多数须根生于球基部。单叶，互生，狭线形，无叶柄，直接包生于茎干上，叶脉平行。有的品种在叶腋间生出紫色或绿色颗粒状珠芽，其珠芽可繁殖成小植株。花着生于茎干顶端，总状花序，簇生或单生，花冠较大，花筒较长，呈漏斗形喇叭状，6 裂，无萼片，因茎干纤细，花朵大，开放时常下垂或平伸；花色多为黄、白、粉红、橙红，有的具紫色或黑色斑点。花瓣有平展的，有向外翻卷的，有的花有浓香（图 11-2、彩图 37）。花瓣外翻卷的如卷丹，花味浓香的如东方百合、麝香百合。

1. 基生根 鳞茎基部长出的根是基生根，它的功能是支撑地上部分和供给植株养分及水分。百合基生根量少且质脆，伤根难以恢复，所以不耐移栽。采用基生根栽培时，移植过程应尽量不伤或少伤根，以免影响植株的生长发育。

2. 茎生根 茎生根生长于种球顶部至土壤表面以下的茎段上面。茎生根起着支撑整个植株和吸收养分、水分的作用，其寿命只有一个生长季。茎生根为纤维状根。在茎生根基部可形成一些次年即可独立生存的小鳞茎，即"木子"。在生长季节，保护好茎生根，对地上部分的良好发育和地下鳞茎的更新及小鳞茎的增殖都是非常重要的。

二、生态习性

喜冷凉、湿润的气候及半阴环境，喜肥沃、腐殖质丰富、排水良好的微酸性沙壤土，耐寒而忌酷暑，生育开花的适温为 15～25 ℃，温度低于 5 ℃或高于 30 ℃时，生育几乎停止。

百合类鳞茎的生长发育规律：系多年生，寿命约 3 年，鳞茎中央的芽形成直立的地上茎后，在土壤内的茎根旁发生一至数个新芽，逐渐形成鳞片并扩大增厚，最后分生为新的小鳞茎，生长到一定大小后，另产生基生根、茎生根进行更新演替。

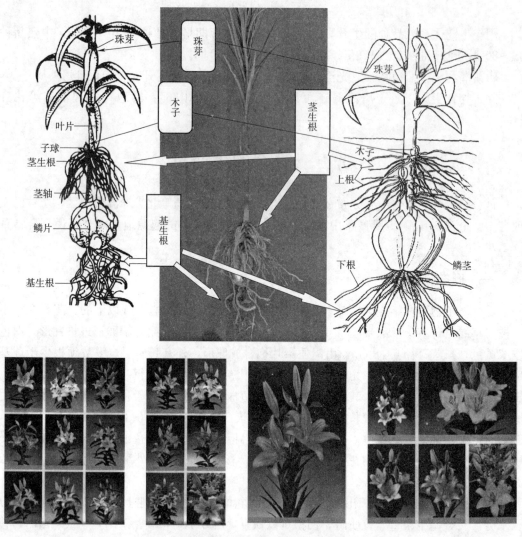

图 11-2　百合植株形态与开花状

三、栽培管理

1. 地点选择及土壤处理　应选择冷凉、湿润及通风的半阴环境，要求肥沃、腐殖质丰富、结构疏松、盐含量适中、微酸的沙壤土坡地。土壤 pH 最好在 6 左右。土壤消毒：40％福尔马林 50～100 倍液浇灌土壤，25 kg/m²，塑料薄膜覆盖 5～7 d，揭膜晾晒 10～15 d 即可种植；溴甲烷 15～30 kg/m²，10～20 ℃薄膜覆盖 7～10 d 或 30 ℃薄膜覆盖 3 d，揭开膜晾晒 7 d 即可种植。

2. 种植时间　百合属植物为秋植花卉，但只要平均气温不超过 25 ℃及光照量充足的地区一年四季均可种植。在北方，除冬季之外，均可露地种植。但春末种植成活率、开花率不高。夏季种植会因温度高而导致花茎变短、花芽数减少、品质降低。要保证高品质的切花，应采用有良好而健全的基生根系的健康种球及适合夏天种植的品种。

3. 种植深度及密度　由于百合属花卉具有独特的根系结构，一般种植深度比其他球根花卉要深，同时，深植可以提高繁殖系数，推迟花期。夏季高温高湿的环境下适当深植，有利于防止病害的发生。冬天种植时，种球大的深植，小者浅植。一般来说，覆盖厚度夏天需要 8～10 cm，冬天 6～8 cm。

种植密度依百合种系（种群）、栽培种及种球大小、种植季节等而定。在温度高及光照充足的月份，种球适当密植；若光线不足（如冬天），种球不应种得太密。

4. 肥水管理 喜湿润、冷凉的气候条件，种植前 15 d 左右及种植后应浇水，以利于生根发芽。

在生长期，表土应当经常保持湿润，苗期及剪花后，应适当控水，否则，不利于茎生根的发生和鳞茎的休眠。水分过多，还会引起鳞茎腐烂。现蕾至开花前，应充分浇水，以促使花朵充分发育，植株长高。在花芽分化和发育期，一定要满足植株对水分的需求，否则，花芽分化受阻，花芽败育。如亚洲型百合中的大多数品种，在抽茎萌芽后生长至高 20 cm 左右时进行花芽分化。进入夏季高温季节时，每天中午向植株叶面喷水 2～3 次，以防土温超过 30 ℃ 而阻碍植株生长。

基肥以充分腐熟的农家肥为主，加适量化肥，忌施含氟有机肥和盐性有机肥或化学肥料，否则，易发生烧叶。

小苗长到 15 cm 高时开始施第一次肥，以后每周施一次，坚持"薄肥勤施"的原则，前 1～2 次（大球出苗长到 15 cm 高至现蕾或要控制植株高度前，小球出苗至要控制植株高度前）施肥以氮肥和钙肥为主；后两次（大球出苗现蕾以后或要控制植株高度时，小球出苗至要控制植株高度时）施肥以磷肥和钾肥为主。从现蕾至开花，每隔 15 d 喷浓度为 0.2%～0.3% 磷酸二氢钾溶液一次，促使花大色艳，花茎结实直立。剪花后追施一次富含钾、磷的速效肥料，以促进鳞茎的增大充实。

5. 温度 温度是百合属花卉生长过程中的重要因素之一，以 3～4 月铁炮百合栽培为例进行阐述。

1 月 15～30 日在温室中栽培。土壤温度尽可能提高至 15～18 ℃，此温度段最适合根的生长与叶的发生。温度若达到 21 ℃，容易延迟开花。植株自出芽至高度为 10～15 cm，此阶段为营养生长期。在此期间所有叶片均已形成，但分化初期大量的叶片尚未展开，肉眼不可见。发育健全的植株，叶片数因品种不同而异，如品种'王牌'年均叶数在 85～92 片，叶片分化与生长期大约为 7 周。

生殖生长阶段分生组织停止分化叶而转向开始形成花芽。若此时出现低温，还会引起消蕾。花芽分化过程已经开始，此时茎干还未伸长，节间密集。花芽分化到叶丛中，花蕾清晰可见，此阶段需 3～4 周。该阶段对切花生产至关重要。

从可见顶端叶丛中的小花蕾到第一朵花蕾开放的时间，在正常栽培管理条件下为 30～35 d，温室栽培温度若控制为下列不同的情况，该时间分别为：平均温度 21 ℃ 时为 28 d；最高 26 ℃、最低 15 ℃ 时 30 d；最高 21 ℃、最低 15 ℃ 时 40 d。通常白天温度为 25～28 ℃，最好避免 30 ℃ 以上高温；晚上温度为 16～18 ℃，最低保持在 10 ℃ 以上。最好将昼夜温差控制在 10 ℃ 以内。若栽培期间温度过低，则会导致花蕾色质差，劣花增多。从花芽形成到开花为 8～10 周。该阶段可利用叶片展开速度调节生长开花期，即在基本叶片形成的基础上，利用温度来控制叶片伸展速度，达到适当调节花期的目的。

6. 光照及其他 光是控制植株质量的重要条件。要使植株生长好，需要大量的阳光，光照不足同样也会引起消蕾。因此，在花序上第一朵花蕾发育至长 0.5～1.0 cm 前，就要开始补充光照，并持续到开花为止，但黄百合除外。该种应自抽芽后就补光。在光照度较强的月份，应用 50% 遮光网遮阳至开花，避免温度超过 30 ℃ 而造成花茎过短，花朵数减少，品质下降。生长期只宜除草，不宜中耕，以免损伤茎生根。对高干种和品种，应及时设支柱，以免花茎折损。

7. 病虫害防治　百合属花卉病害的病原菌可由种球携带，也可由土壤携带而感染种球（多发生在高温、高湿环境中），如根腐病、鳞茎及鳞片腐烂病、立枯病等。除立枯病外，其他病害均由真菌引起，发病初期应立即拔除病株，并每亩用 50% 多菌灵液 1 kg 进行灌根或将其与 50% 代森铵 100 倍液混合使用。同时，应选用无病的健康种球及抗病品种，对土壤和种球进行消毒，实行轮作。栽培时尽可能保持较低的土温，避免植株在浇水后处于高温潮湿的状态。

8. 采收　一般在基部第一朵花蕾充分膨胀着色时采收。过早采收生长不充实，花少而小；太迟则花朵开放，包装运输时花瓣易受伤或被花粉污染。若有 10 朵以上花蕾着生，必须有 2～3 个花蕾着色时才可采收。采收应在上午 10 时以前进行，并及时移出温室或塑料大棚，分级捆扎，将基部切齐插入放有杀菌剂的预冷清水中（水温 2～5 ℃）冷藏。

四、促成栽培技术

要使百合属花卉自 10 月至翌年 5～6 月产花，可采用促成栽培技术。

1. 种球冷藏处理　促成栽培需在定植前进行充分的种球冷藏处理。冷藏处理主要包括打破休眠和生根贮藏两个阶段。

一般取周径 14 cm 以上的大规格种球，用潮湿的碎木屑（新鲜木屑）或泥炭等填充物与种球同置于塑料箱内，并用薄膜包裹保湿。先在 13～15 ℃ 条件下预冷处理 6 周，在 8 ℃ 下再处理 4～5 周。冷藏时，种球已充分发根，当发现新芽有 5～6 cm 长时，应尽快下种。经冷藏处理的种球，自下种到开花，一般只需 60～80 d。冷藏球取出后，以 10～15 ℃ 的温度逐渐解冻，并在 10～13 ℃ 温度条件下进行生根贮藏，生根期为 1～3 周。种球远距离运输时，需在 −2～1 ℃ 温度条件下保存。抑制栽培需长时间冷藏，应先以 1 ℃ 预冷 6～8 周提高其渗透压，亚洲系百合在 −2 ℃ 条件下、东方系和麝香百合在 −1.5 ℃ 条件下，可贮藏 14～15 个月之久。

2. 栽培时期　经冷藏处理的百合种球，可在一年内的任何时期种植，当温度条件满足时就能正常开花。

在长江流域地区，需在国庆节前后开花的百合，必须于 7 月中旬至 8 月中下旬定植，而此时正值夏季高温，会使植株生长发育不良，严重影响切花品质，因此，必须在降温设施条件好的地区或在冷凉地区栽培。还可选择海拔 800 m 以上的山地种植，尤其在浙江、福建的山区，利用高海拔山地的自然气候条件进行百合露地夏、秋季切花生产，经济效益明显。要在 11 月至翌年元旦前后开花的百合，需取冷藏球于 8 月下旬至 9 月上旬定植，福建中部地区低海拔种植前期必须有降温设施，否则会由于温度过高影响切花品质，12 月后保温或加温到 15 ℃ 以上。需在春节前后至 4 月开花的百合，取冷藏球于 9 月下旬至 10 月中旬定植，冬季加温到 13～15 ℃，并人工补光。

3. 温度、光照管理　为获得优质的百合切花，温度管理相当重要。通常在 10 月下旬后需加薄膜保温或加温至 15 ℃以上，最理想的是保持白天温度 20～25 ℃、晚上温度 10～15 ℃；尤其要防止出现白天持续 25 ℃以上高温及晚上持续 5 ℃以下低温的现象。考虑到冬季加温效果的均匀恒定，最好是利用热水或热气管道进行加温。东方系百合对温度要求较高，且对温度变化敏感，若加温设备不良，很难保证其正常开花。

很多百合种和品种都对光照比较敏感，特别是亚洲系百合，多数会因光照不足引起落芽或消蕾现象（消蕾最易发生在 11 月至翌年 3 月）。为防止出现盲花，冬季促成栽培中通常采用人工补光的方法。百合的适宜补光始期以花序上第一个花蕾发育为临界期，然后一直加光到采收为止。在 16 ℃的温度条件下，大约维持 5 周的人工光照，每天从晚上 8 时至凌晨 4 时，加光 8 h，对防止百合消蕾、提早开花、提高切花品质等有明显效果。冬季促成栽培时，还应注意保护地内要通风透气，避免温度、湿度的剧烈变化，并在开花期内少浇水。

百合栽培中易出现生理性的叶烧病（或称"焦枯"），其症状是幼叶的端部至中部稍向内卷曲、皱缩，呈现黄绿色至白色斑点，若焦枯严重，白色斑点可转变为褐色，叶片弯曲，叶片及幼芽会脱落，植株停止发育。导致焦枯的主要原因是根系生长不良、土壤盐分过高、阳光过于强烈、气温骤然上升等，所以应注意适当深栽，淋洗土壤盐分，阳光过强时进行遮阳、喷水、通风等管理措施。

在花芽长到 1～2 cm 长时会出现花梗缩短，随后芽脱落的现象。在春季，先是低位芽脱落，而在秋季，高位芽先行脱落。此外，在整个生长期内都会发生芽干缩现象，就是芽完全变为白色并干缩，甚至有时会脱落。这些生理病害主要是由于根系发育不良、光照不足引起的，在缺乏光照的条件下，芽内的雄蕊产生乙烯，引起芽败育。另外，如土壤过于干燥，也会增大芽干缩的概率。

百合的生理性病害还包括缺素症，尤其易发生缺铁、缺氮、缺钙和缺硼现象。应注意土壤的 pH 变化和及时补充矿质养分。冬季促成栽培时，还应注意在保护地内通风透气，避免温度、湿度的剧烈变化，并在开花期内少浇水。

任务六　郁金香的栽培技术

一、形态特征

（1）茎：卵形，被白粉。

（2）叶：基生叶 2～3 枚，茎生叶 1～2 枚。叶形为条状披针形或卵状披针形，全缘并呈波状，常有毛，色泽粉绿。

（3）花：花单生于茎顶，大型，花被片 6 枚，离生，倒卵状长圆形，洋红、鲜黄至紫红色，基部常具紫斑。花期 3～5 月，白天开放，晚上及阴雨天闭合。

（4）鳞茎：又称种球，一个成熟的郁金香种球包含三代种球。第一代种球一般为大种球，定植当年开花；第二代种球较小，为子球，其中少部分可当年开花；更小的为第三代种球，定植后，发育为子球；子球再种一年成大种球，大种球定植后才能开花。

鳞茎扁圆锥形，直径 2～3 cm，外被淡黄至棕褐色皮膜，内有肉质鳞片 2～5 片。蒴果室背开裂，种子扁平。

二、生态习性

郁金香属长日照花卉，喜向阳、避风，冬季温暖湿润、夏季凉爽干燥的气候。8 ℃以上即可正常生长，一般可耐 -14 ℃低温，耐寒性很强，在严寒地区如有厚雪覆盖，鳞茎就可在露地越冬，但怕酷暑，如果夏天来得早，盛夏又很炎热，则鳞茎难于度夏。要求腐殖质丰富、疏松、肥沃、排水良好的微酸性沙壤土，忌碱土和连作。

三、繁殖方法

常用分球繁殖，以分离小鳞茎为主，一般秋季分栽。用来分离的母球应为一年生，即需要每年更新，花后在鳞茎基部发育成 1~3 个次年能开花的新鳞茎和 2~6 个小球后，母球干枯。母球鳞叶内一般会生出一个新球及数个子球，发生子球的多少因品种不同而异，与栽培条件也有关，新球与子球的膨大常在开花后一个月内完成。可于 6 月上旬将休眠鳞茎挖起，去泥，贮藏于干燥、通风和 20~22 ℃的条件下，这有利于鳞茎花芽分化。从大鳞茎上分离的子球宜放在 5~10 ℃的通风处贮存，9~10 月栽种，栽培地应施入充足的腐叶土和适量的磷、钾肥作基肥。植球后覆土 5~7 cm 厚即可。

四、栽培管理

地栽要求排水良好的沙土，pH6.6~7.0，深耕整地，以腐熟的牛粪及腐叶土等作基肥，并施少量磷、钾肥，做畦栽植，栽植深度 10~12 cm。一般于出苗后、花蕾形成期及开花后进行追肥。冬季鳞茎生根后，春季开花前，追肥两次。3 月底至 4 月初开花，6 月初地上部叶片枯黄进入休眠期。生长过程中一般不必浇水，保持土壤湿润即可，天旱时适当浇些水。郁金香品种间易杂交，应注意隔离栽植。郁金香鳞茎含淀粉多，贮藏期间易被老鼠吃掉，应注意防护。

种球栽种前应进行消毒处理，可用高锰酸钾溶液或福尔马林溶液浸泡 30 min，晾干后种植。生产性种植的株行距一般为 12 cm×12 cm 或 13 cm×12 cm，根据品种不同而略有差异。一般叶片直立性强，植株矮小的品种可以适当密植。如果是展览性种植，株距和行距宜放宽到 20~25 cm。栽植的深度为种球顶距土表 4~5 cm。栽后浇一次透水，以防止干燥脱水。

五、促成栽培技术

可以通过对种球的变温处理，打破花原基和叶原基的休眠，消除抑制花芽萌发的因素，促进花芽分化，再通过人为增温、补光等措施，使郁金香在非自然花期开花。现在市场上常见的有 5 ℃种球和 9 ℃种球，一般选 5 ℃种球进行温室栽培。

1. 选好品种 首先尽量少选晚生品种，一般选用中生、高干品种。红色品种有'阿波罗''检阅''荷兰小姐''法国之光''利菲伯回忆'等；黄色品种有'金阿波罗''金检阅'等；白色品种有'爱尔兰''白梦''吟者'等；粉色品种有'雄鹅''粉钻石'等；橘色品种有'王子'等；复色品种有'琳马克'（红白）、'斑雅'（黄红）、'克丝耐丽斯'（红黄）等。要尽量做到颜色全面，以适应不同层次消费者的需求。其次选用周长规格在 12 cm 以上的种球，因为大规格种球生产出来的鲜切花花大、色艳、整齐度好、瓶插时间长。第三，要选用低温处理完全的 5 ℃种球。购球时要注意验看销售商海运时低温处理的温度记录单，若低温不足或处理时间不够，应再接着处理完全为止。

2. 合理确定种植时间 根据郁金香切花全生育期（55～65 d）的上市理论值再提前 7～10 d 安排种植时间（如春节为 1 月 20 日左右，参考种植时间可安排在前年 11 月 10 日左右）。此目的有三：一是适当扣除阴雨天耽搁的时间；二是在种球低温处理不到位时，可在温室内前期加强低温管理进行补救；三是便于人为控制鲜切花上市的时间。

3. 种植规格 郁金香种植密度弹性很大，株行距为（10～15）cm×（15～20）cm，即每亩可种植 20 000～35 000 粒种球。开展度大的品种可稀植，开展度小的品种可密植。种植密度大有利于切花茎干长高，增加切花高度，但易致病害。种植深度一般为种球上覆土 3～5 cm 厚，种球要摆正，顶部朝上。种植深有利于提高切花高度，对中等高度的品种有益，但会使花期延迟几天。

4. 肥料管理 郁金香切花栽培不需太多的肥料，每亩施 3 000～5 000 kg 有机肥以及 50 kg 高效复合肥即可。有机肥应进行充分腐熟，无机化肥应在种植前 15～20 d 施入。施肥时要与土壤进行充分搅拌并做畦。从幼芽出土后开始，每 15 d 追施一次 0.3% 尿素溶液；现蕾后，每 7～10 d 喷一次混合营养溶液直至采花前一星期。

5. 水分管理 种植前 15～20 d 整畦干晒后再于种植前一周灌透水一次，种植后当日立即灌透凉水一次。生长期一般每 15～20 d 浇水一次，宜在早晨进行，浇透浇匀。浇水后注意通风降湿，浇水时勿将凉水浇到叶片上。

6. 温、湿度调控 定植后的前两周内土壤温度应保持在 12 ℃以下，可通过秸秆覆盖土壤或遮阳网覆盖温室来降温。11 月中下旬上膜保温，使用厚度为 0.12 mm 的聚乙烯长寿无滴膜。12 月上旬上草帘进行夜间保温，12 月中旬前尽可能将温室内白天温度控制在 20 ℃以下。整个生长期控制温室内晚上温度至少在 6 ℃以上，相对湿度在 60%～80%，湿度大小可通过浇水和通风来调节。花蕾抽出后应加大湿度管理，有利于提高花茎高度，但要密切注意郁金香灰霉病等病害的发生。

7. 补充光照 有条件的生产者，可每 30 m² 悬挂 200 W（加装反光罩）高压钠灯一盏，从二叶期开始补光直至开花，每天傍晚放下草帘后补光 3～5 h。此项措施有利于生产花大、色艳、干高的高质量切花，同时还可以使花期提前。

8. 及时采收 宜在花苞刚开始透色（花苞未展开前）时进行剪切，通常早、中、晚各一次。株高达不到 35 cm 的要连根拔起。采后包装好，然后放于冷屋内待售。

9. 主要病虫害防治 薄膜日光温室条件下，郁金香病虫害主要有病毒病、灰霉病、蚜虫等，综合防治措施为：（1）与豆科等其他植物进行轮作；（2）种植时挑出带病有伤的鳞茎，单独处理；（3）不断检查，挖除并销毁病株；（4）加强温室内通风透光，在阴雨天也要加强通风降湿；（5）灰霉病等病害可采用 20% 速克灵 1 000 倍液喷雾防治。

为了让郁金香能在春节开花，生长期应尽量保持白天温度 17～20 ℃、晚上温度 10～12 ℃，温度高时可通过遮光、通风来降低，温度过低时可采取加温、增加光照等措施来升高。如用赤霉素溶液浸泡郁金香球茎后再栽植，还可加大花的直径。

郁金香对温度的要求呈周期性变化。6 月采收鳞茎储藏，在储藏期间进行花芽分化，温度要求 17～19 ℃。花芽分化完成后，叶芽和花芽都进入深休眠状态，必须经过一段时间的低温（0～3 ℃），打破其深休眠，才能抽叶开花。郁金香抽叶期是次年 2 月，随后抽出花苞。

郁金香一个生命周期对温度的要求变化见图 11-3。开花期，3~4 月；叶枯期，5 月下旬；花芽分化期，6~7 月，20 d；休眠期，7 月至翌年 1 月；低温期，11 月至翌年 2 月；抽叶期，翌年 2 月；开花期，翌年 3~4 月。

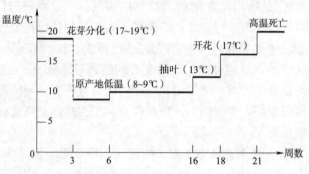

图 11-3　郁金香一个生命周期对温度的要求变化

郁金香的促成栽培就是缩短其休眠期，其栽培模式为：

6 月花芽分化后 $\xrightarrow[\text{7~9 月}]{\text{0~3 ℃储藏}}$ 10 月上旬栽种 $\xrightarrow[\text{1 周}]{\text{13~16 ℃}}$ 生根 $\xrightarrow[\text{2 周}]{\text{13~14 ℃}}$ 抽叶 $\xrightarrow[\text{3 周}]{\text{17 ℃}}$ 开花（11 月中旬）

供花期决定低温储藏后的栽种期：

常温储藏 $\longrightarrow$ 低温储藏 $\xrightarrow{\text{约 3 个月}}$ 栽种期 $\xrightarrow{\text{约 45 d}}$ 开花期

任务七　水仙的栽培技术

水仙为石蒜科水仙属多年生草本，原产于中国，在中国已有 1 000 多年的栽培历史，为中国十大传统名花之一。此属植物全世界共有 800 多种，其中的 10 多种具有极高的观赏价值。水仙原分布在中欧、地中海沿岸和北非地区，中国的水仙是多花水仙的一个变种。

一、形态特征

鳞茎卵状至广卵状球形，外被棕褐色皮膜。叶狭长带状，长 30~80 cm，宽 1.5~4.0 cm，全缘，面上有白粉。花葶自叶丛中抽出，高于叶面；一般开花的多为 4~5 片叶的叶丛，每球抽花 1~7 枝，多者可达 10 枝以上；伞房花序，着花 4~6 朵，多者达 10 余朵；花白色，芳香；花期 1~3 月。

水仙多为水养，且叶姿秀美，花香浓郁，亭亭玉立，故有"凌波仙子"的雅号。水仙主要分布于我国东南沿海温暖、湿润地区，福建漳州、厦门及上海崇明岛产的水仙最为有名。

二、生态习性

喜温暖、湿润、阳光充足的环境，以疏松、肥沃、土层深厚、排水良好的冲积沙壤土最宜，土壤 pH5.0~7.5 均适宜生长。白天水仙花盆要放置在阳光充足的向阳处给予充足的光照，这样才可以使水仙叶片宽厚、挺拔，叶色鲜绿，花香扑鼻；阳光不足的话，则叶片高瘦、疲软，叶色枯黄，甚至不开花。

三、繁殖方法

1. 侧球繁殖　这是最常用的一种水仙繁殖方法。侧球着生在鳞茎球外两侧，仅基部与母球相连，很容易自行脱离母体，秋季将其与母球分离，单独种植，翌年产生新球。

2. 侧芽繁殖　侧芽是包在鳞茎球内部的芽。只在进行球根阉割时，其才随挖出的碎鳞片一起脱离母体。秋季将侧芽撒播在苗床上，翌年产生新球。

3. 双鳞片繁殖　一个鳞茎球内包含很多侧芽，有明显可见的，有隐而不见的，但基本规律是每两个鳞片一个芽。用带有两个鳞片的鳞茎盘作繁殖材料就称为双鳞片繁殖。其方法是将鳞茎先放在低温 4～10 ℃ 处 4～8 周，然后在常温下将鳞茎盘切小，使每块带有两个鳞片，并将鳞片上端切除留下 2 cm 作繁殖材料，然后用塑料袋盛含水 50% 的蛭石或含水 6% 的沙，将繁殖材料放入袋中，封闭袋口，置于 20～28 ℃ 黑暗的地方，经 2～3 月可长出小鳞茎，成球率 80%～90%。这是近年开始发展的新方法，四季可以进行，但以 4～9 月为好。生成的小鳞茎移栽后的成活率高，可达 80%～100%。

4. 组织培养　用 MS 培养基，每升附加 30 g 蔗糖与 5 g 活性炭，用芽尖作外植体，或用具有双鳞片的茎盘作外植体，pH5～7 为宜；装入玻璃管中，每管放 10 mL 培养基，经消毒后，每管植入一个外植体，然后在 25 ℃ 的条件下培养，接种 10 d 后产生小突起，20 d 后成小球，一个月后转入 MS 培养基中，6～8 周长出叶和根，然后即可移栽到大田中，可 100% 成活。

四、栽培管理

水仙一般需要经过几个月的种植才能开花，如果 11 月种植，春节前后可以开花。秋季 9～10 月栽培，翌年 5 月叶子枯黄，6 月以鳞茎形式进入休眠，休眠期间鳞茎继续进行生理、生化活动。用侧球繁殖的，第二年进入休眠后挖球，经过贮藏期，其中大球冬天开花，一般一球一枝花。用侧芽繁殖的，第二年休眠后挖球，秋季再行种植，冬季开花，也是一球一枝花。从侧球种植一年（跨两年）和侧芽种植两年（跨三年）的鳞茎中，精选大型的优良鳞茎球作种球，秋季进行阉割加工后再行种植，精心培养，翌年可获得一个形体大，两边具侧球，开多枝花的鳞茎球，即商品球。

水仙生长发育各阶段需要不同的环境条件。其根、茎、叶、花各器官对环境条件的要求也不一致。水仙生长期喜冷凉气候，适温为 10～20 ℃，可耐 0 ℃ 低温。鳞茎球在春天膨大，干燥后，在高温中（26 ℃ 以上）进行花芽分化。经过休眠的鳞茎，在温度高时可以长根，但不发叶，要随温度下降才发叶，至 6～10 ℃ 时抽花葶。在开花期间，如温度过高，则开花不良或萎蔫不开花。在温度适当的情况下，喜光照，也较耐阴。对于培养用来开花的球根，长时间的光照能抑制叶片生长，有助于花葶伸长，高出叶片。生长期间好肥水，如缺水，则生长欠佳。生长后期需充分干燥，否则影响芽分化。土壤要疏松、透气，以中性或微酸性为好。

水仙栽培有旱地栽培、水田栽培与无土栽培三种方法。

1. 旱地栽培　每年挖球之后，将可以上市出售的大球挑出来，余下的小侧球可立即种植，也可留待 9～10 月种植。一般认为种得早，发根好，长得好。种植时，选较大的球用点播法，单行或宽行种植。单行种植时株行距 6 cm×25 cm，宽行种植时株行距 6 cm×15 cm，连续种 3～4 行后，留出 35～40 cm 的行距，再反复连续下去。旱地栽培的，养护较粗放，除施 2～3 次水肥外，不用常浇水。单行种植的常与农作物间作。

2. 水田栽培

（1）种球选择与分级栽培。水仙的种球选择甚为严格，要求选无病虫害、无损伤、外鳞片明亮光滑、脉纹清晰的种球，并按球的大小、年龄分三级栽培。

①一年生栽培。从二年生栽培的侧球（也称钻子头）或不能作二年生栽培的小鳞茎中选出球体坚实、宽厚、直径约 3 cm 的作种球。用撒播、条播或点播法栽植。每亩约栽 2.3 万株。

②二年生栽培。经过一年生栽培后，球成圆锥形，从中选出直径 4 cm 以上的作种球，栽培养护较一年生栽培更细致。每亩栽 8 000～10 000 株。

③三年生栽培。三年生栽培也称商品球栽培，是上市出售、供观赏前的最后一年栽培，其栽培管理极为精细，至为重要。它是从经过二年生栽培的球中，选出球形阔、矮、主芽单一，茎盘宽厚，顶端粗大，直径在 5 cm 以上的球作种球，种前剥掉外侧球，并用阉割法除去内侧芽，使每球只留一个中心芽。每亩约栽 5 000 株。

（2）栽培要点。

①耕地浸田。8～9 月将土地耕松，然后在田间放水漫灌，浸田 1～2 周后，将水排干。随后再耕翻 5～6 次，耕翻深度在 35 cm 以上，使下层土壤熟化、松软，以提高肥力，减少病虫害和杂草，并增加土壤透气性。

②施肥做畦。水仙需要大量的有机肥料作基肥。三年生栽培的，每亩需要有机肥 5 000～10 000 kg，并适当拌一些过磷酸钙或钙镁磷肥（20～50 kg）；二年生栽培的用肥量减半；一年生栽培的可以再减少些。这些肥料要分几次随翻地翻入土中，使土壤疏松，肥料均匀，然后将土壤表面整平，做成宽 120 cm、高 40 cm 的畦，畦宽 35～40 cm。畦面要整齐、疏松，底部要平滑、坚实，略微倾斜，使流水畅通。

③种球阉割。为了使鳞茎经过最后一次栽培后尽可能地增大，有利于多开花，需采用种球阉割手术。这项手术的原理与一般植物剥芽一样，是使养分集中，让主芽生长健壮，翌年能获得一个硕大的鳞茎球。不同的是它的侧芽是包裹在鳞片之内的，不剖开鳞片就无法去除侧芽。阉割的技术难度较大，操作时既要去掉全部侧芽，又不能伤及主芽及鳞茎盘。侧芽居于主芽扁平叶面的两侧，阉割时，首先对准侧芽着生的位置，然后用左手拇指与食指捏住鳞茎盘，再用右手操刀阉割。阉割刀宽约 1.5 cm，刀口在先端，回头形。阉割时，挖口宜小，如果误伤了鳞茎盘与主芽，球就无用了，应抛弃。假如发现种球的内部鳞片有黑褐色斑驳，也应抛弃不用。

④种球消毒。种植前用 40%福尔马林 100 倍液浸球 5 min，或用 0.1%汞水浸球 0.5 h 消毒。如有螨虫，可用 0.1%三氯杀螨醇溶液浸球 10 min。

⑤种植。福建漳州 10 月下旬种植，上海多在 9 月底至 10 月上旬种植。由于水仙叶片是向两侧伸展的，因此采用的株距较小、行距较大，三年生栽培的用 15 cm×40 cm 的株行距，二年生栽培的用 12 cm×35 cm 的株行距。种植时要逐一审查叶片的着生方向，按未来叶片一致向行间伸展的要求种植，保证充足的空间。为使鳞茎坚实，宜深植。1～

2 年生栽培的，栽植深 8～10 cm，三年生栽培的，深约 5 cm。种后覆盖薄土，并立即在种植行上施腐熟肥水。种后清除沟中泥块，拉平畦面，并立即灌水满沟。次日将水排干，待泥黏而不成浆时，整修沟底与沟边并夯实，以减少水分渗透，使流水畅通。修沟之后，在畦面上盖稻草，三年生栽培者覆草宜厚，约 5 cm，1～2 年栽培者，覆草可薄些。覆草时，使稻草根伸向畦两侧沟中，稍在畦中重叠相接。种植结束后放水，初期水深 8～10 cm，一周后加深到 15～20 cm，水面维持在球的下方，使球在土中，根在水中。

（3）养护管理。水仙由种植到挖球，需要在田间生长 6～7 个月。要长成一个理想的鳞茎，除上述基础工作外，主要靠养护。

①灌水。沟中要经常有流水，水的深度与生长期、季节、天气有关，花农有"北风多水，西南少水，雨天排水，晴天保水"的谚语。一般天寒时，水宜深；天暖时，水宜浅。生长初期，水深维持在畦高的 3/5 处，使水接近鳞茎球基部。2 月下旬，植株已高大，水位可略降低，晴天水深为畦高的 1/3，如遇雨天，要降低水位，不使水淹没鳞茎球。4 月下旬至 5 月，要彻底去除拦水坝，排干沟水，直至挖球。

②追肥。水仙好肥，在发芽后开始追肥。三年生栽培的，追肥宜勤，每隔 7 d 追肥一次；二年生栽培的，每隔 10 d 追肥一次；一年生栽培的，每隔半月追肥一次。上海天寒，为提高水仙的耐寒力，在入冬前要施一次磷、钾肥，1 月停肥，2 月下旬至 4 月中旬继续追肥，以磷、钾肥为主，5 月停肥并晒田。

③剥芽与摘花。阉割水仙鳞茎球时，如有未除尽的侧芽萌发，应及早进行 1～2 次拔芽工作。田间种植的水仙 12 月下旬至翌年 3 月开花，为使养料集中供给鳞茎生长，应进行摘花。为充分利用花材，在花茎伸长至 20 cm 时可剪作切花出售。

④防寒。水仙虽耐一定的低温，但也怕浓霜与严寒。偶现浓霜时，要在日出之前喷水洗霜，以免危害水仙叶片。对于低于 −2 ℃ 的天气，要有防寒措施。较暖地区可设风障，上海地区可用薄膜防寒，关键都是不可让水仙花受寒。

3. 无土栽培　这种新型栽培方式是地栽方法的改进。栽培时需设宽 50 cm、深 30～40 cm 的盛有营养液的栽培槽，槽内放蛭石、经腐熟的木屑或珍珠岩。生长期间营养要全面，pH6～7 为宜。初栽时每周施肥 1～2 次，生长旺盛期，每周施肥 2～3 次，5 月后停止施肥。

10 月，自然界温度逐渐降低，水仙花芽分化发育已完全，开始进入分级包装上市销售阶段。水仙用竹篓包装，鳞茎的等级是以装进篓的球数而定的，一篓装进 20 只球的，为 20 庄，属最佳级；依次而下，装进 30、40、50、60 只球的，分别叫作 30 庄、40 庄、50 庄、60 庄。

近年包装又有所改进，采用精美的纸盒包装，盒外印有水仙图案，既好看又清洁。

任务八　仙客来的栽培技术

一、形态特征

仙客来别名萝卜海棠、兔耳花、兔子花、一品冠、篝火花，报春花科仙客来属多年生草本。块茎扁圆球形或球形，肉质。叶片由块茎顶部生出，心形、卵形或肾形，叶缘有细锯齿，叶面绿色，具有白色或灰色晕斑，叶背绿色或暗红色，叶柄较长，红褐色，肉质。花单生于花茎顶部，花朵下垂，花瓣向上反卷，犹如兔耳；花有白、粉、玫红、大红、紫红、雪青等色，基部常具深红色斑；花瓣边缘多样，有全缘、缺刻、皱褶和波浪等形。蒴果球形，种子多数。

二、生态习性

不耐寒，也不耐高温，喜湿润又怕积水，喜光但忌强光直射。夏季气温超过 35 ℃时，块茎易腐烂；冬季气温低于 5 ℃以下，块茎易遭冻害；当温度在 30 ℃以上时，块茎休眠。

生长和花芽分化的适温为 15～20 ℃，适宜的空气相对湿度为 70%～75%。冬季花期温度不得低于 10 ℃，若温度过低，则花色暗淡，且易凋落。

幼苗较老株耐热，性稍强。中日照植物，生长季节适宜的光照度为 28 000 lx，低于 1 500 lx 或高于 45 000 lx，则光合强度明显下降。

要求疏松、肥沃、富含腐殖质、排水良好的微酸性沙壤土。花期 10 月至翌年 4 月。

三、繁殖方法

1. 种子繁殖　仙客来种子繁殖简便易行，繁殖率高，品种内自交变异不大，是目前最普遍应用的繁殖方法。播种前用清水浸种 24 h 催芽，或用温水（30 ℃）浸种 2～3 h，浸后置于 25 ℃的条件下 2 d，待种子萌动后播种，则发芽所需时间比不处理缩短一半。通常还用多菌灵或 0.1% 硫酸铜溶液浸种 0.5 h 杀菌消毒。

2. 营养繁殖　营养繁殖多用于实验室保留育种材料或小规模繁殖优良品种。将块茎分切成 2～3 块，每块带 1～2 个芽体，栽培于无菌基质中。也可于开花后（5～6 月）将母块茎留在盆中，用利刃将顶部横向切去 1/3，再纵向浅划方形切痕，可在切口处发生不定芽，约 100 d 后可形成小块茎。

四、栽培管理

1. 幼苗管理　种子萌芽时首先是初生根伸入土壤，然后下胚轴膨大呈球形，到 28 d 可见细的上胚轴。胚中只见一片子叶，第一真叶在子叶对侧形成，子叶与真叶相似。在子叶展开、真叶初出时仍保持接近 20 ℃的温度，但空气相对湿度应降低。萌芽晚的植株生长软弱，且常有缺陷，宜淘汰。

2. 移栽和上盆　仙客来幼苗初期生长较缓慢，当形成两片真叶以后叶片分化速度加快，大致按每周 1～3 片的速度分化新叶。通常在两片真叶时移栽一次，以后随植株增大换盆 2～3 次。约在播种后 17 周有 6～7 片叶展开时即可上盆。一般 8 月上盆，11～12 月开花；9 月上盆，12 月到翌年 1 月开花；10 月上盆，翌年 1～2 月开花。移栽和上盆应注意将块茎露出土表 1/3。因仙客来叶柄与花茎都自块茎顶部短茎轴上发生，初萌发时横向生长，所以若将之埋入土内则必然影响萌发。

通常在第六片真叶展开时在叶腋内开始分化花芽，此时茎顶端正在分化第 10～13 片叶。初期花芽分化进度较慢，到开花时有叶 35～40 片。此后在不断形成新叶片的同时形成新的花芽，直到高温季节来临，进入半休眠或休眠状态。在现蕾期要给以充足的阳光，放置在室内向阳处，并每隔一周施一次磷肥，最好用 0.3% 磷酸二氢钾复合肥溶液浇施，每盆用量约 150 mL。平时每隔 1～2 d 浇一次水，使盆土湿润，切不可浇大水，遵循盆土见干时才浇水的原则。但切忌盆土过干，过干会使根毛受伤和植株上部萎蔫，再浇大水也难以恢复。浇水时水温要与室温接近。

开花期不宜施氮肥，否则会引起枝叶徒长，缩短花朵的寿命。如叶过密，可适当疏除，以使营养集中，开花繁多。摘叶或摘除残花时，为防止软腐病的感染，应立即喷洒一次 1 000 倍多菌灵液。

仙客来开始开花并继续形成花蕾时，室温应保持在 15～18 ℃，最低不能低于 10 ℃，温度太高则花期缩短，超过 28 ℃ 则叶片发黄。

仙客来栽培管理月历见表 11-2。

表 11-2　仙客来栽培管理月历

月份	工作内容	操作与注意事项
12月至翌年3月	播种	仙客来的播种时间一般都集中在上一年的12月至下一年的3月；从播种到上盆一般需要14～16周，前三周保持18 ℃的恒温，90%的空气相对湿度和黑暗的条件；刚刚出芽的小苗需要18～20 ℃的温度，90%左右的空气相对湿度和5 000 lx左右的光照度；播种后8～9周开始对苗进行随水施肥，肥料的EC值在0.8左右，pH6.0～6.3，注意及时分苗；分苗时注意小苗不要埋得过深或太浅，温度保持在晚上17～19 ℃、白天23～25 ℃，空气相对湿度保持在75%左右，施肥营养液的氮、磷、钾比例为1：0.7：2，肥料EC值为0.8，随着植株的日渐长大，EC值可以逐渐加大
4～6月	上盆	一般集中在4～6月上盆，用口径15～17 cm的花盆，基质要求疏松透气，上盆后一定要浇透药水。药剂主要用可以防治真菌和细菌的药剂，比如甲基硫菌灵、农用链霉素等；还要注意加强温室内的空气流通，以降低病害的发生
7月至9月上旬	安全越夏	仙客来生长忌炎热高温，所以在这期间种植的一定要使温室内的温度尽可能降低，最好能够保持在30 ℃以下。此外种植者还要调整肥料元素的配比，降低氮肥比例，同时增加磷、钾肥的比例，使仙客来在炎热的夏季尽量减少叶片的生长，减少蒸发量，促进根系和种球的生长；注意及时防治螨类、蓟马、蚜虫等虫害
9月上旬至11月	施肥	这段时间是仙客来生长的旺盛期，温室的温度白天宜在23～25 ℃、晚上宜在17～18 ℃。肥料中要增加氮肥的比例，促进植株的快速生长，肥料的EC值最后可以加大到1.8左右，pH6.0～6.3。注意预防病害的发生，特别是灰霉病、黄萎病和芽腐病，9月底左右用杀菌药再次对仙客来进行浇灌
12月至上市	整理上市	仙客来经过前几个阶段的生长，其株形基本上已经形成，并且已经开始开花。这段时间要注意仙客来花期的控制，要使其盛花期刚好赶上上市期，主要是利用温室内的温度来进行调控。根据具体种植情况，温室内的温度适宜保持在白天15～20 ℃、晚上5～10 ℃，这样开出的花大且鲜艳

任务九　美人蕉的栽培技术

一、形态特征

美人蕉别名大花美人蕉、红艳蕉，美人蕉科美人蕉属多年生草本。株高可达 100～150 cm，根茎肥大；地上茎肉质，不分枝。茎、叶被白粉，叶互生，宽大，长椭圆状披针形至阔椭圆形。总状花序自茎顶抽出，花径可达 20 cm，花瓣直伸，具 4 枚瓣化雄蕊。花色有乳白、鲜黄、橙黄、橘红、粉红、大红、紫红、复色斑点等。花期北方 6～10 月，南方全年（彩图 38）。

二、品种分类

美人蕉品种很多，到 19 世纪初已有近千个品种。常见的品种有以下几种。

'大花美人蕉'：又名法国美人蕉，是美人蕉的改良种，株高 1.5 m，茎、叶均被白粉，叶大，阔椭圆形，长约 40 cm，宽约 20 cm，总花梗长，小花大，色彩丰富，花萼、花瓣被白粉，瓣化瓣直立不弯曲。

'紫叶美人蕉'：株高 1 m 左右，茎、叶均呈紫褐色，总苞褐色，花萼及花瓣均为紫红色，瓣化瓣深紫红色，唇瓣鲜红色。果实为略似球形的蒴果，有瘤状突起。种子黑色，坚硬。

'双色鸳鸯美人蕉'：引自南美，是目前美人蕉中的珍品，因为在同一枝花茎上开出大红与艳黄两种颜色的花而得名。

三、生态习性

喜温暖、湿润的环境，不耐寒，忌干燥。在温暖地区无休眠期，可周年生长，生长适温 22～25 ℃，5～10 ℃停止生长，低于 0 ℃时会出现冻害。一般长江流域以南地区，露地稍加覆盖就可安全越冬；长江流域以北地区，初冬茎、叶经霜后就会凋萎，因此霜降前后，应剪掉地面上茎、叶，掘起根茎，晾晒 2～3 d，除去表面水分，然后平铺在室内，覆盖河沙或细泥，保持 8 ℃以上室温，待次年春季终霜后种植；也可在 2 月以后进行催芽分割移栽。因美人蕉喜湿润，忌干燥，所以在炎热的夏季，如遭烈日直晒或干热风吹袭，会出现叶缘焦枯的现象；浇水过凉也会出现同样的现象。北方需在下霜前将地下茎挖起，贮藏在 5 ℃左右的环境中。露地栽培的最适温度为 13～17 ℃，对土壤要求不严，在疏松、肥沃、排水良好的沙壤土上生长最佳，也适于在肥沃的黏土上生长。江南可在防风处露地越冬。分株繁殖或播种繁殖均可。分株繁殖在 4～5 月芽眼开始萌动时进行，将每带 2～3 个芽的根茎作为一段，进行切割分栽。

另外，美人蕉的叶片具有吸收氯气和二氧化硫等有害气体的功能，是一种很好的环保绿化花卉。其茎还是人造纤维和造纸原料，根茎和花可入药，根茎能治急性黄疸型肝炎，花可作止血药。

四、繁殖方法

美人蕉的繁殖以分株繁殖为主，也可播种繁殖。

分株繁殖在 3～4 月进行。将老根茎挖出，分割成块状，每块根茎上保留 2～3 个芽，并带有根须，栽入土壤中 10 cm 深左右，株距保持 40～50 cm，浇足水即可。新芽长到 5～6 片叶时，要施一次腐熟肥，当年即可开花。

播种繁殖一般在培育新品种或大量繁殖时采用，通常于每年 3～4 月在温室内进行。由于其种子外壳坚硬，播种前用刀将壳割破，用 25～30 ℃温水浸泡一天后再播种容易出芽。如温度保持在 22～25 ℃，一周即可出芽，待苗长出 2～3 片叶时再进行移植。

五、栽培管理

美人蕉原产于美洲、印度、马来半岛等热带地区，喜温暖、湿润和充足阳光，不耐寒，怕强风和霜冻。对土壤要求不严，能耐瘠薄，在肥沃、湿润、排水良好的土壤中生长良好。深秋植株枯萎后，要剪去地上部分，将根茎挖出，晾晒 2～3 d，埋于温室的沙土中，保持通风良好，不要浇水，温度维持在 5 ℃以上，可安全越冬。长江流域以南地区，冬季也可不挖出根茎，只要加土封好，第二年春天仍可萌芽。

1. 栽植 春季 4 月上中旬（郑州地区）栽植。地栽采用穴植，每穴根茎具 2～3 个芽，穴距 80 cm，穴深 20 cm 左右，植后覆土 10 cm 厚左右。盆栽时多选用低矮品种，每盆留 3 个芽，栽后覆土 8～10 cm 厚。

2. 光照与温度 生长期要求光照充足，保证每天要接受至少 5 h 的直射阳光。环境太阴暗，光照不足，会使开花期延迟。开花时，为延长花期，可放在温度低且无阳光照射的地方，环境温度不宜低于 10 ℃。

3. 浇水与施肥 栽植后根茎尚未长出新根前，要少浇水。土壤以潮润为宜，过湿易烂根。花葶长出后应经常浇水，保持土壤湿润，若缺水，开花后易出现"叶里夹花"的现象。冬季应减少浇水，浇水以"见干见湿"为原则。除栽植前施足基肥外，生长旺季每月应追施 3～4 次稀薄饼液肥。如果在预定开花日期前 20～30 d 还未抽生花葶，可向叶面喷施一次 0.2%磷酸二氢钾水溶液进行催花。

4. 花期控制 若欲"五一"开花，则 1 月将贮藏的根茎用掺有少量肥料的土盖起来，保持温度白天约 30 ℃、晚上约 15 ℃，经过 10 d 即可出芽。出芽后，将留有 2～3 个芽的根茎栽入盆内，保持盆土湿润，酌量追肥。4 月上旬现花蕾，注意透风，"五一"便可开花。

5. 根茎采挖 寒冷地区在秋季经 1～2 次霜冻后且茎、叶大部分枯黄时，剪去地上部分，将根茎挖出，适当干燥后堆放于室内，在 5～7 ℃的温度条件下即可安全越冬。暖地冬季可露地越冬，不必采收，但经 2～3 年后须挖出重新栽植，同时还可扩大栽植规模。

美人蕉适应性很强，管理上比较粗放，病虫害也很少。每年 5～8 月要注意卷叶虫害，以免伤其嫩叶和花序。可用 50%敌敌畏 800 倍液或 50%杀螟松乳油 1 000 倍液喷洒防治。地栽美人蕉偶有地老虎发生，可人工捕捉，或用敌百虫 600～800 倍液对根部土壤灌注防治。

美人蕉是园林中常见的灌丛边缘、花径、花境的常用材料。盆栽宜选用矮性品种。

任务十 大丽花的栽培技术

一、形态特征

大丽花别名大丽菊、天竺牡丹、地瓜花、大理花、西番莲，菊科大丽花属多年生草本。茎直立或横卧，株高约 1.5 m。单叶对生，1～3 回奇数羽状复叶深裂。头状花序顶生，径 5～35 cm，中央有无数黄色的管状小花，边缘是长而卷曲的舌状花，花色绚丽多彩，有红、黄、橙、紫、白等，十分诱人。重瓣大丽花有白花瓣里镶带红条纹的千瓣花，如白玉石中嵌着一枚枚红玛瑙，妖娆非凡。头状花序从秋到春，连续发花，每朵花可延续一个月。花期夏、秋季。瘦果长椭圆形，黑色。

大丽花栽培品种繁多，全世界约 3 万种。按花朵大小可划分为大型花（花径 20.3 cm 以上）、中型花（花径 10.1～20.3 cm）、小型花（花径 10.1 cm 以下）三种类型。按花朵形状可划分为葵花型、兰花型、装饰型、怒放型、银莲花型、双色花型、芍药花型、仙人掌花型、双重瓣花型、重瓣波斯菊花型、莲座花型等多种类型。

大丽花块根膨大，纺锤状，表面灰白、浅黄或紫色。其中贮藏着大量的养料，可供自身无性繁殖用。将块根从根颈处切分，一一分植，可以得到许多新植株。

二、生态习性

大丽花怕干旱，忌积水。这是因为大丽花的块根为肉质，浇水过多根部易腐烂。但是它的叶片大，生长茂盛，又需要较多水分，如果缺水萎蔫后不能及时补充水分，经阳光照射，轻者叶片边缘枯焦，重者基部叶片脱落。

栽种大丽花宜选择肥沃、疏松的土壤，除施基肥外，还要追肥。通常从 7 月中下旬开始直至开花为止，每 7～10 d 施一次稀薄液肥，而施肥的浓度要逐渐加大，才能使茎干粗壮，叶色深绿而舒展。

大丽花喜阳光充足。若长期放置在荫蔽处则生长不良，根系衰弱，叶薄茎细，花小色淡，甚至不能开花。

大丽花开花期喜凉爽的气候，20 ℃左右生长最佳。华北等地栽种从晚春到深秋均能生长良好。但它怕炎夏烈日直晒，特别是雨后出晴的暴晒，这时稍加遮阳，则生长更好。

三、繁殖方法

一般以分根和扦插繁殖为主，育种用种子繁殖。

扦插繁殖是大丽花的主要繁殖方法，繁殖系数大，一般于早春进行，夏、秋季亦可，3～4 月在温室或温床内扦插成活率最高，扦插基质以沙壤土加少量腐叶土或泥炭为宜。插穗取自经催芽的块根，待新芽基部一对叶片展开时，从基部剥取扦插；也可留新芽基部一节以上取插穗，以后随生长势再取腋芽处的嫩芽，这样可获得更多的插穗。春插苗经夏、秋季充分生长，当年即可开花。6～8 月初可自生长植株取芽进行夏插，但成活率不及春插，9～10 月扦插成活率低于春季，但比夏插要高。

分根繁殖也较常用。因大丽花仅于根颈部能发芽，所以在分割时必须带有部分根颈，否则不能萌发新株。为了便于识别，常采用预先埋根法进行催芽，待根颈上的不定芽萌发后再分割栽植。分根法简便易行，成活率高，苗壮，但繁殖株数有限。

种子繁殖仅限于繁殖花坛品种和育种时应用。夏季多因湿热而结实不良，故种子多采自秋凉后成熟者。重瓣品种不易获得种子，须进行人工辅助授粉。播种一般于播种箱内进行，20 ℃左右的温度条件下，4～5 d 即可萌芽，待真叶长出后再分植，1～2 年后开花。

四、栽培管理

大丽花的茎部脆嫩，经不住大风侵袭，又怕水涝，地栽时要选择地势高燥、排水良好、阳光充足而又背风的地方，并做成高畦。株距一般品种 1 m 左右，矮生品种 40～50 cm。大丽花茎高且多汁柔嫩，要设立支柱，以防风折。浇水要掌握"干透再浇"的原则，夏季连续阴天后突然暴晴，应及时向地面和叶片喷洒清水来降温，否则叶片将发生焦边和枯黄现象。伏天无雨时，除每天浇水外，也应喷水降温。显蕾后每隔 10 d 施一次液肥，直到花蕾透色为止。霜冻前留 10～15 cm 长的根颈，剪去枝叶，挖起块根，就地晾晒1～2 d，堆放于室内以干沙贮藏。贮藏室温 5 ℃左右。

盆栽大丽花宜多次换盆。选用口径大的浅盆，同时将盆底的排水孔尽量凿大，下面垫上一层碎瓦片作排水层。培养土必须含有一半的沙土。最后一次换盆时要施入足够的基肥，以供应充足的营养，其他管理同地栽。

五、春节催花

一般以扦插苗为主，9～10 月进行。

（1）上盆时间一般在 10 月中旬，每盆 1～2 株。

（2）当苗高 10～12 cm 时，留两个节摘顶，培养至每盆枝条达 6～8 枝，最后一次摘心在春节前 40～50 d 进行，以便将花期控制到春节期间。

（3）浇水：每天浇水 2～3 次，开花前可适当控水促花。

（4）施肥：前期施肥以氮肥为主，后期以磷、钾肥为主；一般每 10 d 施一次无机肥，每月施一次有机肥。

（5）病虫害防治：定期喷药保护脚叶。

（6）绑竹：在最后一次摘心并定枝后开始绑竹，每根枝条一枝竹片，同时将过多的侧枝摘除，以便通风。

（7）摘蕾：当花蕾长到花生米大小时，每枝留两个花蕾，其他花蕾摘除。

（8）定蕾：当花蕾露红时，每枝只留一个花蕾。

📁 项目小结

球根花卉是多年生花卉中的一个大类，其特点是在不良的环境条件下，植株地下部的茎或根于地上部的茎、叶枯死之前发生变态，膨大形成球状或块状的贮藏器官，并以地下球根的形式度过休眠期（寒冷的冬季或干旱炎热的夏季），至环境条件适宜时再度生长并开花。可以利用地下球根蘖生的子球或其地下膨大部分进行球根花卉的无性繁殖。

球根花卉包括鳞茎类、球茎类、块茎类、根茎类、块根类，生长习性各异，观赏器官多种多样。只有充分了解球根花卉的特性，了解产品的上市类型和标准，才能灵活地运用栽培技术，创造适宜的条件，使球根花卉按照栽培目的生长发育，以获得高产优质的花卉产品。

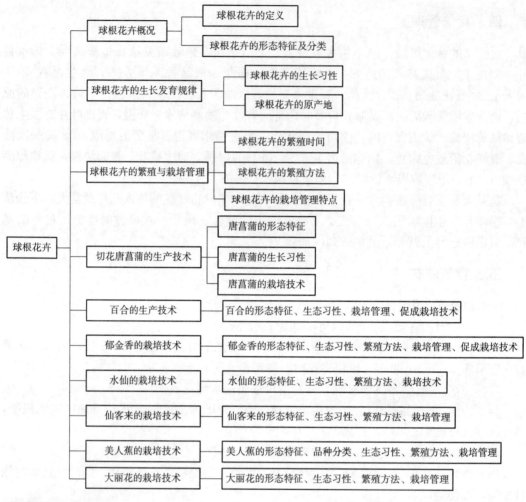

1. 球根花卉有哪些类型?

2. 球根花卉的繁殖方法有哪些?

3. 切花唐菖蒲的栽培技术有哪些关键点?

4. 百合如何栽培? 促成栽培要注意哪些事项?

5. 郁金香栽培应注意哪几点?

6. 水仙栽培应注意哪几点?

7. 怎样栽培仙客来?

8. 美人蕉如何繁殖? 栽培时应注意哪几点?

9. 试述大丽花的栽培技术。

10. 球根花卉有哪些生长习性?

项目十二 观叶植物

📎 项目导读

观叶植物是花卉中重要的一个部分，在切叶、盆栽和花坛中都有广泛的应用。观叶植物包括蕨类植物、凤梨类植物、竹芋类植物、椰子类植物、天南星科植物、百合科植物等，生长习性各异，观赏器官多种多样。充分了解观叶植物的特性，了解产品的上市类型和标准，有助于灵活地运用栽培技术，创造适宜的条件，使观叶植物按照栽培目的生长发育，以获得高产优质的花卉产品。

📖 学习目标

☑ 知识目标

● 了解观叶植物的概念、主要类型和特点。
● 了解观叶植物的选择与摆放。
● 熟悉观叶植物的繁殖与栽培。
● 熟悉常见室内观叶植物的生产技术。
● 了解观叶植物水培的生产技术。

☑ 能力目标

● 正确识别观叶植物类型及其特点。
● 正确判断观叶植物的生育时期。
● 掌握常见观叶植物生产技术要点。
● 掌握主要观叶植物水培技术要点。

📑 项目学习

任务一　概述

一、观叶植物的定义及特点

观叶植物也称室内观叶植物，泛指原产于热带和亚热带地区，主要以赏叶为主，同时也兼赏茎、花、果的一类形态各异的植物群。在室内条件下，经过精心养护，能长时间或较长时间正常发育，可用于室内装饰与造景，包括观叶、观花、观果或观茎的植物。

观叶植物的观赏特点如下所述。

（1）观叶形、叶色。如观音莲、彩叶草等。

（2）观叶赏花。如莺歌凤梨、花烛、君子兰等。

（3）观叶赏果。如南天竹、金佛手、富贵籽等。

（4）观叶赏姿。如酒瓶兰、巴西铁、马拉巴栗等。

二、观叶植物的生态习性

室内观叶植物种类繁多，由于原产地的自然条件悬殊，所以生态习性也有很大不同。

1. 室内光照与室内观叶植物选择

（1）极耐阴室内观叶植物：如白网纹草、虎尾兰、八角金盘等。

（2）耐半阴室内观叶植物：如巴西铁、观赏凤梨、文竹等。

（3）中性室内观叶植物：要求室内光线明亮，如彩叶草、仙人掌类、榕树等。

（4）阳性室内观叶植物：要求室内光线充足，如变叶木、蒲包花、月季花等。

2. 室内温度与室内观叶植物选择

（1）耐寒室内观叶植物：能耐冬季夜间室内 3～10 ℃低温，如芦荟、仙客来、常春藤等。

（2）半耐寒室内观叶植物：能耐冬季夜间室内 10～16 ℃低温，如棕竹、君子兰、喜林芋等。

（3）不耐寒室内观叶植物：必须保持冬季夜间室内温度为 16～20 ℃，如富贵竹、袖珍椰子、观赏凤梨等。

3. 室内空气湿度与室内观叶植物选择

（1）耐旱室内观叶植物：如仙人掌类、芦荟、观音莲等。

（2）半耐旱室内观叶植物：如人参榕、文竹、吊兰等。

（3）中性室内观叶植物：如巴西铁、棕竹、蒲葵等。

（4）耐湿室内观叶植物：如兰花、巢蕨、白网纹草等。

二、室内观叶植物的生产与管理

1. 栽培基质 室内观叶植物栽培容器容积小、土层浅，因此要求栽培基质供应水、肥的能力较强，以最大限度地满足室内观叶植物生长发育的需求。栽培基质的具体要求如下所述（表12-1）。

（1）均衡供水，持水性好，但不会因积水而导致烂根。

（2）通气性能良好，有充足的氧气供给根部。

（3）疏松轻便，便于操作。

（4）所含营养丰富，可溶性盐类含量低。

（5）无病虫害。

表 12-1　常用的几种基质配制应用

基质	植物类型									
	通用型		仙人掌类	兰科植物	椰子类	蕨类	球根类	天南星科	爵床科、萝摩科	龙舌兰科、五加科
壤土	1/3	1/4	1/4	—	—	1/4	1/3	1/3	2/5	1/2
腐叶土	1/3	1/4	1/4	1/3	1/3	1/2	1/3	1/3	2/5	3/10
泥炭	—	—	—	1/3	1/3	—	—	—	—	—
树皮	—	—	—	—	—	—	—	1/3	—	—
蛭石	—	—	—	—	—	—	1/3	—	—	—
珍珠岩	1/3	—	—	1/3	—	1/4	—	—	1/5	1/5
沙	—	1/4	1/2	—	—	1/3	—	—	—	—
厩肥	—	1/4	—	—	—	—	—	—	—	—

另外，采用水培法栽植室内观叶植物既清洁又省力。适合水培的观叶植物有富贵竹、绿萝、常春藤、万年青、一叶兰、南洋杉、鸭脚木、红鹤芋、绿巨人、袖珍椰子、合果芋、喜林芋、旱伞草、龟背竹等。

2. 栽培容器　栽培室内观叶植物的容器既要美观，又不得违背植物的生长习性。常用的有素烧泥盆、塑料盆、陶盆、金属盆、木盆、吊篮和木框等。

3. 室内观叶植物造型　室内观叶植物主要用于装饰室内环境，要求有较高的艺术观赏价值，其主要的造型及艺术栽培方式有以下几种。

（1）艺术整形：有单干树造型、图腾式造型（柱式栽培）、宝塔式造型等。

（2）组合盆栽：利用花艺设计的理念，将各种不同形态（如直立、团状焦点、下垂、星状填充等）的室内观叶植物组合在一起进行设计造型。

（3）瓶景：在底部没有排水孔的封闭或半封闭瓶中水培植物，结合沙艺技术，可形成优美独特的植物景观。

4. 趋光性管理和除尘

（1）趋光性管理。由于植物生长素分布不匀，常使植物趋向光源弯曲，因此应每3～5 d转盆90°，以保持植株直立。

（2）除尘。观叶植物放在室内不同环境中，叶面上常落灰尘甚至被油烟沾污，宜定期用软布擦拭、软刷清除或喷水冲除。

5. 利用植物生长调节剂延长室内观叶植物的观赏期

（1）利用植物生长调节剂延缓叶片衰老脱落。如在运输前对已成形的盆栽绿萝用0.5～1.0 mmol/L 的硫代硫酸银溶液喷洒茎干和叶背可以防止绿萝叶片脱落，摆入室内后可喷施1%亚硫酸钠溶液，以防止叶片黄化。

（2）增加产品的观赏品质。株形是室内观叶植物观赏品质的一个重要指标，在生产过程中，常用生长调节剂达到控制株形的目的。一般而言，矮化后的植株节间明显变短，但叶片及花朵的形状、大小不会受到影响。室内观叶植物成形后需较长时间保持株形，可选用生长延缓剂如多效唑等进行处理，控制植株的高度，延长观赏期。

三、室内观叶植物的繁殖方法

室内观叶植物的繁殖方法可分为有性繁殖和无性繁殖。

无性繁殖主要有扦插、压条、分株等方法（图12-1），有性繁殖主要有种子繁殖、孢子繁殖等。

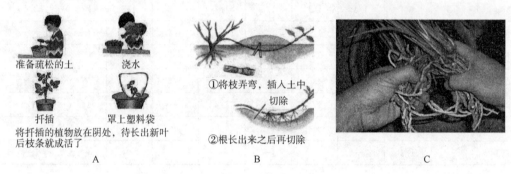

准备疏松的土　　　浇水

扦插　　　　　罩上塑料袋

将扦插的植物放在阴处，待长出新叶后枝条就成活了

①将枝弄弯，插入土中　切除

②根长出来之后再切除

A　　　　　　　　　　B　　　　　　　　　　C

图 12-1　观叶植物无性繁殖方法
A. 扦插　B. 压条　C. 分株

任务二　蕨类植物的栽培技术

一、铁线蕨的栽培管理

铁线蕨属小型植物，株高 15～40 cm，根状茎细长横走。叶柄紫棕色，具光泽，叶片卵形，常为 2 回奇数，小羽片 2～5 对，斜扇形，草质，翠绿；有的种叶顶端延伸成鞭，着地生根，长芽。孢子囊群 3～9 个，生于羽片边缘，囊群盖近圆形或肾形。喜温暖，有一定的耐寒性，南方可露地越冬。喜散射光，喜湿润和较高的空气湿度。

分株繁殖为主，大批量生产时可采用孢子繁殖。分株宜在春季进行，在横走的根状茎分叉处用枝剪剪断，每个带有顶芽的分枝能形成一个新的植株。孢子繁殖可用盆播法。

盆栽基质可用混合基质，要求透水性能好。铁线蕨是附石栽培的好材料。分株苗可直接种入露地或盆中，成活率高。孢子繁殖苗多次移栽，具有 5～6 片羽状叶时定植，每盆一株。在阴凉处恢复后，移入遮阳环境栽培，生长阶段应遮阳 70％以上。保持土壤湿润，空气湿度在 75％～85％，每个月施稀薄液肥一次。家庭种植时要注意空气湿度，如室内干燥则每天向叶面喷水 2～3 次，在托盘中加水增加湿度，摆放处最好是有散射光。

二、巢蕨的栽培管理

巢蕨又名雀巢蕨、雀巢羊齿、鸟巢蕨等，铁角蕨科铁角蕨属多年生常绿附生草本，株高可达 120 cm。株形丰满，叶色碧绿，孢子叶簇生呈鸟巢状，别致可爱，家庭栽培时可让人感觉到热带雨林气氛。常见品种有'台湾巢蕨''羽叶巢蕨''圆叶巢蕨''鱼尾巢蕨''皱叶巢蕨'等。

原产于亚热带地区，在热带地区可附生于有青苔的大树上。喜温暖、湿润的阴湿环境，在温暖、多湿条件下可终年生长，无休眠期。

1. 基质 喜疏松、透气、持水性好且富含腐殖质的微酸性土壤，一般采用泥炭栽培，也可用细木屑与水苔混合或用腐叶土栽培。不能在黏土或一般的园土中生长。

2. 光照 不耐强烈的光照，半阴或散射光即可满足其生长需求，可在荫蔽处欣赏多日。强烈的光照会灼伤叶面，导致叶色变劣，使观赏价值大大降低。

3. 温度 喜温暖，不耐寒，生长环境需要保持 15 ℃ 以上的温度，最低不可低于 10 ℃。生长适温 18～28 ℃，高于 35 ℃ 则生长变缓。

4. 湿度 特别喜欢湿润的环境，在干燥的环境下生长不良，出现枯边、卷曲等症状。空气湿度保持在 80%～95% 最适宜，在生长温度范围内，需要每天向植株喷清水增湿。

5. 施肥 喜以氮、钾为主的肥料，可每月浇灌一次以氮、钾为主的稀薄液肥以满足生长需求。不可施浓肥与生肥。

6. 繁殖 分株繁殖与孢子繁殖为主。分株繁殖适于生长旺盛、叶片密集的植株，连叶带根切割分为 2～3 株，至少每株要带有 5～7 片叶，分别栽于花盆中，置于阴湿处养护，直到新叶长出证明已成活。孢子繁殖一般在春末夏初进行，待成熟的叶片背面长出褐色的孢子囊时，将长有孢子囊的叶片切下，放在透气的纸袋中，等叶片枯萎，孢子从囊中释放出时，用湿润的泥炭铺满浅盆，将孢子撒播在盆中后覆盖一层透明的玻璃或塑料薄膜以保持湿度，幼苗长出 3～5 片叶时再移植。也可将湿润的泥炭放在成熟的植株附近，让孢子自然下落萌芽。

7. 病虫害 一般没有病虫害发生，只有空气干燥时有红蜘蛛危害，用专门的药剂喷施即可。还有个别植株会受炭疽病危害，可在发病初期喷施 50% 多菌灵 600 倍液进行防治。

任务三　观赏凤梨的栽培技术

一、形态特征

观赏凤梨为凤梨科观赏植物，其株形优美，叶片和花穗色泽艳丽，花形奇特，花期可长达 2～6 个月，是新一代室内盆栽花卉。

二、繁殖方法

观赏凤梨小规模生产和家庭栽培时，一般采用蘖芽扦插。观赏凤梨原株开花前后基部叶腋处产生多个蘖芽，待蘖芽长到 10 cm 左右长，有 3～5 片叶时，用利刀在贴近母株的部位连着短缩茎一起切下，伤口用杀菌剂消毒后稍晾干，蘸浓度为 300～500 mg/kg 的萘乙酸溶液，扦插于珍珠岩、粗沙或培养土中，保持基质和空气湿润，并适当遮阳，1～2 个月后有新根长出，可转入正常管理。注意蘖芽太小时扦插不易生根，繁殖系数低。

三、栽培管理

1. 栽培基质 生产栽培的观赏凤梨多为附生种，要求基质疏松、透气、排水良好，pH 呈酸性或微酸性。生产上宜选用通透性较好的材料，如树皮、松针、陶粒、谷壳、珍珠岩等，并与腐叶土或牛粪混合使用，如三份松针加一份泥炭和一份牛粪，或三份泥炭加一份沙和一份珍珠岩等。

2. 肥水管理 附生的观赏凤梨根系较弱，主要起固定植株的作用，吸收功能是次要的。其生长发育所需的水分和养分，主要贮存在叶基抱合形成的叶杯内，靠叶片基部的吸收鳞片吸收。即使根系受损或无根，只要叶杯内有一定的水分和养分，植株就能正常生长。夏、秋生长旺季每1~3 d向叶杯内淋水一次，每天向叶面喷雾1~2次。要保持叶杯内有水，叶面湿润，土壤稍干；冬季应少喷水，保持盆土潮润，叶面干燥。观赏凤梨对磷肥较敏感，施肥时应以氮、钾肥为主，氮、磷、钾比例以10∶5∶20为宜，浓度宜为0.1%~0.2%。可用0.2%尿素或硝酸钾等化学性完全肥料，生产上也可用稀薄的矾肥水（出圃前需用清水冲洗叶丛中心），可叶面喷施或施入叶杯内，生长旺季每1~2周喷一次，冬季每3~4周喷一次。

3. 环境调控 观赏凤梨的生长适温为15~20 ℃，冬季应不低于10 ℃，湿度要保持在70%~80%。我国北方地区夏季炎热，冬季严寒，空气较干燥，要使其能正常生长，需人工控制其生长的微环境。夏季可采用遮阳法和蒸腾法降温，使环境温度保持在30 ℃以下。5月在温室棚膜上方20~30 cm处加透光率为50%~70%的遮阳网，既能降温又能防止凤梨叶片灼伤。在夏季中午前后气温高时，用微喷管向叶面喷水，一般每隔1~2 h喷5~10 min，具体根据气温、光照而定，使叶面和环境保持湿润，同时加大通风量，通过水分蒸发降低叶面温度，增加空气湿度。冬季用双层膜覆盖，内部设暖气、热风炉等加温设备维持室内温度在10℃以上，凤梨即能安全越冬。

4. 花期控制 观赏凤梨的自然花期以春末夏初为主，为使凤梨能在元旦、春节开花，可人工控制花期。用浓度为50~100 mg/kg的乙烯利水溶液灌入凤梨已排干水的叶杯内，7 d后倒出，换清洁水倒入叶杯内，处理后2~4个月即可开花。

任务四　天南星科植物的栽培技术

一、天南星科植物的类型

天南星科观叶植物均具有独特的叶形、叶色，是优良的室内观赏植物，最有代表性的主要有以下五类。

1. 白鹤芋类 该类植物具有大型的白色佛焰花苞，主要栽培种类有绿巨人、白鹤芋等。

2. 黛粉叶类 该类植物原产于热带美洲，株高30~90 cm，花直立，节间短，叶长椭圆形，略波状缘，叶面泛布各种乳白色或乳黄色斑纹或斑点，性耐阴，叶色绿意婷婷。主要栽培品种有'玛丽安''黄金宝玉''天堂万年青'等。

3. 粗肋草类 该类植物原产于热带亚洲，株高30~50 cm，耐阴性强，叶形变化多，主要栽培品种有'银皇后''黑美人''银河''银皇帝'等。

4. 蔓绿绒类 该类植物原产于热带美洲，大多数呈现蔓性或半蔓性，茎能生长气根攀附他物生长。叶形按品种而别，有圆心形、长心形、卵三角形、羽状裂叶、掌状裂叶等，叶色有绿、褐、红、金黄等。成株开花为佛焰花序，四季葱葱，绿意盎然，耐阴性强。主要栽培品种有'绿帝王''奥利多''青龙利''阳光蔓绿绒''黄金葛吊盆'等。

5. 合果芋类 该类植物原产于中南美洲，叶形多为箭形，茎具蔓性可攀附他物生长，常培植成爬柱型盆栽。

除了以上几类外，天南星科观叶植物常见的栽培种类还有观音莲、海芋、龟背竹、喜林芋等。

二、天南星科植物的繁殖方法

天南星科观叶植物的繁殖方法有扦插、分株、组织培养等，大多以扦插为主，各类植物繁殖方式见表12-2。

表 12-2　天南星科植物繁殖方法

属名	扦插	分株	组织培养
粗肋草	O	×	—
白鹤芋	O	O	—
黛粉叶	O	×	O
蔓绿绒	O	O	—
观音莲	×	O	—
合果芋	×	O	—

注：O 表示较常用，×表示不太常用。

只要有间歇喷雾的设备及排水良好的基质，天南星科观叶植物扦插发根就较容易。扦插基质一般采用椰糠与珍珠岩的混合物，比例一般为 1∶1，扦插温度要求白天 25～35 ℃，晚上不低于 22 ℃，尤其在冬季低温时期，温度控制更为重要。组织培养法可大量繁殖无病毒的种苗，除了粗肋草属外，其他天南星科观叶植物一般都可用此法来繁殖。

三、花烛的栽培管理

花烛是天南星科花烛属植物，其翠叶欲滴，佛焰苞猩红亮丽，肉穗花序"镶金嵌玉"，越来越受到人们的喜爱。

花烛主要采用分株、扦插、播种和组织培养进行繁殖。分株结合春季换盆，将有气生根的侧枝切下种植，形成单株，分出的子株至少保留 3～4 片叶。扦插是将老枝条剪下，去除叶片，每 1～2 节为一插条，插于 25～35 ℃的插床中，几周后即可萌芽发根。人工授粉的种子成熟后，立即播种，保持温度 25～30 ℃，两周后即可发芽。近年内花烛盆花的市场销量日渐增多，为大量发展花烛，现也采用组织培养法进行大量繁育。

花烛喜温暖、湿润、空气流通的环境。在室内栽培养护时应注意以下几点。

1. 控制好室温 花烛生长的最适温度为 18～28 ℃，最高不超过 35 ℃，最低为 14 ℃，低于 10 ℃将产生冻害。夏季当温度高于 32 ℃时须采取降温措施，如加强通风、多喷水、适当遮阳等。冬季如室内温度低于 14 ℃，须进行加温。

2. 保持较高的空气湿度 花烛生长需较高的空气湿度，一般不应低于 50%，高温高湿有利于花烛生长。当气温在 20 ℃以下时，保持室内的自然环境即可；当气温达到 28 ℃以上时，可采用喷雾来增加叶面和室内空气的相对湿度，以创造高温高湿的生长环境。冬季即使室内气温较高也不宜过多降温保湿，因为夜间植株叶片过湿反而会降低植株的抗寒能力，容易产生冻害。

3. 控制好光照 光照过强可能造成叶片变色、灼伤或焦枯等现象。光照管理成功与否，直接关系到盆花的质量好坏，关系到花的多少。花烛是喜阴植物，因此，在室内宜放置在有一定散射光的明亮之处，千万注意不要将花烛放在有强烈太阳光直射的环境中。

4. 水肥管理要恰当 花烛属于对盐分较敏感的花卉，水的含盐量越少越好，最好用自来水浇水。肥料往往结合浇水一起施用，一般选用氮、磷、钾比例为1∶1∶1的复合肥，将复合肥溶于水后，用浓度为千分之一的液肥浇施。春、秋两季一般每3 d浇一次肥水，如气温高可视盆内基质干湿情况每2～3 d浇一次肥水；夏季可每2 d浇一次肥水，气温高时可加浇水一次；冬季一般每5～7 d浇一次肥水。

5. 换盆时基质要疏松 可用泥炭、叶糠和珍珠岩按3∶2∶1的比例配成混合土使用。

6. 家庭养护 夏季可放在房间的阴面或厅内有散射光的位置，也可放在室外阳光直射不到的地方。冬季应放在房间的阳面，夜间可放在窗帘里面或离热源较近的位置。

四、龟背竹的栽培管理

龟背竹为天南星科龟背竹属植物。其叶形奇特，孔裂纹状，极像龟背。茎节粗壮似罗汉竹，气生根深褐色，纵横交差，形如电线。龟背竹叶片常年碧绿，极为耐阴，是有名的室内大型盆栽观叶植物。

龟背竹常用中小盆种植，置于客厅、卧室和书房；也可以用大盆栽培，置于宾馆、饭店或花园的水池边和大树下，颇具热带风光。其叶片还能作插花叶材。

龟背竹繁殖容易，可用扦插和播种繁殖。龟背竹栽培容易，为了缩短生长周期，提高观赏效果，养护上应注意以下几点。

1. 怕强光暴晒 龟背竹是典型的耐阴植物，规模性生产须设遮阳设施，可用50％遮阳网，尤其是播种幼苗和刚扦插成活的苗，切忌阳光直射，以免叶片灼伤。

2. 畏空气干燥 龟背竹自然生长于热带雨林中，喜湿润，但盆栽土积水会导致烂根，使植株停止生长，叶片下垂，失去光泽。浇水应掌握"宁湿勿干"的原则，要经常保持盆土潮湿，但不能积水。

3. 宜薄肥勤施 龟背竹是比较耐肥的观叶植物，为使多发新叶，叶色碧绿有自然光泽，生长期应每半月施一次肥，施肥时注意不要让肥液沾到叶面。同时，龟背竹的根比较柔嫩，忌施生肥和浓肥，以免烧根。

4. 要绑扎整形 龟背竹为大型观叶植物，茎粗叶大，特别是成年植株分株时，要设架绑扎，以免倒伏。

天南星科花卉对水培条件有着极大的适应性，适宜水培的有广东万年青、绿萝、花叶万年青、春羽、龟背竹、绿巨人、合果芋、海芋、花烛、马蹄莲等。其中，马蹄莲、花烛等，还能在水培条件下开出鲜艳的花朵来。

任务五　棕榈科观叶植物的栽培技术

棕榈科是一群生长形式非常独特的植物，大型叶成丛地生长于枝干的顶部，枝干通常不分枝而呈现单一通直的样子，由地面的基部到长叶的顶端，上上下下几乎都是同样的粗细。特殊的造型，加上大部分种类都生长在温暖的区域，给人带来热带风情的感觉，因而受到大部分人的喜爱，成为重要的景观植物。常见栽培的有袖珍椰子、散尾葵、软叶刺葵、棕竹、短穗鱼尾葵、蒲葵等。

一、生态习性

1. 光照 棕榈科植物多为阳性植物，但不同的棕榈科植物对光照的要求不同，大多数种类要求充足的光照，在缺少光照的荫蔽环境下，会使幼龄植物茎叶徒长。但也有耐阴类型如棕竹、单叶省藤等和半耐阴类型如散尾葵、竹节椰子等。

2. 温度 绝大多数棕榈科植物都原产于热带与亚热带地区，它们正常生长的温度以22～30 ℃为宜，低于15 ℃则进入休眠状态，而高于35 ℃也不利于其生长。但也有的种类对温度的适应范围较广，如棕榈可耐−15 ℃的低温。

3. 水分 棕榈科植物适于在雨量充沛的地区种植，在年降水量为1 300～2 600 mm的地区均可生长良好。在雨量较少或旱期较为显著的地方，只要地下水供应充足，也可正常生长。适宜的相对湿度对棕榈科植物的生长发育也很重要。

4. 湿度 实践证明，大多棕榈科植物对空气相对湿度十分敏感，热带棕榈在空气相对湿度低的环境下生长不良，而沙漠棕榈则在空气相对湿度高的环境下容易腐烂死亡。绝大多数棕榈科植物喜空气相对湿度为70%～90%，如遇干旱、空气过于干燥，则会严重影响其生长。

5. 土壤 多数棕榈科植物喜生长于富含腐殖质的酸性土壤中，特别是原产于热带与亚热带地区的棕榈科植物，对肥沃呈酸性的土壤较为适应。也有部分种类的适应性更广一些，如海枣、欧洲矮棕和长穗棕属中的大多类，能在不同的土壤中生长，但还是在疏松、湿润、排水良好、土层深厚、pH5.0～6.5的冲积土或黏壤土中生长最佳。

二、繁殖方法

一般都采用种子繁殖。具体如下所述。

4月初，种子萌芽后即可播种。先在播种床上挖条播沟，开挖深度为2～3 cm，播种密度为行距40 cm、株距30 cm，播后用菌根土覆盖，浇透水。以后视土壤干湿程度及时浇水，要经常保持圃地处于半墒状态，两个月后会长出幼苗。

幼苗长出后，要及时松土、除草、防治病虫害，拔掉病苗和弱小苗。夏季多浇水，春、秋两季的浇水量可适当少一些。结合平时浇水可施一些0.5%尿素液肥，促使其加速生长。9月以后应停止追肥，以免苗木徒长，影响木质化进程，不利于苗木越冬。在冬季要做好防冻工作，可采用在圃地上盖草、圃地四周烧火土灰等方式进行处理。

三、栽培管理

1. 盆栽技巧 有些棕榈科植物长有肉质的白色粗根，沿着盆土的外缘盘绕生长，常常从容器的排水孔中穿出。较细的营养根也能在培养土表面伸展。细根无须照料，但切不可损坏粗根。虽然根部受到一点损伤并不会导致整株死亡，但是生长可能会停止，或者会有好几个星期生长非常缓慢。

2. 水肥管理 棕榈科植物在幼株时或刚移栽未成活之前需要较细心的管理与照顾，

成熟后可逐渐转为粗放管理。一般在苗木移栽时应淋足定根水，在苗木生长发育过程中应经常保持土壤湿润，干旱时每天淋水一次。浇水量因种类不同而异。除定植时要下足基肥外，小苗每隔1～2个月追施一次有机肥或复合肥。大苗常在苗木移植成活后，于生长季内（5～10月）每季度追肥一次，有机肥或复合肥均可，仲秋气温降低时，少施氮肥。温度低于15℃时，应停止施肥，以免使生长的新叶遇低温受寒害。

3. 防寒防冻 暂时不要去掉仍有一定绿色组织的叶片，最好能将冻死的叶片暂时保留下来，直到低温气候结束为止。

4. 其他 若光照经常不足，植物生长也会变得缓慢，并逐渐衰萎。尤其是丛生种，侧芽的分蘖需要光线充足，即萌发侧芽的季节要注意透光补光。少数较耐阴的种类，如棕竹、竹节椰子、袖珍椰子、鱼尾椰子等，保持40%～70%的光照最佳，并严禁植株种植或摆放过密，且要及时修除枯叶、病叶及下垂叶等，以增加透光性及减少病虫源。

5. 病虫害
（1）病害：主要有叶斑病、叶枯病、腐烂病等。
（2）虫害：主要有白蚁、介壳虫、红棕象甲、椰心叶甲等。

任务六　竹芋科植物的栽培技术

竹芋科植物原产于美国中北部的热带雨林，20世纪中期才传到欧洲大陆。常见的竹芋科观叶植物主要是肖竹芋属的一些种类，如孔雀竹芋、玫瑰竹芋、豹纹竹芋、清秀竹芋、红羽竹芋、银心竹芋、银影竹芋、箭羽竹芋、红线竹芋等。

一、繁殖方法

竹芋科植物一般采用分株繁殖，春季气温20℃左右时繁殖最理想，但只要气温、湿度适宜，也可全年进行。繁殖时用利刀将带有茎、叶或叶芽的根块切开；少量繁殖时可将切割的带茎、叶及叶芽的根块直接置于泥盆中；大量繁殖时应将根块置于苗床上；温度、湿度达不到要求时应用薄膜覆盖，一定要使薄膜内的温度达到20～28℃，湿度在80%以上。扦插繁殖一般用顶尖嫩梢，插穗长10～15 cm，视叶片大小保留叶片的1/3或1/2，插穗用0.05%萘乙酸溶液处理2～3 s，也可用吲哚乙酸、吲哚丁酸及ABT生根粉处理。插穗处理后插于苗床，株行距以5 cm×10 cm为佳。上用薄膜弓棚覆盖，管理方法同分株繁殖一样。扦插繁殖只要温度不低于20℃，任何时候都可进行。插穗30～50 d生根，但扦插成活率不如分株繁殖高，一般在50%左右。近年应用组织培养技术，繁殖系数提高，可以大规模生产。

二、栽培管理

竹芋科植物一般为阴生植物，要尽量避免阳光直射，透光率一般掌握在30%～50%。春季出暖房后（长江流域于5月上中旬出暖房为宜），可用双层芦帘遮阳。经常保持盆土湿润，尽量增加空气湿度，最好能达80%以上；可用喷雾、加湿器加湿。气温过高时要通过遮阳、喷雾来降温加湿。每月需施腐熟的有机肥1～2次，施肥要稀薄、次多、量少，施肥后要用清水喷洗叶面，以防灼伤。盆土的配制可用松针、糠灰、腐熟的饼肥（或厩肥或其他有机肥）按 6：3：1 的比例配制；配制的营养土需为微酸性。上盆宜用泥盆，用于室内装饰时应用紫砂套盆。换盆一般每 1～2 年一次，也可在分株繁殖时进行；只要温度适宜可全年进行。换盆时可适量剪去盆边的老根，上盆后及时浇足水，置于阴凉处。

任务七　龙舌兰科观叶植物的栽培技术

龙舌兰科植物属多年生常绿大型草本，原产于墨西哥。因其叶片坚挺，四季常青，为南方园林布置的重要植材之一，长江流域及以北地区常作温室盆栽。喜排水良好、肥沃、湿润的沙壤土。在原产地一般要几十年才开花，开花后母株枯死，异花授粉才能结实。

常见的龙舌兰科观叶植物主要是龙血树、香龙血树（巴西铁）、富贵竹、朱蕉、千年木、荷兰铁、酒瓶兰等。

一、常见龙舌兰科植物的繁殖方法

龙舌兰科植物的繁殖多用播种法，也可扦插。由于龙舌兰科植物需要较长时间才能开花，种子采收不易，所以栽培者很少能用自采的种子繁殖。播种一般在 3～4 月进行，播后 20～25 d 发芽。苗高 4～5 cm 时盆栽，幼苗生长缓慢，第二年可供观赏。有时也会萌生侧枝，可以扦插，具体方法是在春季选取母株上自然蘖生的侧枝作插穗，切下稍晾干后插于沙床内，增加空气湿度，插后 15～20 d 可生根。用侧枝扦插后要形成酒瓶状的树干又相当慢，因此，可将茎部不端正的部位切除，埋干繁殖，使之长成新株。

二、巴西铁的栽培管理

巴西铁对光线的适应性强，在阴暗的室内可连续摆设观赏一个多月；在光线明亮的室内可长期摆设供观赏。高低错落种植的巴西铁，枝叶层次分明，有"步步高升"之寓意。近几年来，巴西铁在我国南北各地广为引种栽培，尤其是华南地区繁殖、栽培较多。

目前栽培较多的园艺品种有'金心巴西铁'（'金心香龙血树'），叶片中肋为金黄色条纹，两边绿色；'金边巴西铁'（'金边香龙血树'），叶片边缘呈金黄色纵纹，中央为绿色。这两个园艺品种观赏价值较高，受到人们的喜爱。巴西铁喜高温、高湿及通风良好的环境，较喜光亦耐阴，但怕烈日，忌干燥、干旱。生长适温 20～28 ℃，冬季 13 ℃以下要注意防寒，否则会导致叶片干枯，越冬温度为 5 ℃。

巴西铁较耐肥，适于疏松、排水良好、含腐殖质丰富的肥沃沙壤土。盆栽巴西铁时，可用菜园土、腐叶土、泥炭、河沙按 4：2：2：1 的比例混合作栽培基质，或用 2/3 细碎肥沃的塘泥（晒干）加 1/3 粗河沙拌匀混合配制成培养土。如选用茎干粗大的巴西铁进行种植，培养土可用椰糠、泥炭（或菜园土）、河沙等量混合制成。上盆后，淋足定根水，放置在光线较明亮的室内或荫棚内养护。盆土应保持湿润，并经常向叶面喷水，以提高周围环境的空气湿度。但盆土不宜积水，以免通风透气不良引起烂根。巴西铁生长适温为20～28 ℃，休眠温度为 13 ℃，越冬温度为 5 ℃，故巴西铁生长期在春、夏、秋三季，生长期内晴天每天浇水一次，并向叶面喷水 1～2 次。秋末后宜控制浇水量，保持盆土微湿即可。冬季应控制浇水，保持盆土半干半湿，如淋水过多会导致烂根、叶焦。生长期每隔

15~20 d 施一次液肥，或施 1~2 次复合肥，以保证枝叶生长茂盛。施肥宜施稀薄肥，切忌浓肥，9 月以后停止施肥，冬季移入室内越冬。巴西铁对光照适应范围较广，但不耐强光，尤其是 5~10 月的强光照会导致叶片泛黄或叶尖枯焦，应注意遮阳，给较明亮的散射光即可。它虽耐阴，但过于荫蔽也会使叶色暗淡，尤其是斑叶品种，叶面上的斑纹容易消失，降低观赏价值。对斑纹品种，施肥要注意降低氮肥比例，以免引起叶片徒长，并导致斑纹暗淡甚至消失。另外，市场流行的大型柱巴西铁大多从原产地引进，其大型柱无叶片、不带根，是多年生的茎干本身含养分和水分，且茎干上的隐芽具有很强的再生能力，因装饰的需要，将其锯成不同长度的茎干进行种植，但茎段尾端用石蜡封口，以防失水或感染病害；在栽种过程中应适当疏松盘土，以利于生根，并经常向茎段喷水，以保持一定的湿度，促隐芽抽长芽体。为了使叶芽生长旺盛，每年春季换盘、换土一次。换盆时，应将旧土换掉 1/3，再换入新的沙土，同时修整叶茎、茎干下部老化枯焦的叶片。在日常养护中，巴西铁茎干处常有天牛等害虫蛀心或咬蚀皮层，造成植株腐心或脱皮，一旦发现可用 50%敌敌畏 800~1 000 倍液喷杀。

三、虎尾兰的栽培管理

虎尾兰别名虎皮兰、锦兰，龙舌兰科虎尾兰属多年生草本，变种有金边虎尾兰、银脉虎尾兰。

将虎尾兰放置在家中，除了可以供观赏外，还可以吸收屋内的甲醛等有害物质，特别是新装修的房屋或新购置家具后，效果更明显。

虎尾兰的繁殖可用分株和扦插的方法。

（1）分株繁殖。适合所有品种的虎皮兰，一般结合春季换盆进行，方法是将生长过密的叶丛切割成若干丛，每丛除带叶片外，还要有一段根状茎和吸芽，分别上盆栽种即可。

（2）扦插繁殖。仅适合叶片没有金黄色镶边或银脉的品种，否则会使叶片上的黄、白色斑纹消失。方法是选取健壮而充实的叶片，剪成 5~6 cm 长的小段，插于沙土或蛭石中，露出土面一半，保持稍有潮气，一个月左右可生根。

虎尾兰一般放置于阴处或半阴处，但也较喜阳光，但光线太强时，叶色也会变暗、发白。喜温暖，生长适温 18~27 ℃，低于 13 ℃即停止生长。冬季温度不能长时间低于 10 ℃，否则植株基部会发生腐烂，造成整株死亡。

浇水要适中，不可过湿。虎尾兰能耐恶劣环境和久旱，浇水太勤会使叶片变白，斑纹色泽也变淡。由春至秋生长旺盛，应充分浇水，冬季休眠期要控制浇水，保持土壤干燥。浇水要避免浇入叶簇内。用塑料盆或其他排水性差的装饰性花盆种植时，切忌积水，以免造成根部腐烂。

施肥不应过量。生长盛期，每月可施肥 1~2 次，施肥量要少。长期只施氮肥，叶片上的斑纹就会变暗淡，故一般施用复合肥。也可在盆边土壤内均匀地埋三穴熟黄豆，每穴 7~10 粒，注意不要与根接触。从 11 月至翌年 3 月停止施肥。

对土壤要求不严，在很小的土壤体积内也能正常生长，喜疏松的沙土和腐殖土，耐干旱和瘠薄。生长很健壮，即使根布满了盆也不会抑制其生长。一般每两年换一次盆，在春季进行，可在换盆时配合施用标准的堆肥。

 项目小结

室内观叶植物种类繁多，由于原产地的自然条件悬殊，所以它们对光照、温度、水分、土壤及营养的要求各不相同。另外，不同的室内空间和室内的不同区域，其光照、温度、空气湿度等亦有很大差异，故室内摆放植物，必须根据具体位置的具体条件，选择适合的种类和品种，从而满足各种植物的生态要求，使植物生长健壮，达到最佳观赏效果。

探讨与研究

1. 如何依据室内环境选择室内观叶植物？
2. 室内观叶植物的繁殖方法有哪些？
3. 室内观叶植物对栽培基质有什么要求？
4. 观赏凤梨是如何栽培的？
5. 在室内栽培养护花烛时应注意哪几点？
6. 龟背竹的栽培要点有哪些？
7. 常见的棕榈科植物的生态习性是怎样的？
8. 竹芋科植物是如何繁殖的？
9. 常见龙舌兰科植物的繁殖方法有哪些？
10. 虎尾兰是如何栽培养护的？

项目十三　多肉植物

📖 项目导读

多肉植物种类繁多，或体态清雅而奇特，或花朵艳丽而多姿，颇富趣味性和观赏性。这类植物在园林中广泛应用，既可盆栽观赏，又可露地栽培点缀环境，还有部分种类可作为食用植物、药用植物或工业原料植物等。很多地方常因这类植物的生态特殊性而辟设专类园，用于科学研究及向人们普及科学知识，使人能够充分欣赏沙漠植物景观。

📖 学习目标

☑ **知识目标**

● 了解多肉植物的概念。
● 了解多肉植物的植物学特性与分类。
● 了解多肉植物与环境的关系及其繁殖方法。
● 了解哪些科中有多肉植物。
● 识别 10～15 种多肉植物。

☑ **技能目标**

● 掌握多肉植物在栽培管理中对环境条件的要求与其他花卉有哪些不同。
● 掌握多肉植物的繁殖方法，尤其是嫁接技术在多肉植物造型上的应用。
● 掌握多肉植物在园林中的用途。

📖 项目学习

任务一　概述

一、多肉植物的定义

植株的茎变态为肉质化程度高的掌状、球状及棱柱状，叶变态为针刺状或蜡质厚叶状，能在干旱环境中长期生存，具有这些特征的一群植物就是多肉植物，习惯上也称多浆植物。通常包括了仙人掌科和番杏科的所有植物以及景天科、大戟科、萝藦科、菊科、百合科、凤梨科、马齿苋科、葡萄科、鸭跖草科、酢浆草科、牻牛儿苗科、葫芦科等科中的部分植物。

多肉植物多数原产于热带、亚热带干旱地区或森林中，茎、叶具有发达的贮水组织，耐旱能力强，可在干旱环境中长期生存。主要特征表现在以下三方面。

（1）具有发达的薄壁组织，可以储存水分。

（2）表皮被毛、刺或角质层包裹，气孔少且经常关闭。

（3）通常在晚上吸收二氧化碳，能进行 C_4 循环。

二、多肉植物的特性与分类

（一）多肉植物的特性

（1）大多为多年生草本或木本，由于科属不同，所以个体大小悬殊，小的只有几厘米高，大的可高达几十米。

（2）具有高度发达的贮水组织，能耐长时间的干旱，耐旱能力极强。

（3）具有明显的生长期与休眠期，一般雨水充沛的 5～9 月为生长期，10 月至次年4 月雨量较少的这段时间为休眠期。

（4）初花的时间与植株的年龄有一定的相关性。从播种到开花，植株较大的需要的时间长，植株较小的则需要的时间短。花型差别也很大，有菊花型、梅花型、星型、漏斗型等，花色相当丰富，花朵大小悬殊。

（二）多肉植物的分类

1. 按植物学分类系统划分

（1）仙人掌科与番杏科的全部种类都属于多肉植物。

（2）景天科、大戟科、百合科、萝藦科的大部分种类属于多肉植物。

（3）菊科、凤梨科、酢浆草科、葡萄科、鸭跖草科、马齿苋科、夹竹桃科、薯蓣科、西番莲科的少部分种类属于多肉植物。

2. 按产地及生态特性划分

（1）沙漠地生型。该类植物原产于热带、亚热带干旱地区或沙漠地区，在土壤及空气极为干燥的情况下，借助于茎、叶内的水分而存活。一般分布于非洲及墨西哥，适于干旱、强光照、雨旱交替的生长环境。如金琥、仙人掌、生石花等。

（2）雨林附生型。该类植物原产于热带森林，附于树干或岩石上生长。一般分布于南美及中美洲，适于温暖、湿润、有机质丰富、土壤 pH 低、光照弱的生长环境。如昙花、蟹爪兰、量天尺等。

（3）高山地生型。该类植物原产于热带、亚热带高山干旱地区，受高山光照及大风的影响，它们常低矮呈莲座状。一般分布于亚洲及欧洲的中、南部，适合在干旱、冷凉的岩石或荒坡上生长，如莲花掌属植物。

3. 按植株的形态划分

（1）叶多肉型植物。该类植物叶高度肉质化，而茎的肉质化程度较低，部分种类的茎带一定程度的木质化。如番杏科、景天科、百合科的一些植物。

（2）茎多肉型植物。该类植物的贮水组织主要分布在茎部，部分种类茎分节、有棱和疣突，少数种类具稍带肉质的叶，但一般早落。以大戟科和萝藦科的多肉植物为代表。

（3）茎干状多肉型植物。该类植物的肉质部分集中在茎基部，而且这一部位特别膨大。膨大的茎基形状因种类不同而不同，但以球状或近似球状为主，有时半埋入地下，无节、无棱、无疣突。以薯蓣科、葫芦科和西番莲科的多肉植物为代表。

三、多肉植物的观赏利用

（一）多肉植物的观赏特性

1. 花朵色彩艳丽　多肉植物的花色以白、黄、红等为多，多数花朵不仅有金属光泽，重瓣性也较强，且晚上开白花的种类还有芳香。从着生位置看，有侧生花、顶生花、沟生花等。花的形态变化也很丰富，如漏斗状、管状、钟状及辐射状、左右对称状等。

2. 体态奇趣横生　多数多肉植物都具有特异的变态茎，如扇形、圆形、多角形、球形或不规则形等，趣味性强，具有较高的观赏价值。

3. 棱形棱数各异　多肉植物的棱肋通常突出于肉质茎的表面，有上下竖向贯通的，有呈螺旋状排列的，有锐形、钝形、瘤状、螺旋状、锯齿状等多种形状。棱数各异，有2条棱的，如昙花属、令箭荷花属植物；有3条棱的，如量天尺属植物；有5～20条棱的，如金琥属植物。

4. 刺形多变　多数多肉植物的变态茎上着生刺座（刺窝），刺座的大小及排列方式因种类不同而有变化。刺座上除着生刺、毛外，有时也着生茎节或花朵。刺的形状有刚毛状、毛鬃状、针状、钩状、栉齿状、麻丝状、舌状、突锥状等，刺形多变，刚直有力，观赏性强。

（二）多肉植物的应用

多肉植物种类繁多，趣味性强，在园林中应用广泛。有用于盆栽观赏的，有用于地栽作为花坛或地被植物的；也有以这类植物为主体而辟为专类花园供欣赏及普及科学知识的；还有部分种类可用作篱垣。

四、多肉植物对环境条件的要求

（一）温度

除少数原产于高山的种类外，大多数多肉植物都需要较高的温度，生长期内最低温度不能低于18℃，生长适温25～32℃。冬季能够忍耐的最低温度因种类而异，地生类需要大于5℃才能安全越冬，而附生类则需要大于12℃才能安全越冬。

（二）光照

原产于沙漠、半沙漠、草原等干热地区的多肉植物，在旺盛生长期要求阳光适宜、水分充足及温度较高；在低温休眠期，干燥与低光照条件下更易越冬。在不同的生长期，对光照的需求也有差别，幼苗期需光较少。不同的种类对日照的长短要求也不一样，如蟹爪兰、仙人指、伽蓝菜等是典型的短日照植物。

附生型仙人掌原产于热带雨林，终年不需要强光直射，喜散射光。但冬季不休眠，宜给予适当的光照。

（三）水分

多肉植物大多有生长期与休眠期交替的规律，在生长期有足够的水分能保证其旺盛生长，但要防积水及忌用硬水和碱性水；休眠期需水较少，甚至完全不需要浇水。总体来说，多肉植物耐旱能力极强，栽培时要按"干透浇透"的原则浇水，防止积水引起腐烂。

（四）施肥

生长期每 1～2 周施淡液肥一次（可用饼肥液），肥液不要沾在茎、叶上；休眠期不施肥，高温期不施肥。株形小巧者要注意控制水肥，附生型需要较多的氮肥。

（五）栽培基质

要求基质的排水、通气性良好，对基质含氮量和有机质含量的要求较低（除附生型）。基质颗粒直径宜 2～16 mm，最好用沙与砾石混合配制栽培基质。基质 pH 要控制在 5.5～6.9，不能高于 7。

（六）空气

高温、高湿时，若空气流通不畅则对生长不利，易引发病虫害甚至导致腐烂。

五、多肉植物的繁殖方法

（一）种子繁殖

多肉植物在室内栽培时因光线不足或授粉不良而花后不结实，可采取人工辅助授粉的方法促进结实，通常授粉后 50～60 d 果实成熟，多数果实为浆果。采种后取出种子备用。以春、夏季为最佳播种时期，在播种前 2～3 d 浸种催芽，选择疏松、排水好的基质作为播种用土进行盆播，温度保持在 24 ℃有利于提高种子的发芽率。

（二）扦插繁殖

通常以子球、团扇、叶片等营养器官作为扦插材料，切取时应选择健壮已成熟的，并注意保持母株株形完整。插穗切取后不宜立即扦插，应置于阴处 4～5 d 待伤口晾干后再扦插。适宜的扦插环境能提高扦插成活率。

（1）温度：扦插适温为 20～25 ℃，若基质温度高于空气温度 3～5 ℃则更有利于生根。

（2）湿度：基质不能过湿，仅昙花、令箭荷花、量天尺等需要较高的空气湿度。

（3）光照：光照不能过强，应适度遮阳。

（4）基质：基质宜为颗粒状且通气性能良好。

（5）时期：5～6 月扦插为宜，常在植株生长的初、中期进行。梅雨季节扦插易腐烂，盛夏和冬季扦插生根慢。

（6）注意事项：要用已消毒的无锈利刀切取插穗；扦插深度不宜过深；用 0.02% 萘乙酸溶液处理可促进生根；生根后要及时上盆，服盆期间不要浇水，并适当遮阳。

（三）分生繁殖

分生繁殖方法简单、成苗快，是一些单子叶多肉植物未结实前的最适繁殖方法。分生繁殖又可分为分株繁殖、吸芽繁殖、走茎繁殖、鳞茎繁殖、块茎繁殖等。

（四）嫁接繁殖

1. 适用情况 自身光合能力差的种类（如绯牡丹、金柳）；分枝低或下垂种类（如仙人指、蟹爪兰）；根系不发达及珍贵稀少的畸变种类；观赏造型需要时。

2. 嫁接方法 平接：适于柱状或球形的种类，如仙人球。劈接：适于茎节扁平的种类，如蟹爪兰。

3. 砧木　一般选用仙人掌、三棱柱、天轮柱、龙神木等作为砧木。

4. 嫁接要求　以春、秋季为适宜的嫁接时期；适宜嫁接愈合的温度为 20～25 ℃；嫁接 3 d 后才可浇水，且浇水时要避免伤口溅水；嫁接后放置在阴凉处，且不能经常搬动；嫁接约两周后可去掉绑扎线，并进行常规管理。

任务二　主要多肉植物

一、仙人掌科多肉植物

仙人掌科多肉植物主要有令箭荷花、昙花、蟹爪兰、金手指、金琥、大轮柱、仙人掌、绯牡丹、火龙果等。

1. 令箭荷花

别名：孔雀仙人掌、孔雀兰等。

学名：*Nopalxochia ackermannii*。

科属：仙人掌科令箭荷花属。

原产地：墨西哥。

习性：喜光照充足和通风良好的环境，炎热干燥的高温期要适当遮阳。有一定的抗旱能力，怕积水，宜疏松、肥沃的土壤。

用途：盛夏开花，适合室内摆设。

2. 昙花

别名：月下美人等。

学名：*Epiphyllum oxypetalum*。

科属：仙人掌科昙花属。

原产地：墨西哥和巴西的热带森林。

习性：喜温暖、潮湿、多雾的环境，不宜暴晒，生长适温 13～20 ℃，越冬温度宜在 10 ℃左右。要求排水好、富含有机质的偏酸性土壤。

用途：在夏、秋季夜间开放，花大，呈漏斗状，芳香，宜盆栽观赏。

3. 蟹爪兰

别名：圣诞仙人掌、蟹爪莲、仙指花等。

学名：*Schlumbergera truncata*。

科属：仙人掌科蟹爪兰属。

原产地：巴西。

习性：喜光喜热，短日照植物，最适生长温度为 15～25 ℃。宜疏松、肥沃的沙壤土。

用途：适合室内摆设。常见栽培品种的花色有大红、粉红、杏黄和纯白等。

4. 金手指

别名：黄金司等。

学名：*Mammillaria elongata* DC.。

科属：仙人掌科乳突球属。

原产地：墨西哥伊达尔戈州。

习性：喜温暖，生长适温 15～22 ℃，喜阳光充足，宜干燥，耐干旱。喜肥沃、排水良好的沙土。

用途：适合室内摆设。

5. 金琥

别名：象牙球、金琥仙人球等。

学名：*Echinocactus grusonii* Hildm. 。

科属：仙人掌科金琥属。

原产地：墨西哥中部圣路易斯波托西至伊达尔戈干燥炎热的沙漠地带。

习性：要求阳光充足，夏季可适当遮阳。越冬温度应保持 8～10 ℃，盆土要求干燥。在通气良好、肥沃并含石灰质的沙壤土中生长较快。

用途：盆栽观赏。

6. 量天尺

别名：三棱箭、三角柱、霸王鞭、龙骨花、火龙果、霸王花等。

学名：*Hylocereus undatus*。

科属：仙人掌科量天尺属。

原产地：墨西哥与美国交界的沙漠地区。

习性：喜温暖、干燥和阳光充足的环境，较耐寒，耐干旱和高温。要求含腐殖质丰富、排水好的沙壤土。冬季温度不低于 4 ℃。

用途：花期 5～9 月。可盆栽观赏，株高达 3～4 m，同时也可作绿化及专类园植物。

7. 仙人掌

学名：*Opuntia dillenii*。

科属：仙人掌科仙人掌属。

原产地：主要产自墨西哥、美国及南美热带地区，中国、印度、澳大利亚及其他热带地区也有分布。

习性：喜阳光充足，耐干旱，冬季要求冷凉、干燥。要求含腐殖质较多、排水良好的沙土或沙壤土，忌涝。

用途：花期 6～7 月。可盆栽、地栽观赏。

8. 绯牡丹

学名：*Gymnocalycium mihanovichii* var. *friedrichii*。

科属：仙人掌科裸萼球属。

原产地：南美洲。

习性：喜阳光，喜温暖，生长适温 20～25 ℃，耐干旱，宜潮湿环境。喜排水良好、含腐殖质多的肥沃壤土。

用途：盆栽或嫁接后盆栽观赏。

9. 火龙果

别名：仙蜜果、红龙果等。

学名：*Hylocereus undatus* 'Foo-Lon'。

科属：仙人掌科量天尺属。

原产地：北美洲热带地区。

习性：喜光耐阴，耐热耐旱，喜肥耐贫瘠，但在温暖、湿润、光线充足的环境下生长较快。宜含腐殖质多、保水保肥的中性土壤和弱酸性土壤。

用途：主要作水果栽培，还可盆栽观赏或作为篱笆植物。

二、其他科多肉植物

（一）番杏科

常见的有生石花、日中花、鹿角海棠、宝绿等。

1. 生石花（彩图 39）

别名：石头花、曲玉、元宝等。

学名：*Lithops pseudotruncatella*（Bgr.）N. E. Br.。

科属：番杏科生石花属。

原产地：南非。

习性：喜阳光，耐高温，通风不良时易烂根。怕低温，生长适温为 20～24 ℃，冬季温度需保持 8～10 ℃。忌强光及水涝，宜疏松的中性沙壤土。

用途：盆栽观赏。

2. 日中花

学名：*Atenia cordifolia*。

科属：番杏科露草属。

原产地：非洲南部。

习性：喜光，耐旱，忌涝，适宜温暖的环境和肥沃、疏松的土壤。

用途：可植于花坛、花境或草坪边缘，也可用于组合盆栽。

3. 鹿角海棠

别名：熏波菊等。

学名：*Astridia velutina*。

科属：番杏科鹿角海棠属。

原产地：非洲西南部。

习性：喜温暖、干燥、阳光充足的环境。不耐寒，耐干旱，怕高温。要求肥沃、疏松的沙壤土。冬季温度不低于 15 ℃。

用途：冬季开花，有白、红、淡紫等颜色，适于冬季室内盆栽观赏。

4. 宝绿

别名：舌叶花、佛手掌等。

学名：*Mesembryanthemum uncatum* Salm-Dyck。

科属：番杏科日中花属。

原产地：南非。

习性：喜冬暖夏凉而干燥的环境，生长适温 18～22 ℃，超过 30 ℃生长缓慢呈半休眠状态，越冬温度宜在 10 ℃以上。宜在肥沃、排水良好的沙壤土上生长。

用途：叶似翡翠，清雅别致，花金黄色，冬季开放，灼耀雅致，适合盆栽观赏。

（二）龙舌兰科

常见的有金边龙舌兰、狐尾龙舌兰、雷神、厚叶龙舌兰等。

1. 金边龙舌兰

别名：金边莲、金边假菠萝等。

学名：*Agave americana* 'Variegata' Nichols。

科属：龙舌兰科龙舌兰属。

原产地：美洲沙漠地带。

习性：喜阳光充足，宜富含有机质、肥沃的微酸性土壤。较耐干旱和瘠薄，忌涝，较耐寒冷，生长适温为 22～30 ℃。

用途：盆栽适于布置小庭院和厅堂，也可栽植在花坛中心、草坪一角，能增添热带风情。

2. 狐尾龙舌兰

别名：翠绿龙舌兰、皇冠龙舌兰、翡翠盘等。

学名：*Agave attenuata*。

科属：龙舌兰科龙舌兰属。

原产地：墨西哥。

习性：喜半阴环境，在阳光下生长亦很健壮。要求土壤干燥，但潮湿处也能生长，适应性强。

用途：适宜在庭园和公共绿地中种植，也可盆栽观赏。

3. 雷神

别名：棱叶龙舌兰等。

学名：*Agave potatorum*。

科属：龙舌兰科龙舌兰属。

原产地：墨西哥中南部。

习性：喜温暖、干燥和阳光充足的环境，较耐寒，略耐阴，怕水涝。宜肥沃、排水好的沙壤土。越冬温度不低于 4 ℃。

用途：常用于盆栽观赏，适合摆放在阳台、花架等处。

4. 厚叶龙舌兰

别名：鬼脚掌、箭山积雪、维多利亚女王（皇后）龙舌兰等。

学名：*Agave victoriaae-reginae*。

科属：龙舌兰科龙舌兰属。

原产地：墨西哥。

习性：喜阳光充足、温暖、干燥的环境，耐干旱，稍耐半阴和寒冷，怕暴晒及水涝。宜疏松、肥沃、排水良好的石灰质沙壤土。生长期 4～10 月，越冬温度要在 5 ℃以上。

用途：盆栽观赏或布置沙漠植物景观。

（三）百合科

常见的有芦荟、条纹十二卷、不夜城芦荟等。

1. 芦荟

别名：白夜城、中华芦荟、库拉索芦荟等。

学名：*Aloe vera*。

科属：百合科芦荟属。

原产地：地中海、非洲。

习性：喜阳光充足、温暖的环境，生长适温 15～35 ℃，怕寒冷及积水。宜疏松、排水性好的土壤。

用途：盆栽观赏或药用栽培。

2. 条纹十二卷

别名：锦鸡尾，条纹蛇尾兰等。

学名：*Haworthia fasciata*。

科属：百合科十二卷属。

原产地：非洲南部热带干旱地区。

习性：喜阳光充足和温暖、干燥的环境。怕低温和潮湿，生长适温 16～18 ℃，越冬温度不低于 5 ℃。对土壤要求不严，以疏松、肥沃的沙壤土为宜。

用途：盆栽观赏。

3. 不夜城芦荟

别名：大翠盘、高尚芦荟等。

学名：*Aloe perfoliata* L.。

科属：百合科芦荟属。

原产地：南非高原。

习性：喜温暖、干燥、阳光充足的环境，耐半阴及干旱，忌积水及过于荫蔽。生长适温 20 ℃，低于 0 ℃会受冻害。宜疏松、透气的沙土。

用途：盆栽观赏及药用栽培。

(四) 景天科

常见的有黑法师、钱串景天、莲花掌、长寿花等。

1. 黑法师

学名：*Aeonium arboreum* 'Zwartkop'。

科属：景天科莲花掌属。

原产地：非洲北部。

习性：喜温暖、干燥和阳光充足的环境，耐干旱，不耐寒，稍耐半阴。宜疏松、透气的沙土。

用途：盆栽观赏及药用栽培。

2. 钱串景天

别名：星乙女、串钱景天等。

学名：*Crassula marnieriana*。

科属：景天科青锁龙属。

原产地：南非。

习性：喜阳光充足、凉爽、干燥的环境，耐半阴，怕水涝，忌闷热潮湿。冷凉季节生长，高温季节休眠，为多肉植物中的"冬型种"。宜疏松、肥沃、排水透气性好的土壤。

用途：盆栽观赏或制作成瓶景、园艺景箱等。

3. 莲花掌

别名：大座莲等。

学名：*Aeonium arboreum*。

科属：景天科莲花掌属。

原产地：大西洋加那利群岛。

习性：喜凉爽，耐半阴，越冬温度要高于 10 ℃。要求空气湿度大，但土壤不宜过湿。宜肥沃、排水良好的沙壤土。

用途：叶大而美丽，花期 6～8 月，宜盆栽观赏，是理想的室内绿化植物。

4. 长寿花

别名：矮生伽蓝菜、圣诞伽蓝菜、寿星花等。

学名：*Kalanchoe blossfeldiana*。

科属：景天科伽蓝菜属。

原产地：非洲。

习性：喜温暖、稍湿润和阳光充足的环境，不耐寒，生长适温 15～25 ℃，耐干旱。短日照植物，对光周期反应敏感。宜疏松、肥沃的沙壤土。

用途：花期长，宜盆栽观赏。

（五）大戟科

常见的有虎刺梅、霸王鞭、玉麒麟、光棍树等。

1. 虎刺梅

别名：铁海棠、麒麟刺、麒麟花等。

学名：*Euphorbia milii* var. *splendens*。

科属：大戟科大戟属。

原产地：非洲马达加斯加岛。

习性：喜温暖、湿润和阳光充足的环境，耐高温，不耐寒，越冬温度不低于 12 ℃。宜疏松、排水良好的腐叶土。

用途：花期长，条件适宜时能四季开花，花形美丽，花色鲜艳。宜盆栽观赏，也可作篱垣植物。

2. 霸王鞭

别名：刺金刚等。

学名：*Euphorbia royleana*。

科属：大戟科大戟属。

原产地：马来群岛（非沙漠植物）。

习性：喜温暖、干燥、阳光充足的环境，不耐寒，耐高温，温度偏低时常落叶。对土壤要求不严，以疏松、肥沃的沙壤土为好。

用途：盆栽观赏或作绿篱。

3. 玉麒麟

别名：麒麟角、麒麟掌等。

学名：*Euphorbia neriifolia* L.。

科属：大戟科大戟属。

原产地：印度东部干旱、炎热、阳光充足的地区，为霸王鞭的带化变种。

习性：生长适温 22～28 ℃，30 ℃对其生长不利，35 ℃以上即进入休眠。不宜过阴和暴晒，喜半阴。

用途：暖地可庭院栽植，寒地多盆栽观赏。

4. 光棍树

别名：绿珊瑚，青珊瑚等。

学名：*Euphorbia tirucalli* L. 。

科属：大戟科大戟属。

原产地：非洲东部。

习性：喜温暖、干燥、阳光充足的环境，不耐寒，但耐半阴和极耐干旱，水多易烂根和徒长，冬季宜室内养护，越冬温度不低于 8 ℃。要求肥沃、排水好的沙壤土。

用途：地栽用作工业原料，也可盆栽观赏。

项目小结

当前国内外广泛栽培、十分流行的多肉植物大多具有美丽、多变的刺、毛、花、果，是植物大家族中一个重要部分。近年来，由于各国园艺学家的精心培育，多肉植物的新品种层出不穷，尤其是多彩、奇特的斑锦和缀化品种更为突出、诱人，它们具有较高的趣味性、欣赏性和装饰性，是家庭养花的"热点"。

探究与讨论

1. 什么是多肉植物？

2. 多肉植物有何特点？可以分为哪些类型？

3. 多肉植物对环境有何要求？应如何繁殖？

4. 识别 10～15 种多肉植物。

项目十四 兰科花卉

项目导读

兰花泛指兰科中具有观赏价值的种类,其广布于世界各地,主产于热带地区,亚洲最多。目前已知的有 20 000~35 000 种天然种,40 000 种人工种,我国原产 1 000 种以上。兰花是"梅兰竹菊"四君子之一,具有独特的观赏价值,主要用作切花或盆栽,是名贵的盆栽花卉。

学习目标

☑ **知识目标**

- 了解兰科花卉的发展概况。
- 了解兰科花卉的分类。
- 了解兰科花卉的生长方式与生态习性。
- 了解兰科花卉的人工繁殖。
- 了解兰科花卉的栽培环境。
- 了解切花兰的栽培。
- 了解兰属、蝶兰属、卡特兰属、石斛属的代表种的栽培技术。

☑ **能力目标**

- 掌握兰属、蝶兰属、石斛属的代表种的栽培技术。
- 掌握兰科花卉栽培环境的控制。
- 能够准确识别兰属花卉。
- 掌握不同习性的兰科花卉对温室环境的要求,以及环境的调控方法。
- 理解地生兰与气生兰的区别。
- 熟悉洋兰与国兰在栽培管理、繁殖方法等方面的差别。

项目学习

任务一　概述

一、兰科花卉的发展概况

兰花栽培始于我国，我国已有 2 000 余年的兰花栽培历史。兰科花卉在欧洲的广泛栽培是近代的事，始于英伦三岛，且发展很快。兰花的商品生产，最早可追溯到 1812 年 Conrad Loddige 夫人及她的儿子们在伦敦附近的 Hackne 苗圃中生产兰花并出售。兰园中贡献最大的是 Sander 及其家族经营的兰园（始创于 1860 年），该园出版的 *Sander's Orchids Guide* 及 *Sander's List of Orchid Hybrids* 最负盛名，是兰花育种者不可不读的书。

20 世纪初，兰花的切花生产逐渐兴起，由于优越的地理条件，东南亚发展为世界切花兰的主要产地。如菲律宾、新加坡、马来西亚、泰国等是切花兰的主要生产国。这些国家生产的兰花大部分销往欧洲。

在我国，兰花虽有悠久的栽培历史，但长期以来局限于私家园林、苗圃及公园中的少量栽培，少有商品生产，栽培种类也以耐寒的兰属为主。近年来已逐渐引入一些其他属的兰花，在珠海、深圳、福建等南方地区已经开始有石斛属、齿瓣兰属、蝴蝶兰属的切花兰生产。当前，我国人民的养兰热情方兴未艾，尤其对"名、特、新"的品种兴趣尤浓。

二、兰科花卉的分类

（一）按进化系统划分

植物学家将兰科植物发育雄蕊的数目及花粉分合的性状作为高阶层分类的主要特征，分类系统在科以下再分为亚科、族及亚族。实践证明，兰科同一亚族的各属间常能相互杂交并产生可育的后代，不同亚属间则难以杂交成功。

不同学者对兰科的亚科、族及亚族的划分不尽一致，或分为多蕊亚科及单蕊亚科两个亚科；或分为拟兰亚科、杓兰亚科及兰亚科三个亚科；或分为拟兰亚科、杓兰亚科、鸟巢兰亚科、兰亚科及附生兰亚科五个亚科。

（二）按属形成的方式划分

1. 天然形成的属　此类兰花未经人为干涉，是自然演化或天然杂交而成的。早期栽培的兰花多属于此类。主要栽培的属有杓兰属、兜兰属、独蒜兰属、石斛属、虾脊兰属、鹤顶兰属、贝母兰属、兰属、指甲兰属、蜘蛛兰属、鸟舌兰属、五唇兰属、蝴蝶兰属、火焰兰属、万带兰属、假万带兰属、钻喙兰属、卡特兰属、齿瓣兰属、燕子兰属等。

2. 两属间人工杂交而成的属　此类杂种几乎全是同一亚族间的后代，一般均按照相关规定给予一个新的组合属名。

3. 三属或多属间人工杂交而成的属 兰科的同一亚族间常有三个或更多属间杂交而形成的新属，也按照相关规定给予一个新的组合属名。

现代栽培的兰花，一部分是自然形成的种，但一个世纪以来，通过不断杂交又育成许多种间、属间人工杂交种。这些杂交种不仅在花形、花径、花色上比亲本更好，且对环境的适应力更强，逐渐成为当今商品生产的主要品种。

（三）按生态习性的划分

1. 地生兰类 该类兰花的根生于土中，通常有块茎或根茎，部分有假鳞茎。多产于温带或亚热带及热带高山。属、种数多，构兰属、兜兰属大部分为此类。

2. 附生及石生兰类 该类兰花附着于树干、树枝、枯木或岩石表面生长，通常具假鳞茎，储蓄水分与养料以适应短期干旱，以特殊的吸收根从湿润空气中吸收水分维持生活。主产于热带，少数产于亚热带，适合热带雨林气候。常见栽培的有指甲兰属、蜘蛛兰属、石斛兰属、万带兰属、火焰兰属等。一些属，如兰属，某些种是地生，另一些种则为附生。

3. 腐生兰类 该类兰花不含叶绿素，营腐生生活，常有块茎或粗短的根茎，叶退化为鳞片状。

地生兰常具根茎和块茎；附生兰常有假鳞茎及气生根，叶片的近基部常有关节，叶枯后从此处脱落；腐生兰叶退化为鳞片状。多数兰花花朵美丽，花朵组成一致，花被片6，2轮，外轮为花萼，内轮为花冠，中央一枚花瓣常大而显著，有各种形态和鲜艳的色彩，称唇瓣。

（四）按对温度的需求划分

栽培者习惯按兰花生长所需的最低温度将兰花分为三类，这种划分比较粗略，仅供栽培参考。

1. 喜凉兰类 该类兰花多产于高海拔山区冷凉环境中，如喜马拉雅山地区、安第斯山高海拔地带等。不抗热，适宜温度为：冬季最冷月夜温 4.5 ℃，日温 10 ℃；夏季夜温 14 ℃，日温 18 ℃。如齿瓣兰属、兜兰属的某些种，构兰属，福比文心兰和鸟嘴文心兰等都属于此类。

2. 喜温兰类 喜温兰类又称中温性兰类，此类兰花原产于温带地区，种类很多，栽培的多数兰花种类都是这一类。适宜温度为：冬季夜温 10 ℃，日温 13 ℃；夏季夜温 16 ℃，日温 22 ℃。如兰属，石斛属，燕子兰属，兜兰属、万带兰属的某些种等都属于此类。

3. 喜热兰类 此类兰花多原产于热带雨林，不耐低温。适宜温度：冬季夜温 14 ℃，日温 16～18 ℃；夏季夜温 22 ℃，日温 27 ℃。许多兰花杂交种都是这一类，目前广泛栽培。如蝴蝶兰属、万带兰属的许多种，兜兰属、兰属的某些种，卡特兰属的少数种以及许多属间杂种都属于此类。

三、兰科花卉的生长方式

（一）营养生长方式

1. 单轴 部分兰花以单轴方式生长和产生分枝。不具根茎、块茎或假鳞茎，茎直立于地上或少数攀缘，以顶芽不断分生新叶和节而继续向前生长，少分枝或从基部产生分蘖，花腋生。在我国较为常见的有指甲兰属、蜘蛛兰属、鸟舌兰属、火焰兰属、钻喙兰属、盆距兰属、万带兰属和假万带兰属的许多属间杂交种等。

2. 合轴　大部分兰花，包括地生类及附生类，多为合轴分枝。具根茎或假鳞茎，根茎长短不一，有一至多节，顶端弯向地面形成一至多节、粗细不一的假鳞茎，假鳞茎有一至多片叶。假鳞茎形成后便不再向前生长，某些种顶端成花，由基部的一个或少数几个侧芽萌发出新的根茎，以同样的方式产生新的假鳞茎形成合轴分枝。常绿类型的叶可生活几年，叶落后的假鳞茎称为后鳞茎。后鳞茎尚可生活几年，为继续向前方新生的假鳞茎提供养料和水分，最后皱缩干枯。

按照花序着生的不同位置，分为顶花合轴分枝和侧花合轴分枝。前者如卡特兰属、虾脊兰属等；后者如兰属、石斛属、鹤顶兰属、齿瓣兰属等。

3. 横轴　部分兰花有长短不等的根茎以合轴方式分枝，但不具假鳞茎。根茎先端出土成苗，花顶生。如杓兰属、兜兰属等。

（二）兰科花卉的有性繁殖

1. 开花、传粉、受精　栽培兰花，在不受精的情况下，花期一般有1～2个月。

绝大多数兰花为异花传粉，大都由蜂类、蝇类、蝶类及蛾类传粉，少数由蜘蛛、蜂鸟传粉。传粉后几周内，花粉管穿过花柱，进入子房，一直到达胚珠，花粉管内的精子与胚珠内的卵子结合完成受精。受精前后，子房开始膨大生长。

兰科在种间及一些近缘属间很易杂交结实，后代多能正常生长开花，某些还能继续进行种子繁殖，某些则只能进行无性繁殖。

2. 种子　兰科花卉的蒴果一般能产生大量极细小的种子（通常长470～560 um，宽80～130 um，50粒种子相连，长约2.5 cm）。兰花种子几乎没有贮藏物质，而且种子内也未发现有贮藏营养物质的组织。兰花种子在萌发过程中缺少营养物质，所以在自然条件下很难发芽，并且幼苗生长缓慢。

兰科花卉的果实成熟后会开裂并散发种子，这时的种子在形态和生理上均未成熟，外表有一层由少数细胞组成的种皮，种皮两端常延伸成短翅，内部无胚乳，胚仅为一团未分化的细胞，故称为裸种子。

兰花种子寿命很短，散出的种子在室温下很快便丧失生活力，在干燥条件下冷贮可保存几周至几月。在自然条件下，兰花种子发芽率极低，需与一定的真菌共生，由真菌供给营养才能发芽。

四、兰科花卉的人工繁殖方法

主要有播种、扦插、分株繁殖及组织培养等。

（一）播种繁殖

播种繁殖主要用于兰花新品种的培育。兰科植物易于种间或属间杂交，杂种后代又可以通过组织培养大量繁殖。兰花的种子繁殖目前均在无菌条件下的玻璃器皿内进行，只要有组织培养技术及设备便可进行。

1. 培养基　最早的培养基是Kundson于1923年研制的配方C（表14-1），它是长期以来最常用的配方之一，也是其他配方的基础配方。

表 14-1　Kundson 配方 C

成分	含量
硝酸钙	1 g
磷酸二氢钾	0.25 g
硫酸镁	0.25 g
硫酸铵	0.5 g
硫酸亚铁	0.25 g
硫酸锰	0.007 5 g
琼脂	15 g
蔗糖	20 g
蒸馏水	1 000 mL

该配方在兰花幼苗生长期间，pH 变化很快，常降得太低，使幼苗的生长减慢，Vacin 及 Went 将成分进行了修改（表 14-2），改进后的培养基在幼苗生长期 pH 变化很慢，现被广泛采用。

表 14-2　Vacin 及 Went 培养基

成分	含量
磷酸三钙	0.2 g
硝酸钾	0.525 g
硫酸铵	0.5 g
硫酸镁	0.25 g
硫酸二氢钾	0.25 g
酒石酸铁	0.028 g
硫酸锰	0.007 5 g
蔗糖	20 g
琼脂	16 g
蒸馏水	1 000 mL

除此之外，MS 培养基用于兰花种子发芽也很有效。不少人针对兰花种子发芽培养基做过试验，证明了不同属、种甚至品种有各自适应的培养基配方。一些人在培养基中尝试用许多天然物质作添加剂，其中以椰子果汁、香蕉果肉、番茄果汁对刺激兰科植物种子发芽最有效。果汁能够刺激种子发芽是因为其中含有的氨基酸、山梨醇、肌醇及细胞分裂素等混合物的作用。在东南亚一带常用于兰花种子发芽的 Yamad 培养基修改配方 Ⅱ 中（表14-3）便使用了椰子果汁与番茄果汁，并用商品肥料代替了化学药品，效果很好。

表 14-3　Yamad 修改配方 Ⅱ

成分	含量
Gaviota 67*	2.5 g
幼椰子果汁	250 mL

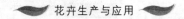

（续）

成分	含量
蔗糖	15 g
胨	1.75 g
鲜番茄果汁	3 茶匙
琼脂	15 g
蒸馏水	750 mL

注：*一种复合无机肥料，成分为 N_{14}、P_{27}、K_{27} 及微量元素 Mo、Mn、Fe、Cu、Zn 与 B 族维生素。

培养基的 pH 对兰花种子发芽及幼苗生长很重要，大多数属如兰属、万带兰属、石斛属、蝴蝶兰属等的培养基 pH 都以 5.0～5.2 最适宜。

2. 种子的收获与贮藏　当蒴果由绿转黄再变褐时，便开裂并散落种子，应在蒴果开裂前采收种子。

采下的蒴果先用沾有 50％次氯酸钾溶液的棉球进行表面灭菌，然后包于清洁白纸中放于干燥冷凉处几天，使蒴果自然干燥并散出种子，随采随播。将种子进行干燥处理后密封于 5 ℃下可使其保持生活力几周至几月。

3. 种子发芽对温度、光照的要求　播种后置于光照充足但无直射日光的室内发芽。多数兰花种子发芽的最适温度为 20～25 ℃，并推荐在夜温 21 ℃、日温 27 ℃及光照度为 3 000 lx 的条件下培养。

发芽时间依属而异，从几天到几周不等。兜兰属发芽较慢，至少需一个月以上。

4. 绿果培养　在蒴果成熟开裂前 3～4 周的种子也能生长出健康的幼苗（称绿果培养）。绿果培养的优点是种子尚未与外界接触，不需要进行表面消毒，简化了操作流程，减少了污染的可能性，同时缩短了授粉至播种的时间。

（二）扦插繁殖

扦插繁殖的方法有以下四种。

1. 顶枝扦插　适用于具有长地上茎的单轴分枝的种类，如万带兰属等。

操作：剪取一定长度并带有 2～3 条气生根的顶枝作为枝条，长度 7～10 cm，带 6～8 片叶，母株至少留两片健壮的叶，以利于萌生幼株。万带兰属插条以 30～37 cm 长为好，蜘蛛兰属宜长 45～60 cm，注意防雨、遮阳和保持足够的空气湿度。

2. 分蘖扦插　适用于单轴分枝及不具假鳞茎的属，如火焰兰属、蜘蛛兰属等。

操作：当植株生长成熟时，将顶枝剪作插条，或当从母株分蘖出的幼株长至具有 2～3 条气生根时，从基部带根割下作为插条，一株上的分蘖要一次性全部割下，以利于母株再生分蘖。石斛属及树兰属的很多种类，常在地上枝近顶端的叶腋处产生小植株，待这些小植株长出几条完整的气生根后，可以将它们连同母株的茎一起剪下，按株分段扦插繁殖。

3. 假鳞茎扦插　适用于具假鳞茎的种类，如卡特兰属、兰属、石斛属等。

操作：剪取叶已脱落的后鳞茎作为插条，并用羊毛脂软膏涂于 2～3 个侧芽上，这样有助于侧芽萌发成新的假鳞茎并生根成苗。插条可插于盛放水藓的浅箱中，注意保湿；或包埋于湿润的水藓中，用聚乙烯袋密封，悬于室内温暖处，几周后即出芽生根。

4. 花茎扦插　适用于蝴蝶兰属、鹤顶兰属等。

操作：在最后一朵花开过之后，将花枝从基部剪下，去掉顶端有花部分后，将其横放在浅箱的水藓上，将两端埋入水藓中以防干燥，2～3周后每节上能生出一个小植株，当小植株长出3～4条根后，分段将各株剪下移栽于盆内。

蝴蝶兰属的花茎扦插只能在无菌的玻璃器皿内进行，培养基用Kundson配方C，在适宜条件下约三个月出苗生根。

（三）分株繁殖

适用于合轴分枝的种类，在具假鳞茎的种类上普遍采用，如卡特兰属、兰属、石斛属、燕子兰属、树兰属、兜兰属等。在栽培几年后，或由于假鳞茎的增多，或由于分蘖的增加，一株多苗，便可分蘖。不同种类有不同方法。

（1）兜兰属：不具假鳞茎，分株常在换盆时进行，一般每1～2年换盆分株一次。

（2）兰属：假鳞茎生长最快的兰花，一般2～3年便可分株，分株常结合换盆进行，分剪时每丛最少要留四个假鳞茎才有利于今后植株的生长。

（3）卡特兰属及相似属：卡特兰属花卉每年只在原有假鳞茎的前端长出一个假鳞茎。分株在栽培五年以上，具五个以上假鳞茎时才能进行，按前端留3～4个，后端留2～3个的原则剪成两株，分株时注意将茎上的休眠芽留在后段上，否则不易产生新的假鳞茎。分株最好在能辨识根茎上的生活芽时进行，在原盆内选好位置割成两段，仍留于原盆生长，待第二年春季旺盛生长前才分开栽植。

（四）组织培养

兰花组织培养用的外植体均取自分生组织，可用茎尖、侧芽、幼叶尖、休眠芽或花序，茎尖最常用。组培苗在上盆后，一般3～5年可开花。植物的生长调节物质在兰花的扦插繁殖上有很好的促进作用，可促进生根及侧芽发生。如吲哚丁酸（5 000 mg/L可促进生根，2 000 mg/L可促进出苗，100～200 mg/L可促进假鳞茎的生根），萘乙酸（90 mg/L可促进假鳞茎生根）等。

五、兰花栽培的环境条件

不同属、种的兰花，原产地的自然环境很不一样，欲种好兰花，应该使栽培条件近似于原产地的情况，不同属、种应分别对待。

（一）基质

兰花的基质应具备的首要特性是排水、通气性良好，以能迅速排除多余的水分，使根部有足够的空隙透气，又能保持中度水分含量为最好。地生兰宜用兰花土，附生兰宜用基质，因为附生兰更需要通气良好的条件。一方面兰花本身只需低肥；另一方面，兰花生长期间一般会不断施用肥料，所以通常就不用考虑基质含有多少肥力。兰花基质要呈微酸性。

传统的栽培基质有壤土基质、水藓基质、木炭基质等，后来又发现蕨类的根茎和叶柄、树皮基质、椰子壳纤维基质和碎砖屑等都是很好的基质材料。

（二）上盆

盆栽兰花常用瓦盆或专用的兰花盆种植。附生兰则用专用的兰花盆或用直径为2 cm的细木条钉成各式的木框、木篮种植。

（三）盆栽注意事项

盆栽兰花要注意做到以下几点。

（1）盆底垫一层瓦片、骨片、粗块木炭或碎砖块，以保证排水良好。

（2）严格遵守"小苗小盆、大苗大盆"的原则。

（3）操作要细心，不伤根和叶，小苗更重要。

（4）移栽后可喷一次杀菌剂。

（5）浅栽，茎或假鳞茎需露出土面。

（6）上盆后不宜浇水太多。

（7）上盆后宜放在无直射日光处或放在雨淋处一段时间。

（8）盆兰最好不直接放于土面，而要放置于 30～60 cm 高的木质或砖砌支架上。

（9）兰花在盆中生长 2～3 年满盆后，应及时换盆并分栽。

（四）浇水

兰花的浇水注意事项如下所述。

（1）种类、基质、容器、植株大小等不同的条件下，浇水的次数、多少、方法均不一致。故不宜将不同情况的兰花混放在一起。

（2）水质对兰花很重要。水中的可溶性盐分忌高，应用软水，雨水是浇灌兰花的最佳水源。

（3）等基质表面变干时才浇水，浇水周期比一般花卉短，具体视当地气候、季节、基质种类、盆的种类及大小、苗的大小及兰花的种类而定。

（4）浇水一般用喷壶，要连叶带根均匀喷透。

（五）施肥

兰花基质多不含养分或含量很微小，故兰花生长季节要不断补充肥料。附生兰因原生长环境中肥料来源少、浓度低，故有适应低浓度肥料的习性。

1. 肥料的成分　需完全肥料（以氮、磷、钾为主）及适量的微量元素。肥料的成分依基质的成分和兰花的生长发育时期而定。

无机化肥用商品复合肥，既方便又含有多种营养元素；缓释性肥料用于盆栽兰花也很成功，但有用量过多的风险；将缓释性肥料和速效肥料配合使用更为合理。

兰花很适于叶面施肥。因养护兰花时需经常在叶面及气生根上喷水以保持湿度，所以可以在喷水时加入极稀薄的肥料，效果有时比每月施用两次常规肥料更好。

兰花也适于有机肥，有机肥取材方便而价廉，兼具含有生长调节物质与有机成分的特点，能改良地栽兰花的土壤结构，并对土壤有覆盖作用。兰花有机肥常用腐熟豆籽液，其他一般少用。

2. 兰花的施肥要点

（1）肥宜稀不宜浓，盐分总浓度不高于 500 mg/L。高浓度肥料易伤根或使根腐烂。

（2）夏季生长旺季，一般浓度肥料每隔 10～15 d 施一次，低浓度肥料每隔 5 d 施一次或每天浇水时进行叶面喷肥。

（3）化肥施用前必须充分溶解。

（4）缓释性肥料和速效肥料配合施用，化肥和有机肥交替施用，效果都比单用好。

（六）光照与遮阳

光照度是兰花栽培的重要条件。光照不足常导致不开花、生长缓慢、茎细长而不挺立、新苗或假鳞茎细弱等；光照过强会导致叶片变黄或灼伤，甚至全株死亡。兰花的原产地热带或亚热带地区常有充足光照，但通常夏季均需遮阳来防止过度强烈的阳光。不同属、种对光照的要求不一。

（1）兰属除夏天外可适应全光照，夏天需较低温度。

（2）蝴蝶兰属及其杂交属每日只需 40%～50% 的全光照照射 8 h，这一类兰花的叶较脆弱，强光照或雨淋均会使叶受伤。

（3）卡特兰属、万带兰属、燕子兰属等需全光照的 50%～60% 及高温。

（4）不需遮光的种类较多，如蜘蛛兰属等，这些种类必须有长时间的强光照，光照度及光照长度不足则不开花。

（七）温度

温度是限制兰花自然分布及室外栽培的重要条件。在自然栽培环境中，温度与光照及降水是相互联系又相互影响的，在兰花栽培中必须使三者协调平衡才能取得良好效果。如高温时必须配合强光与高湿度，否则都是有害的。

兰花生长季要求温度较高，一般为 20～30 ℃。冬季要求温度低，一般白天 10～20 ℃、晚上 0～10 ℃，但种间也有差别。主要是冬季的最低（极值）温度影响种植效果。

温度不适宜时，兰花也能存活，但会生长不良甚至不开花。例如卡特兰，若昼夜温度均保持在 21 ℃ 以上，则始终不开花；若昼温在 21 ℃ 以下，夜温在 12～17 ℃，经过几周，幼苗能提前半年开花。昼夜温差太小或夜间温度高，对兰花生长都很不利。

六、切花兰的栽培

切花是兰花的主要栽培应用形式，切花兰大多是喜热的附生兰类，目前栽培的多是一些属间或种间的杂交种。

它们具有抗性强，栽培容易，全年不断开花，一枝多花并有香气，耐运输，插瓶时间长等优点，因此受到广泛的喜爱。

切花兰的生产地集中在热带地区，主要分布在东南亚，如菲律宾、马来西亚、新加坡、泰国、斯里兰卡等地及美国夏威夷。

切花兰大多是附生兰类，但在生产地一般都是地栽，因为地栽的设备、能源花费少，成本低，收入可观。

常见的切花兰栽培种类中，不需遮阳的有万代兰属、蜘蛛兰属、火焰兰属等的种间或属间杂交种。需遮阳 40%～50% 的有石斛属、燕子兰属等的某些杂交种。

（一）地栽

切花兰地栽在东南亚很普遍而且很成功。栽培要点如下所述。

1. 整地 整地前先除草，将草晒干后用作土壤覆盖物。栽苗前 1～2 d 耕地，土块不打细，大块不易积水，有利于兰花生长。按宽 60 cm、高 15 cm 做畦。每畦面用木条做两行高 140～180 cm 的支架，相距 35 cm，每架上加三根横条。

2. 定植 定植宜在雨天进行，插条一般长 60～100 cm，并带有几条气生根的大条（生长快、开花早），沿支架下方开深约 10 cm 的沟，按株距 15～25 cm 将插条基部及气生根埋入沟中，上端固定在支架的横条上。

畦面用干草覆盖（降温保湿、促进生根、防止土壤冲刷、抑制杂草生长），充分浇水后，当地多用椰子或其他棕榈科植物遮阳一段时间。

种后 3～4 个月即可产生花枝，2～3 年生者高可达 2 m 以上，又可将顶枝作为插条扩大繁殖。剪顶后的母株可保留产生根蘖，最后连根拔除另栽新苗。

（二）盆栽

一般用口径 15～20 cm 的瓦盆栽植，基质要求排水性好。花盆最好放在高于地面 30～60 cm 的木制或砖砌支架上，盆栽兰花也需用支架固定。

（三）切花兰的采收与处理

1. 品质标准 由于兰花成为大规模商品切花的历史较短，尚未形成一套完整的统一标准，所以习惯上，常按花枝长短、花朵数量、花径大小与排列等来划分等级。

2. 采收 关于适宜的采收期，多花种类可依已开放的花朵数来确定，一般一个花序的基部已有 3～4 朵花开放时表明最下一朵花已经成熟，这时便是采收的适期；单花种类或 2～3 朵花的少花种类，生产者最好每天清晨到兰园中检查，逐日用不同色彩的标牌挂于当天初开的花枝上以表明应采收的日期。

兰花授粉后很快便会凋萎，蕊柱增粗变大或变色是已传粉的标志（花品质差）。此外，采花时还要采取措施预防病毒感染与传播，最简便的方法是每采一株后要将剪刀在饱和石灰水（pH＝12）中浸泡一下，再接着采下一株。

3. 包装与运输 兰属、卡特兰属及其近缘属的花枝，采下后应将其基部立即插入盛有清水的兰花管中。兰属按花枝大小及花朵大小以 6、8 或 12 枝为一小包装装入玻璃纸盒中；文心兰属先分级包装，再装入大箱；卡特兰属等一般直接放入包装盒中，各花之间隔以蜡纸条以免相互移动碰伤；石斛属等采下后先浸入水中 15 min 使其充分吸水后再包装，或将其基部用少许湿棉花包裹保湿，每 12 枝一束包入塑料袋内再装箱。兰花较耐运输，但运达后应立即摊开。

4. 贮藏与处理 兰花原产于热带与亚热带地区，喜温暖怕冷冻。已开放的花枝，在植株上可保持 3～4 周良好的观赏状态，故应该在需花时再采收。

兰花贮藏：5～7 ℃温度条件下能保鲜 10～14 d，未成熟的花不耐贮藏。

兰花处理：兰属、卡特兰属应立即将花枝基部剪去 1 cm，多花种类花枝较长，可剪去 2.5 cm 左右，再插入含保鲜剂的水中。

任务二　主要兰科花卉

一、兰属（*Cymbidium*）

根据最新的资料，中国产的兰属植物有 31 种。

吴应详将我国兰属 31 个种分为 5 个组，即兰组、蕙组、垂花组、宽叶组和幽兰组。其中兰组、垂花组、宽叶组和幽兰组均只有一个种，分别为春兰、莎草兰、兔耳兰和大根兰。余下的 27 种全归于蕙组。蕙组又分为两个亚组，即小花亚组和大花亚组，前者有 17 种，后者有 10 种。

(一) 产地与分布

全属48种,分布于亚洲热带与亚热带地区,向南到达新几内亚岛和澳大利亚。我国产的31种广泛分布于秦岭山脉以南地区。本属的地生种类有春兰、蕙兰、寒兰、建兰、墨兰等。

兰属在我国有1 000余年的栽培历史。世界上最早的两部兰花专著,即《金漳兰谱》(1233年)和《兰谱》(1247年),就是专门论述兰属地生种类及其栽培经验的。近年来,大花附生种类,如虎头兰、黄蝉兰等也受到越来越多的重视。

兰属主要以大花种类为亲本,杂交培育出来的大花蕙兰品种系列有很高的观赏价值,是当今花卉市场上最受欢迎的兰花品种之一。

(二) 形态特征

附生或地生草本,罕有腐生,通常具大小不等的假鳞茎。叶2~10枚,通常生于假鳞茎基部或下部节上,条形或线形,2列排列。花序自顶生一年生假鳞茎基部抽出,有花1~50朵及以上;侧裂片直立,常围抱蕊柱,中裂片一般外弯;唇盘上有2条纵褶片,通常从基部延伸到中裂片基部,有时末端膨大或中部断开,较少合而为一;蕊柱较长,或多或少地向前弯曲,两侧有翅,腹面凹陷或有时具短毛,花粉团2个或4个(形成不等大的2对),有深裂隙,蜡质,以很短的、弹性的花粉团柄连接于近三角形的黏盘上。

(三) 生态习性

附生或地生,因具假鳞茎,耐旱力强,也是兰花中最耐低温的种类。生长快,繁殖、栽培较易。花期长,可达10周之久,清水瓶插亦可长时间保持新鲜。

(四) 栽培利用

兰属是我国栽培历史最久的兰花,也是世界著名和广栽的兰花之一。兰属花卉既是名贵的盆花,又是优良的切花,在我国以盆花为主,品种甚多。我国以往栽培的兰属花卉绝大多数都是从野生种中选择、培育、繁殖而来的自然种,近年来开始进行种间杂交工作,并已取得了一定的成果。国外喜花多、花大、瓣宽、色艳的品种,目前栽培的多是一些杂交种。

以下主要以中国兰为例介绍兰属花卉的栽培管理技术。

1. 中国兰的种类和品种　中国兰通常是指兰属植物中的一部分地生种,如春兰、蕙兰、建兰、墨兰和寒兰等。这些兰花虽然花小又不鲜艳,但甚芳香,叶态优美,深受中国、日本、朝鲜等国人民的喜爱。

在中国兰长期的栽培过程中,人们选择出了以花形变异为主的大量古代和现代优良品种。在中国台湾地区和日本,对兰的观叶品种也特别重视,并将以观叶为主的兰花称为"艺兰"。

在过去,国兰栽培只限于少数的几个种。由于受到技术条件和科学知识的限制,只是从变异的自然种中选择"品种",没有能像洋兰那样通过品种间、种间甚至属间的杂交来培育新品种,因此,"品种"的改进比较慢。近些年才有少数杂交育种的报道。

2. 中国兰的鉴赏　中国兰以淡雅、朴素及幽香为特点,即有所谓的"君子之风"。中国兰的另一欣赏重点是叶片,甚至可以说中国兰是世界上最早的观叶植物。

传统名兰主要指原产于浙江、江苏的春兰、蕙兰的古老品种。关于传统名兰早已形成了固有的评价体系,在"芳香、花瓣、色彩、壳、箨、捧心、舌、肩、苔、鼻、点、梗、芽"等方面都有详细而具体的评价标准。中国兰每年只开一次花，所以其叶片也是重点欣赏对象。通常要求叶片的长、宽和弯曲程度要与整株兰花的形态相配，过于弯曲或过于宽大等都会影响整株兰花的美观，有失品位。

3. 中国兰的栽培管理

（1）兰盆。常用瓦盆或紫砂盆，二者各有优缺点。

瓦盆透气性较好，对兰花根的生长有利，价格低，但这种盆不够美观。另外，瓦盆底部的排水孔一般都比较小，使用时应适当扩大。紫砂盆种类繁多，样式十分考究，有刻花镌字，通常有黄、红两种颜色，但透气性较差。

当栽培以观花为主的兰花时，最好能选用较大的盆，使根系及植株能充分生长发育，有利于开花；当栽培以观叶为主的兰花时，为促使叶发生变异，必须抑制营养生长，因此，用盆以小、高且窄为好。

（2）盆栽用土。中国兰喜肥沃、疏松、透气和排水良好的土壤，最忌土壤积水，积水会引起根系腐烂。我国传统盆栽多用原产地林下的腐殖土，在浙江、江苏称为"兰花泥"，但"兰花泥"比较稀缺且价格贵。在北方通常使用泥炭或腐叶土，再添加少量的河沙及基肥作基质，盆栽兰花也比较成功。

（3）栽培场所。栽培中国兰宜选择空气流通而清新的地方，场地四周应多树木、水池。最好栽在城市郊区或无工业及交通污染的农村。

①温室：兰花在北方冬季要进温室越冬。以华北地区为例，实际上兰花在温室内的栽种时间从 9 月底持续至翌年 5 月上中旬，长达半年以上。

温度较低的温室冬季温度在 5 ℃左右，适合栽培春兰、蕙兰，因为它们需要较低的越冬温度，花芽才能正常发育，花梗才能伸长，春天才能正常开花。

温度较高的温室冬季温度在 10 ℃左右，适合栽种建兰、墨兰和寒兰。温室的光照和湿度都应能调节，需要保持较高的空气湿度。

②荫棚：荫棚是兰花夏季生长的地方。在北方，荫棚应建在能避西北风，早晨能见到阳光，午后能避烈日的地方。最好能靠近温室，且空气流通而又稍湿润。

（4）浇水和空气湿度。浇水是否得当是兰花栽培成功与否的重要环节。兰花的盆土应保持湿润，但忌含水量过多。古人有"干兰湿菊"的说法，这主要是指兰盆内土壤不宜过湿，同时也说明兰花有一定的耐旱能力，盆土在数日内稍干对兰花影响不太大。

冬季兰花停止生长，进入相对休眠期，浇水量要适当减少，以盆土微潮为好。春季随着温度的上升，兰花转入旺盛生长期，应逐渐增加浇水量。夏季应将兰花搬到荫棚内培养，要根据降水的多少和盆土的潮湿程度决定浇水量和浇水次数，发现盆土积水后要立即换盆。秋末气温开始下降，可以逐步减少浇水量。

（5）施肥。

①基肥。基肥多与培养土混在一起施用。通常按 1：10 的比例将腐熟的干牛粪加到培养土中，并加入少量磷肥或少量经过发酵的饼肥、马蹄片、牛羊角等。

②追肥。在兰花生长期还可以追施液肥，将各种饼肥、马蹄片等加水发酵后，冲淡 5～10 倍，结合灌水施用。每次少施一些，约每两周施用一次。也可以施用氮、磷、钾含量比较全面的化肥，浓度控制在 0.025%～0.100%，为普通草本花卉施用浓度的 1/4～1/2。

注意：兰花最忌施肥过量，以施用极稀薄的有机肥为好，以免兰花受害。

二、蝴蝶兰属（*Phalaenopsis* Blume）

蝴蝶兰属为室内栽培的兰花中最普遍和最受人们喜爱的一属。常见近缘属有指甲兰属、蜘蛛兰属、鸟舌兰属、隔距兰属、五唇兰属、风兰属、火焰兰属、钻喙兰属、万代兰属、假万代兰属等。蝴蝶兰属的原生种及杂交种均有很高的观赏价值和商品价值，也是东南亚兰花商品生产的主要种类。

（一）产地与分布

全属40种，从印度经马来半岛、印度尼西亚，达大洋洲北部都有分布。我国产6种，全部为附生兰，分布于云南、海南及台湾地区。

（二）形态特征

单轴分枝，无假鳞茎。气生根扁平，长达1 m以上。叶宽，厚而多肉质，可存留1～2年，常花后脱落而再生新叶，植株上通常保留3～6片叶。花数朵或十余朵呈总状花序（彩图40），花序顶端常弯曲或下垂。由于花大且花期长，花色艳丽丰富，花形美丽别致如蝴蝶翩翩飞舞，所以深受人们喜爱，被誉为"洋兰皇后"。

（三）生态习性

在自然界以气生根牢固附着于树干或枝上。喜高温、高湿与荫蔽的环境，最适合的生长温度白天25～28 ℃、晚上18～20 ℃，15 ℃以下根部停止吸收水分，32 ℃以上对生长不利。对空气污染敏感，易受烟害，不休眠。

（四）栽培利用

该属是栽培最普及的洋兰之一。盆栽时通常用苔藓、蕨根或树皮块铺在透气和排水良好的多孔花盆中。很少发生病虫害，是近年来深受大众喜爱的盆栽年宵花卉之一。虽然蝴蝶兰属喜高温、高湿与荫蔽的环境，但直接雨淋易使生长点和花蕾腐烂，故均在温室内栽培。

该属花卉多作室内盆花栽培，在气温足够的地方也作切花栽培。它作为切花时，因一枝多花，插瓶寿命长及花色艳丽而深受欢迎。栽培蝴蝶兰属花卉应树立正确的理念：（1）必须将培育健壮发达的根部作为栽培的关键；（2）过量施肥往往会导致栽培失败；（3）花期控制宁可偏早，不要偏晚。

1. 瓶苗处理 外购瓶苗时应向供货兰场了解兰苗炼苗时间，是可以马上出瓶还是需再炼苗若干天后才能出瓶。如果是刚从培养室出货的瓶苗，到达后应出箱上架，适当遮阳，将光照度控制在4 000～7 000 lx。正常炼苗时间应控制在2～3周（彩图41）。

2. 小苗（彩图42）

（1）栽种。出瓶时拔去瓶塞，用手侧拍瓶子，使培养基与兰根之间松动，然后用手指或镊子将兰苗夹出，先边上后中间，先易后难，逐个取出，再用清水轻轻洗去黏附在兰根上的培养基。用塑料筛盛放，整筛沉入配有50%亿力3 000倍液的药水中，浸泡数分钟后整筛端出，稍微晾干后即可种植。也可以仅用清水洗净培养基后晾至微干，直接上盆种植。如整批小苗的根部基本上都不黏有培养基，也可不经清洗直接上盆。种植过程中应将弱苗挑出，另外用70孔的穴盘种植。

（2）喷药。瓶苗出瓶种植后即喷90%四环素3 000倍液，当天出瓶未种完的苗应摊开喷药。一周后再喷药一次，以后每 2～4 周喷药一次，用药为 80％锌锰乃浦（大生）500 倍液或 66％普力克 1 000 倍液或 50％施保功 6 000 倍液。

（3）水分。小苗出瓶种植喷药后 3 d 内不浇水，近中午湿度低于 65％时可向地面喷水，或向叶面喷雾，以叶面不流水为宜。只要花盆手感不太轻，盆内壁仍有水珠凝结时都可以不浇水，但第二次喷药应在浇过一次水后为宜。一般控制在种后 6～7 d 浇第一次水，且要用喷头反复浇洒。浇后第二天应检查，对部分漏浇的兰苗要补水。秋季浇水一般在上午进行，春季气温偏低时可在近中午时浇水。浇水时应注意使兰苗叶片上的水分在天黑前干透。

（4）施肥。新种小苗一个月内不要施肥。满一个月后，第一次施肥用 10：30：20 或者 9：45：15 的花多多 5 000 倍液喷施叶面肥，以促使新根长出。以后每 7～14 d 喷一次叶面肥，用 30：10：10 或 20：20：20 的花多多 4 000 倍液喷施。

（5）光照。种后两周内光照度不要超过 7 000 lx，两周后将光照度控制在 10 000 lx 左右。

（6）温度。晚上温度应控制在 22～23 ℃，极端低温不要低于 18 ℃，刚浇水的当晚温度不要低于 22 ℃。白天温度应保持在 25～30 ℃。种后遇北风时，侧窗不要打开。

（7）湿度。刚种植的两周内空气湿度应尽量保持在 80％～90％，以后可逐渐降到 65％～85％。

3. 中苗（彩图 43）

（1）栽种。当小苗生长 4～6 个月，双叶幅为 10～12 cm 时，可换入口径 2.5 寸*（约 8.3 cm）的盆中栽种。栽种时，盆底先垫碎泡沫块。要换盆的小苗，不要太干，防止兰根黏紧盆壁难以脱出。换盆后，弱小苗应单独摆放，以方便管理。

（2）喷药。种植后应立即喷药，一般可用 90％四环素 3 000 倍液喷洒。喷后 3 d 内不可浇水，7～10 d 后再喷一次。以后每 2～4 周喷一次杀菌剂，用药为 80％锌锰乃浦（大生）500 倍液或 66％普力克 1 000 倍液或 50％施保功 6 000 倍液。药液不要在植料干透时喷施，因为喷后一般 3 d 内不可浇水。

（3）水分。换盆初期应控水促根，直到兰盆手感明显较轻，植料已较干时才可浇水。盆边未见新根伸展时，应保持植料偏干。夏季高温时节，且新根、新叶已生长迅速时，植料可偏湿。每次浇水后隔天应巡查补水，防止漏浇的兰苗失水萎缩。阴雨天湿度大，即使植株偏干，也可不浇水。

（4）施肥。中苗一般于换盆 10 d 后开始施叶面肥，所用肥料同小苗，一般每隔 10～15 d 施一次。待新叶、新根生长迅速时，肥液方可施入植料中，但两次施肥中间应浇一次透水。

（5）光照。光照度控制在 15 000 lx 左右。

（6）温度。温度最好为 25～30 ℃。

（7）湿度。空气湿度以 65％～85％为宜。

4. 大苗

（1）栽种。中苗生长 4～6 个月，双叶幅为 20 cm 左右，根系健壮（这是换盆必须具备的条件）时可以换种到口径 3.5 寸（约 11.7 cm）的盆中。无根或盆边可见少量根系的

---

* 寸为非定计量单位，1 寸＝1/30m。——编者注

中苗不可换盆。换盆时如上部的水草发黑板结，可轻轻去除。

（2）水分。栽种后 3 d 内不浇水。换盆初期仍采用控水促根的方法，以后的水分管理同中苗，保持"见干见湿"。

（3）肥料。初期以 30∶10∶10 的花多多液肥为主，以后逐渐以 20∶20∶20 的花多多液肥为主，浓度可提高到 1 000～1 500 倍液。每隔 7～14 d 施一次。新根未出现在盆边时不要将肥液施入植料中。新叶快速生长时，可每隔 7～10 d 施一次肥。但注意连续阴雨天时不应施肥，以防徒长。

（4）光照。夏、秋季光照度可控制在 15 000～20 000 lx，冬季光照度可控制在 20 000～25 000 lx。

（5）温、湿度。同中苗。

5. 复植苗

（1）栽种。开花后剪去花干的兰苗，无病害，根系仍正常时，可以脱盆后去除长青苔的黑旧密实的水草。根团中间根系仍较好时，水草可保留部分，不必全部揪出。去除植料后，修剪掉烂根和过长的根，盘旋根可截短至 10 cm 左右，但尽量不要损伤新根。

处理后的兰苗，喷洒 80% 大生 500 倍液或浸入药液后取出，在兰架上晾至微干，便可种植。种植时一般用口径 3.5 寸（约 11.7 cm）的盆。底部垫上泡沫块，在根中部先塞上相当于口径 2.5 寸（约 8.3 cm）盆大小的水草团，使根系张开，再在周围包上水草后种入盆中。绝不能将根系集中捏在中间，再在外围包上厚实的水草。注意水草应比正常大苗换盆时的水草稍松，切不可过于密实。

（2）喷药。种植后即喷 90% 四环素 3 000 倍液。以后可每隔 2～4 周轮流喷洒以下药剂：50% 施保功 6 000 倍液、65% 好生灵 500 倍液、66% 普力克 1 000 倍液。复植苗病害较多，还应注意根据出现的病害症状对症下药。

（3）水分。种后控水促根至少 3 d 以上。只要水草未干透且湿度在 70% 以上便要继续控水。盆边未见新根出现前，一般不要浇透水。

（4）施肥。在新叶未抽出，盆边新根未明显伸长之前不要急于施肥。新叶开始抽出时，可以用 30∶10∶10 或 20∶20∶20 的花多多 2 000～3 000 倍液喷叶面肥，每 10 d 喷一次。

（5）光照。种后两周内仍应适当降低光照度至 10 000 lx 左右，以后的光照控制同大苗。

（6）温、湿度。同大苗。

（7）其他日常管理。复植苗整齐度差，且品种混杂。不同品种要求不同，要花费多于正常苗的人力，需要做好以下工作：①经常巡视，挑出病株，并随时检查周围兰苗，拣去黄叶；②区分品种，并逐渐分类集中；③根据长势情况分类，以便于肥水管理。

6. 高山催花期间管理

（1）时间控制。国庆及中秋用花，上山时间一般在用花高峰日的 100～110 d 前，即 5 月下旬至 6 月下旬。用作年宵花时一般在春节前 130～150 d 上山。因春节可能在 1 月下旬，也可能在 2 月中旬，相差 20 多天，所以应视当年春节所在的具体阳历日期推算出上山时间。

（2）喷药。确定要进入催花状态的兰苗，可用 33% 快得宁 1 500 倍液或 66% 普力克 1 000 倍液或 50% 施保功 6 000 倍液或 90% 四环素 3 000 倍液或 50% 亿力 3 000 倍液，每

2~4 周喷施一次。

（3）水分。同大苗。临近装运上山时，应提前控水，减少重量。山上雨天多，夜间湿度大，故上山催花期间，慎浇透水。宜少量多浇，一般于早上浇叶面水为宜。

（4）施肥。确定上山催花的中苗、大苗、特大苗，均应在上山前的一个月停施高氮肥料，以调节植株的碳氮比，提高成熟度。上山后常用 10∶30∶20 及 9∶45∶15 的花多多液肥，每半个月施肥一次。

（5）光照。催花期间光照可略强，但是初上山中午温度仍很高时，强光照必然带来高温，在这种情况下应优先考虑降温。在没有配备水帘风机的情况下应降低光照，使温度降下来。

（6）温度。催花期间，白天温度应控制在 28 ℃以下。当预报冷空气来临，温度可能低于 15 ℃时，下午应提早关闭侧窗，使夜间温度不至于太低。

7. 花梗伸长期至花期管理（彩图 44）

（1）摆放。催花期结束下山的兰苗，上架摆放后应注意花梗弯曲方向朝南。以后不要变动花梗朝向，以免花梗扭曲或花朵朝向排列混乱。

（2）插杆牵引。当花梗长达 20 cm 以上时，应插杆牵引。一般用长 50~60 cm 的插杆，用塑料夹固定花梗。

（3）喷药。下山上架后可喷一次 90%四环素 3 000 倍液，以后主要是喷洒亿力及普力克溶液。现蕾后交替使用甲基硫菌灵和百菌清防止花霉病。存放花梗苗的温室，每半个月做一次环境消毒，可用 1‰漂白粉水溶液喷洒地面墙角。

（4）水分。此阶段正值秋末冬初，气候较为干燥，一定要注意保持兰盆中植料处于湿润状态，不可干透。无把握时宁可使植料偏湿。

（5）施肥。花梗伸长期可施 10∶30∶20 的花多多 2 000 倍液，每隔两周施一次。现蕾后至花期不再施肥。

（6）温度。一般情况下晚上温度不低于 18 ℃，白天温度不超过 28 ℃。

（7）湿度。中午空气湿度低于 60%时，应向地面洒水以提高湿度。开花后则不要喷雾状水，以防发生花霉病。

（8）光照。花梗伸长期至开花前可保持 20 000~25 000 lx 的光照度，开始开花时光照度应该降低，以延长花期。

8. 植料及盆具的种植前处理　种植用水草需预先用清水浸泡 4 h 以上，浸泡过程中要经常搅动。换水三次以上，使灰尘、杂质沉入水底或随水流出，同时使 pH 接近 6.5。

三、卡特兰属（*Cattleya*）

卡特兰属兰花，雍容华丽，娇艳多变，芳香馥郁，在国际上有"洋兰之王""兰之王后"的美称。其是栽培最广的兰花之一，它们的种间杂交种是现代兰花的一个重要组成部分。

（一）产地与分布

全属 65 种，分布于中美洲至南美洲热带地区。种间杂交比较容易，现已出现二属间、三属间、四属间杂交种，品种数量之多难于统计。

（二）形态特征

周年常绿，合轴分枝，假鳞茎粗壮，顶生 1～2 片叶。具一叶者称单叶类，花常单生，假鳞茎棍棒状（彩图 45）；具二叶者称双叶类，花 2～6 朵形成花序，假鳞茎圆柱状；两类之间的杂交种性状介于二者之间，花顶生，花大，唇瓣特大而显著，边缘多褶皱。

（三）生态习性

附生兰，属中温性兰类，喜温暖、湿润的气候，根部需通气良好。冬季最低温不低于14 ℃。生长季节要求高湿度，夏季高温季节，需在叶面及气生根上不断喷少量水。每年有 3～4 个月的休眠期。短日照植物，既怕冷冻又需有一定的昼夜温差才能开花。强光常使叶灼伤和花受害，故应人工遮光。室内需通风良好，空气受到污染时花未开即落。

适应力强，根系发达，栽培时根常从盆沿或盆孔伸出盆外。植株生长迅速，一个生长季可产生几个假鳞茎。一般 2～3 年即需换盆。多用分株繁殖。

（四）栽培技术

1. 盆栽基质及养护场所　花盆可选用多孔瓦盆、塑料盆等，多底孔的塑料盆更好，因为卡特兰属的气生根易附着在容器上，换盆时易伤根，而塑料盆可避免这一点。盆栽基质通常用蕨根、苔藓、树皮块或多孔陶粒等，单独或混合使用皆宜。

可将其种植在阳台上、荫棚内、温室内或树下。种在阳台及简易温室内时，需注意通风及湿度问题，种在荫棚内需注意越冬温度。

2. 温度与湿度　卡特兰属喜温暖、湿润的环境，生长适温为 26 ℃，昼夜温差在15 ℃左右较适合植株生长发育。越冬温度晚上宜保持在 15 ℃左右，白天至少要高出晚上5 ℃以上。

空气湿度以 70%～80% 为宜，太低会引起花蕾枯黄，花朵提早凋谢，生长较慢等。地面洒水及叶面喷水有助于提高空气湿度，但不能在晚上进行。

3. 光照　卡特兰属花卉大多喜半阴，夏季应遮光 60%～70%，春、秋季宜遮光50%，强烈的阳光会灼伤叶片和新芽。

4. 浇水　春、夏、秋季生长旺盛期要求有充沛的水分。表面干燥时就立即浇水。开花期和冬季要适当控制浇水，待植株表面干燥且过一天后再浇水，不可对准花浇。

5. 施肥　冬季如日平均气温降至 15 ℃以下，不可施肥，否则会伤及根部。生长初期可结合浇水，每 5～7 d 往根部浇一次氮、磷、钾比例为 1∶1∶1 的复合肥 1 000 倍液。待新芽长至一半以后，再改施氮、磷、钾比例为 1∶2∶3 的复合肥，以利于花芽的发育。生长期若缺肥则生长不好甚至不开花。

6. 繁殖　通常采用分株繁殖，于春天进行。栽培良好、生长正常的植株每三年左右可分株一次。分株时每一小株上都要有三个以上的假鳞茎，分株用的花盆盆底要放适量的碎砖块，以利于根系通气排水。上盆时使新芽向着盆沿，并留出生长 2～3 年的空间来。

7. 病虫害防治　只要光照条件适合，通风良好，浇水施肥及时，则该属兰花不易得病。若得病，则最易患细菌性软腐病，受害后茎变成褐色并呈软腐状，腐烂组织发出恶臭味。养护时应注意通风透光，发病初期及时用利刀割除受害病部，并用农用链霉素等抗生素喷灌。

四、石斛属（*Dendrobium*）

石斛兰分为两种，一种为春石斛，春季开花，花梗由两侧茎节处抽出，为腋生花序，花期可达两个月，常作为盆栽观赏；另一种为秋石斛，秋季开花，花梗由假鳞茎从顶端抽出，即顶生花序，每梗着花可达 10～20 朵，花期超过一个月。

石斛兰花姿优美，色彩鲜艳，宜盆栽摆放在阳台、窗台上或用吊盆悬挂在客厅、书房等处。在欧美常用石斛兰的花制作胸花，配上丝石竹和天冬草，别具一格。目前，石斛兰广泛用于大型宴会，开幕式剪彩典礼等场合。

（一）产地与分布

该属是兰科中最大的属之一，野生原生种约有 1 600 种，广泛分布于亚洲热带和亚热带至大洋洲地区。据报道，石斛属花卉我国原产 76 种，分布在秦岭—淮河以南的广大地区，以西南、华南和台湾等地最多，附生于海拔 480～2 400 m 的热带雨林中的树干或树杈上和阴湿的石块上。

（二）形态特征

短根茎上密生假鳞茎，假鳞茎细长，枝状，上端生叶片。总状花序，直立、斜出或下垂，生于茎的中部以上节上，具少数至多数花，少有退化为单朵花的，花大而艳丽，多有金属光泽。

（三）生态习性

常绿，附生。原产于低海拔处的，需中温环境；产于高山的，冬季落叶，适合较冷凉的气候。均适宜高湿度的荫蔽环境，一般需遮光 60%～70%。对土肥要求不甚严格，野生多在疏松且厚的树皮或树干上生长，有的也生长于石缝中。每年春末夏初，两年生茎上部节上抽出花序，开花后从茎基长出新芽发育成茎，秋、冬季进入休眠期。

（四）栽培利用

目前栽培的有部分原生种和种间杂种，均盆栽。

1. 选地　根据其生态习性，石斛兰栽培地宜选半阴半阳、空气湿度 80% 以上、冬季气温 0 ℃ 以上的地区。人工可控环境也可。

2. 繁殖方法　常用分株、扦插和组织培养繁殖。

（1）分株繁殖。春季结合换盆进行。将生长密集的母株从盆内托出，尽量少伤根、叶，将兰苗轻轻掰开，选取 3～4 个小株栽于口径 15 cm 的盆中。

（2）扦插繁殖。选择未开花而生长充实的假鳞茎，从根际剪下，再切成段，每段 2～3 节，直接插入泥炭、苔藓中或用水苔包扎插条基部，保持湿润，室温控制在 18～22 ℃，插后 30～40 d 可生根。待根长 3～5 cm 时移入盆中。

（3）组织培养。常以茎尖、叶尖为外植体，在附加 2,4-二氯苯氧乙酸 0.15～0.50 mg/L、6-苄氨基腺嘌呤 0.5 mg/L 的 MS 培养基上，其分化率可达 10% 左右。分化的幼芽转至含有活性炭、椰乳的 MS 培养基中（附加 2,4-二氯苯氧乙酸和 6-苄氨基腺嘌呤各 0.1 mg/L），即能正常生长，形成无根幼苗。将幼苗转入含有吲哚丁酸 0.2～0.4 mg/L 的 MS 培养基中，能够诱导生根，形成具有根、茎、叶的完整小植株。

3. 栽培管理

（1）基质及盆。盆栽石斛兰需用泥炭、苔藓、蕨根、树皮块、木炭等排水、透气良好的轻型基质。同时，盆底多垫瓦片或碎砖屑，以利于根系发育。

（2）栽培场所。必须光照充足，对石斛兰生长、开花更加有利。

（3）水分管理。春、夏季生长期，应充分浇水，使假球茎生长加快。9月以后逐渐减少浇水，使假球茎逐渐趋于成熟，促进开花。

（4）施肥。生长期每月施肥三次左右，秋季减少施肥，到假球茎成熟期和冬季休眠期，则完全停止施肥。

（5）换盆。栽培2～3年以上的石斛兰，植株拥挤，根系满盆，应及时换盆。要在花后换盆，换盆时要少伤根部，否则遇低温叶片会黄化脱落。

（6）病虫害防治。病害常有黑斑病、病毒病等，可用10%抗菌剂401醋酸溶液1 000倍液喷杀。虫害多为介壳虫危害，可用40%氧化乐果乳油2 000倍液喷杀。

五、洋兰的栽培技术

什么是洋兰？我国著名兰花专家卢思聪先生编著的《中国兰与洋兰》一书中解释道："洋兰是相对于中国兰而言的，兴起于西方，受西洋人喜爱的兰花。"相对于中国兰而言，洋兰的种类要丰富得多，不仅仅有兰属的物种，还有很多兰科其他属的植物。由于洋兰中有不少物种原产于热带，因而又有人将洋兰称为热带兰，但二者并不能画等号。

一般来说，洋兰根据其生长习性的不同又分为地生兰和附生兰。顾名思义，地生兰是指生长在土地上的兰花，同中国兰一样；而附生兰则是指附着于其他物体上生长的兰花，如生长在大树上的兰花，这类兰花一般生长在热带，具有气生根。热带兰一般生长缓慢，从幼苗到成品花需要生长2～4年，所以家庭种养热带兰时一般都是到花卉市场购买成品花。

1. 栽培基质 要求排水良好、保湿性强、透气性能好的栽培基质。一般用苔藓、木炭、碎树皮即可，也可到花卉市场购买配制好的基质。

2. 水分管理 要保持盆土潮湿，表面干燥时就应当浇水，并要浇透。一般夏季每天浇一次水，冬季每周浇2～3次水。夏季高温时可在花盆周围洒少量的水或者在叶面上喷水。

3. 施肥 生长季可每隔10 d向植株施一次无机肥料配制的稀薄液肥或兰花专用肥。

4. 温度 生长季的适宜温度为18～25 ℃，要有充足的室内散射光，避免阳光直接暴晒，以免影响生长和开花。在开花期，要将植株放在光照较弱的地方，以便让花开放得更加绚丽长久。越冬温度要保持在10 ℃以上。

5. 换盆 换盆时要剪去枯残老根和残花，晾干后用浸透水的苔藓包住根部即可上盆。填实新的栽培基质后要在阴凉处摆放一周左右。

6. 繁殖方法 一般用分株繁殖，在春季萌生新芽前或开花后将老株丛分开，分株的数量可视老株的大小而定。

7. 花盆 以土盆、陶盆为宜。家庭栽培洋兰时，为追求美观可在花盆外套上一个稍大的漂亮花盆，如瓷盆。

 项目小结

　　兰花泛指兰科中具有观赏价值的种类，是中国文人淡泊、清高品质的象征，为"梅兰竹菊"四君子之一，既可赏花也可赏叶，主要用作盆栽或切花，是名贵的盆栽花卉。本项目的叙述重点在于不同习性的兰花对温室环境的要求，以及环境的调控方法，地生兰与气生兰的区别，洋兰与国兰在栽培管理、繁殖等方面的差别等。

探究与讨论

1. 如何识别兰属花卉？
2. 不同习性的兰科花卉对温室环境有哪些要求？如何调控温室环境？
3. 地生兰与气生兰的区别有哪些？
4. 洋兰与国兰在栽培管理、繁殖方法上的差别有哪些？

项目十五 水生花卉

项目导读

　　水生花卉种类繁多，并日益成为园林绿化、景观营造的重要植物材料，其不仅具有观赏价值，还有很高的生态价值和药用价值。熟练掌握水生花卉的生态习性、繁殖和管理特点具有一定的现实意义。

学习目标

☑ 知识目标

　　● 了解水生花卉的定义及生态习性。
　　● 了解水生花卉的类型和应用。
　　● 了解水生花卉的繁殖和管理特点。
　　● 识别常见水生花卉。

☑ 能力目标

　　● 识别常见水生花卉，并了解各种水生花卉的生态习性及其繁殖、管理特点。

项目学习

任务一 水生花卉的生态习性

一、水生花卉的生态习性

（一）水生花卉的生态习性特点

（1）对水分具有较高的要求和依赖性。
（2）多要求肥沃、富含腐殖质的黏土。
（3）多数喜欢阳光充足、通风良好的环境。
（4）对水深、水质、氧气等有不同要求。
（5）以种子、地下茎、冬芽等形式越冬。

（二）不同水生花卉对光照的要求

（1）喜光类水生花卉要求全光照环境，如莲、睡莲、千屈菜等。

（2）喜阴类水生花卉要求20％～40％的光照环境，如天南星科、水蕨等。

（3）耐阴类水生花卉要求60％的光照环境，如莼菜、泽泻等。

（三）不同水生花卉对温度的要求

1. 高温水生花卉 该类水生花卉原产于热带地区，生长适温16～30 ℃，主要代表种有王莲等。

2. 中低温水生花卉 该类水生花卉原产于亚热带、暖温带、温带地区，生长适温为11～18 ℃，主要代表种有睡莲、香蒲、菱、千屈菜、眼子菜等。

二、水生花卉的类型及应用

根据对水分的要求，可将水生花卉分为以下几类。

1. 挺水类 此类水生花卉的根或地下茎扎入泥中生长发育，茎、叶挺出水面。对水的深度要求因种类而异，有的要求深达1～2 m。如芦苇、千屈菜、莲、香蒲、菖蒲、石菖蒲、水葱、水生鸢尾等。

2. 浮叶类 此类水生花卉的根或地下茎扎入泥中生长发育，无地上茎或地上茎柔软不能直立，叶漂浮于水面。对水的深度要求也因种类而异，有的要求深达2～3 m。如睡莲、菱、萍蓬草、荇菜（彩图46）、王莲、芡实（彩图47）等。

3. 漂浮类 此类水生花卉的根不扎入泥中，植株漂浮于水面，位置不定，随风浪和水流四处漂浮，其中不乏观赏价值较高者。如凤眼莲（彩图48）、满江红、水鳖、浮萍等。

4. 沉水类 此类水生花卉的根或地下茎扎入泥中生长发育，茎、叶沉入水面，是净化水质或布置水下景色的植材，许多鱼缸中使用的植物就是沉水类水生花卉。如玻璃藻、莼菜、眼子菜、苦草、黑藻、海菜花等。

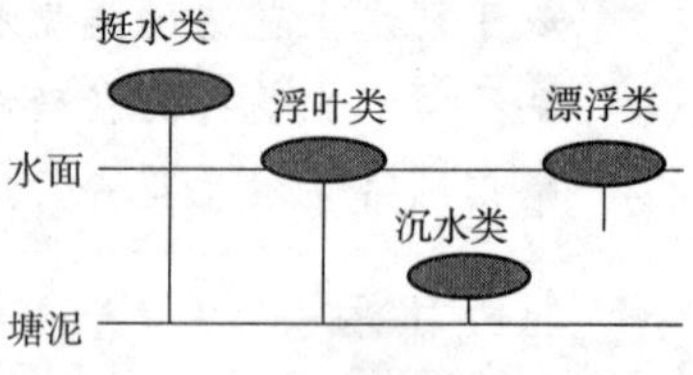

图15-1 水生花卉分布示意

各类水生花卉在水中是分层分布的（图15-1）。

任务二 水生花卉的繁殖与管理

一、水生花卉的繁殖方法

（一）播种繁殖

水生花卉一般在水中播种。具体方法是将种子播于有培养土的盆中，盖以沙或土，然后将盆浸入水中，浸入水中的过程应逐步进行，由浅到深，刚开始时仅使盆土湿润即可，之后可使水面高出盆沿。水温应保持在18～24 ℃，对于王莲等原产于热带的水生花卉，需将水温提高到24～32 ℃。

种子的发芽速度因种而异，耐寒种类发芽较慢，需三个月到一年，不耐寒种类发芽较快，播种10 d左右即可发芽。

播种多在室内进行，因为室内条件易控制，而室外水温难以控制，往往影响发芽率。

大多数水生花卉的种子干燥后即丧失发芽力，需在种子成熟后立即播种或储于水中或湿处。少数水生花卉种子可在干燥条件下保持较长的寿命，如莲、香蒲、水生鸢尾等（图 15-2）。

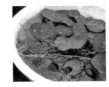

图 15-2　水生花卉播种繁殖

（二）分株繁殖

大多水生花卉的植株成丛或有地下根茎，可直接分株或将根茎切成数段进行栽植。分根茎时注意每段必须带顶芽及尾根，否则难以成株。分株一般在春、秋季进行，有些不耐寒者可在春末夏初进行（图 15-3）。

图 15-3　水生花卉分株繁殖

二、水生花卉的栽培管理

栽培水生花卉的水池应具有丰富的塘泥，其必须具有充足的腐烂有机质且要质地黏重。盆栽水生花卉的用土也必须是富含腐殖质的黏土。

由于水生花卉一旦定植，追肥比较困难，因此，要在栽植前施足基肥。已栽植过水生花卉的池塘一般已有腐殖质的沉积，视其肥沃程度再确定施肥与否。新开挖的池塘必须在栽植前施入大量的有机肥。

各种水生花卉对温度的要求不同，要采取不同的栽植和管理措施。王莲等原产于热带的水生花卉，在我国大部分地区进行温室栽培。其他一些不耐寒者，一般盆栽之后置于池中，天冷时移入贮藏处。半耐寒性水生植物可行缸植，放入水池特定位置观赏，秋、冬季取出，放置于不结冰处即可，也可直接栽于池中，冰冻之前提高水位，保证植株周围尤其是根部附近不结冰，少量栽植时可人工挖掘储存。耐寒性水生花卉一般不用特殊保护，休眠期对水位没有特别要求。

有地下根茎的水生花卉一旦在池塘中栽植时间较长，便会四处扩张，因此，一般要在池塘内建种植栏，以保证其不四处蔓延。漂浮类水生花卉常随风而动，种植之后可拦网固定。

任务三　主要水生花卉

一、莲

学名 *Nelumbo nucifera*，别名荷花、藕、芙蓉、芙蕖、菡萏、水芙蓉、泽兰、佛座须、玉环、水芝、水芸、水目、泽芝、水华、水旦草、六月春等，睡莲科莲属。

（一）形态特征

多年生挺水植物，根茎（藕）肥大多节，横生于水底泥中。叶圆形，盾状，表面深绿色，被蜡质白粉，背面灰绿色，全缘并呈波状；叶柄圆柱形，密生倒刺。花大，花瓣多数，单生于花梗顶端，高托于水面之上，有单瓣、复瓣、重瓣及重台等花型，花色有白、粉、深红、淡紫或间色等变化；雄蕊多数，雌蕊离生，埋藏于倒圆锥状海绵质花托内，花托表面具多数散生蜂窝状孔洞，受精后逐渐膨大，称为莲蓬，每一孔洞内生一小坚果（莲子）。花期 6～9 月，每日晨开暮闭。果熟期 9～10 月。

（二）品种分类

1. 根据栽培目的划分　莲的栽培品种很多，依栽培目的和用途不同可分为花莲、藕莲、子莲三大类。

（1）花莲。花莲是以观花为目的进行栽培的莲类型。主要特点是开花多，花色、花型丰富，群体花期长，观赏价值较高。但根茎细弱，品质差，一般不作食用，莲子品质也较差，茎、叶均较其他两类为小，长势弱。

（2）藕莲。藕莲是以产藕为目的进行栽培的莲类型。主要特点是根茎粗壮，生长势旺盛，但开花少或不开花。

（3）子莲。子莲是以生产莲子为目的进行栽培的莲类型。主要特点是根茎细弱且品质差，但开花多（以单瓣为主），莲子品质好。

2. 根据主要特征划分　根据种性、植株大小、重瓣性、花色等主要特征，可将莲进行如下划分。

（1）中国莲种系。

①大中花群。

A. 单瓣类：单瓣红莲组、单瓣粉莲组、单瓣白莲组。

B. 复瓣类：复瓣粉莲组。

C. 重瓣类：重瓣红莲组、重瓣粉莲组、重瓣白莲组、重瓣洒锦组。

D. 重台类：红台莲组。

E. 千瓣类：千瓣莲组。

②小花群（碗莲群）。

A. 单瓣类：单瓣红碗莲组、单瓣粉碗莲组、单瓣白碗莲组。

B. 复瓣类：复瓣红碗莲组、复瓣粉碗莲组、复瓣白碗莲组。

C. 重瓣类：重瓣红碗莲组、重瓣粉碗莲组、重瓣白碗莲组。

（2）美国莲种系（大中花群）。

单瓣类：单瓣黄莲组。

（3）中美杂交莲系。

①大中花群。

A. 单瓣类：杂种单瓣红莲组、杂种单瓣粉莲组、杂种单瓣黄莲组、杂种单瓣复色莲组。

B. 复瓣类：杂种复瓣白莲组、杂种复瓣黄莲组。

②小花群（碗莲群）。

A. 单瓣类：杂种单瓣黄碗莲组。

B. 复瓣类：杂种复瓣白碗莲组。

（三）产地

主要产自中国、日本、印度、菲律宾等。

（四）生态习性

喜湿怕干，喜相对稳定的静水，不爱涨落悬殊的流水。池塘植莲水深以 0.3～1.2 m 为宜，初植种藕，水位应在 0.2～0.4 m。在水深 1.5 m 处，就只见少数浮叶，不见立叶，不能开花，如立叶淹没持续 10 d 以上，便有死亡的危险。

栽植季节气温需在 15 ℃以上，最适温度为 20～30 ℃，冬季气温降至 0 ℃以下时，盆栽种藕易受冻。在强光下生长发育快，开花早，但凋萎也快。对土壤要求不严，以富含有机质的肥沃黏土为宜，适宜的 pH 为 6.5。

花期 7～8 月。单朵花的开花时长，单瓣品种 3～4 d，于早晨开放，中午以后逐渐闭合，次晨复开；复瓣品种 5～6 d；重瓣品种可达 10 d 以上。

在较好的贮藏条件下种子寿命可达 1 000 年以上，主要是因为莲的果实外皮坚硬而厚实，基本隔绝了水分和空气的出入，所以内部的呼吸作用非常缓慢。

（五）繁殖方法

莲可用播种繁殖和分生繁殖。在园林应用中，多采用分生繁殖，一是可保持亲本的遗传特性，二是当年可观花。采用播种繁殖的，当年多数不能开花。

播种用新莲子或陈莲子均可，随采随播也能萌发。播种适温为 17～24 ℃。由于莲壳紧密坚硬，所以播前必须经过破头处理（将莲子凹进去的一端破一小口，露出种皮），然后投入盛有清水的器皿中浸泡 3～5 d，水深以浸没莲子为度，每天换水一次。当浸种的莲子长出 2～3 片幼叶时，便可在备有沃泥的无孔小花盆内播种。播种时，将莲子卧放于盆边，每盆一粒，徐徐按下，让莲子背面与泥面相平。当莲苗立叶挺出水面时，便可将莲脱盆移植于填有稀泥的较大盆中，注意勿让盆泥散落，也勿折损叶柄。

池塘播种也要"破头"浸种，然后撒播在水深 10～15 cm 的池塘湖泥中。一周后可萌发新根嫩叶，一个月后浮叶出水。

进行分生繁殖时，若植于池塘，一般采用整枝主藕作种藕。植于缸、盆时，可用子藕。不论哪类种藕，都要具有完整无损的顶芽，否则当年不易开花。清明前后，长江流域一带气温上升至 15 ℃以上时，是莲分生繁殖的佳期。在池塘栽植时，先将池水放干，翻整耙平池泥，施足底肥，然后栽藕，栽时应将顶芽朝上，呈 20°～30°斜插入泥中，并让尾节翘露出泥面。用盆、缸栽植时，操作方法基本同塘栽，只是要将种藕靠近盆（缸）壁徐徐插入泥中。

（六）园林应用

莲出淤泥而不染，迎骄阳而不惧，深受文人墨客喜爱，广泛栽培于池塘、沼泽、碗钵等中，可以营造景观、美化庭院、装饰阳台，是中国十大传统名花之一。

二、睡莲

学名 *Nymphaea tetragona*，别名子午莲、矮睡莲、侏儒睡莲等，睡莲科睡莲属。

（一）形态特征

多年生水生草本。叶浮于水面，圆心形或肾圆形，上面光亮，下面带紫色或红色。花瓣多数，雄蕊多数，花药线形。花大而美，并具芳香，一般于中午 12 时左右至下午 3～4 时开放，日落后闭合，次日又开，可连续开放 3～5 d（彩图 49 至彩图 51）。

（二）产地

原产于中国，我国南北各地沼泽中自生；日本、朝鲜、印度、西伯利亚及欧洲等地亦有分布。

（三）生态习性

耐寒性极强，在我国大部分地区能安全越冬。喜具强光、通风良好，水质清洁的环境。对土壤要求不严，但以富含腐殖质的黏土最好，pH 宜为 6～8，最适水深 25～30 cm，最深不得超过 80 cm。春季萌芽，夏季开花，10 月以后进入枯黄休眠期，可在不结冰的水中越冬。

（四）繁殖与栽培

1. 繁殖　可用分株繁殖和播种繁殖。

（1）分株繁殖。分株是睡莲最主要的繁殖方法，一般于每年春季 3～4 月，芽刚刚萌动时将根茎掘起，用利刃分成几块，保证根茎上带有两个以上充实的芽眼，栽入池内或缸内的河泥中。

（2）播种繁殖。采种后将饱满的种子放在清水中密封储藏，直至第二年春天播种前取出。浸入 25～30 ℃的水中催芽，每天换水，两周后即可发芽。待幼苗长至 3～4 cm 高时，即可种植于池中，要保证足够的水深。

2. 栽培养护　平时应注意保持阳光充足，通风良好。施肥多采用基肥。大面积种植时，可直接栽于池中，小面积栽植时可先植入盆中，再将盆置于水中。分栽次数应根据长势而定，一般每两年分株一次。

（五）园林应用

睡莲是一种重要的水生观赏植物，可用于美好平静的水面，也可盆栽观赏或作切花材料。睡莲的根能吸收水中的铅、汞及苯酚等有毒物质，有良好的净化水质的能力。其根茎的淀粉可用于酿酒，全株可作绿肥和药用。

三、王莲

学名 *Victoria amazonica*，别名亚马逊王莲等，睡莲科王莲属。

（一）形态特征

多年生或一年生大型浮叶水生植物，地下具有短而直立的根茎，侧根发达。幼叶卷曲呈锥状，逐渐伸展变成圆形，叶径达 1.0～2.5 m；表面绿色无刺，叶背紫红色，网状叶脉上具长硬刺，叶缘形成高 10 cm 左右的直立周缘；叶柄长 2～3 cm，直径 2.5～3.0 cm。花单生，花径 25～35 cm，初开时白色，翌日转为淡红至深红色，第三天闭合沉入水中。花期夏、秋季，果实球形，具多数玉米状种子。

（二）产地

原产于南美洲，现世界各地均有引种。

（三）生态习性

喜高温、高湿、阳光充足、水面清洁的环境，喜富含有机质的肥沃基质。一般要求水温 30～35 ℃，空气湿度 80％左右，室内栽培时要求室温 25 ℃以上，低于 20 ℃则不能正常生长。

（四）繁殖与栽培

一般采用播种繁殖。种子需在 30～35 ℃ 的水中贮藏催芽，若失水则会丧失发芽力。催芽种子长出根和锥形叶后便可上盆，种子顶端要露出基质。随小苗长大逐次换盆，当叶片生长至直径达 20～30 cm 时便可定植。一般栽植一株王莲，需水池面积 30～40 m²，水深 80～100 cm。定植前应将水池消毒，并在池内设种植槽、暖气管、排水管等。

栽培王莲时要保证充足的光照和较高的温度，栽植基质中应施入充足的有机基肥。夏季温度过高时注意通风。

（五）园林应用

王莲叶片硕大奇特，花大色艳，可用于创造典型的热带景观，深受人们喜爱。其是美化水面的好材料，但在我国大多地区需在高温温室中栽培，成本昂贵。王莲种子富含淀粉，可供食用。

四、水生花卉种类介绍

常见水生花卉介绍见表 15-1。

表 15-1　常见水生花卉介绍

名称	生态类型	花	株高	栽培特点	用途
莲	挺水	有红、白等色，花期 6～9 月，单朵花开花时长 3～4 d	0.5～1.0 m	宜避风向阳场所，栽培水位 0.3～1.2 m	栽于池塘，也可盆栽、缸栽
睡莲	浮叶	单生于花梗顶端，花期 6～9 月	0.3～0.6 m	喜具强光、水质清洁的环境。最适水深 25～30 cm	可盆栽或作切花
王莲	浮叶	花期夏、秋季，花径 25～35 cm	1.5 m 左右	喜高温、高湿，水温宜为 30 ℃，水深宜为 80 cm	温室栽培
千屈菜	挺水	紫色，花期 6～9 月	0.3～1.0 m	耐寒性极强，可露地越冬。浅水中生长最佳	宜生长在沼泽地、水沟边等
香蒲	挺水	花期 5～7 月	1.5 m 左右	耐寒但喜阳光，适应性强	宜生于浅水塘边、河边

（续）

名称	生态类型	花	株高	栽培特点	用途
花菖蒲	挺水	大多紫红色，花期5～6月	0.3～0.5 m	耐半阴，适生于草甸或沼泽地	绿化好材料，可用于专类园或切花
萍蓬草	浮叶	花期5～7月，圆柱状花挺出水面	0.5～0.8m	喜温暖、湿润，适宜水深30～60 cm	可用于夏季水景园，也可植于假山前
大藻	漂浮	花期夏、秋季	0.8～1.0 m	喜高温、高湿，不耐寒	叶形奇特，可用于池塘绿化
石菖蒲	挺水	白色，花期2～4月	0.3～0.5 m	喜温暖、阴湿	适于种在溪边，或作阴地地被和镶边材料
波浪草	沉水	—	0.3 m左右	喜温暖	用于水族箱、水景箱
网草	沉水	有粉红、淡黄等色，花期春季	0.7 m左右	怕严寒，喜中度光	用于水族箱、水景箱
凤眼莲	漂浮	蓝紫色，花期7～9月	0.3～0.5 m	喜温暖、湿润的环境，适宜浅水和流速快的水体	池塘、水沟绿化用材料
旱伞草	挺水	白色，花期7月	0.5～1.5 m	喜温暖、阴湿、通风良好的环境	观叶为主，用于溪流岸边，也可盆栽
黄花鸢尾	挺水	花大，淡黄色，花期5～6月	0.5～1.0 m	喜光，耐半阴，耐旱，耐湿。根茎极耐寒	可布置于洼地、路旁等
苦草	沉水	花期秋季	0.4 m左右	喜温暖，静水或流水均可	用于水族箱、水景箱
眼子菜	浮叶	黄绿色，花期6～8月	—	喜温暖、湿润，适合浅水	布置静水面
水葱	挺水	淡黄色，花期6～8月	0.5～1.0 m	北方可露地越冬，适合浅水	株丛挺立，植于岸边观叶为主
鸭舌草	挺水	蓝色，花期7～9月	0.5 m以下	喜光照充足，适合浅水	花叶俱美，可于水边、沼泽地栽植
荇菜	漂浮	花期6～7月	—	耐低温但不耐严寒，适合静水或缓流	用于水面绿化
花叶芦竹	挺水	白色，花期9～10月	0.5～1.5 m	喜温，耐湿，喜光，耐寒	可于池边、低洼积水地栽培
水生美人蕉	挺水	有红、黄、粉等多种颜色，花期7～10月	1.0～1.5 m	不耐寒，适合浅水	可栽于水池边，也可作切花

项目小结

水生花卉种类繁多，是园林水景中重要的植物材料，不仅具有观赏价值而且还有很高的生态价值和药用价值。本项目主要对水生花卉的定义、生态习性，以及水生花卉的类型、应用、繁殖和管理特点进行叙述；同时阐述了常见水生花卉的种类、应用价值、栽培技术及其在园林中应用的注意事项。掌握水生花卉的生态习性对建设园林水景及处理污水具有重要意义。要学会充分发挥水生花卉对园林水体美化、净化的作用，实现人与自然的和谐共生。

探究与讨论

1. 什么是水生花卉?
2. 水生花卉的生态习性有哪些?
3. 根据对水分的要求,可将水生花卉分为哪几类?
4. 水生花卉的繁殖方法有哪些?
5. 水生花卉的栽培管理要求有哪些?
6. 简述莲、睡莲和王莲的形态特征、生态习性、繁殖方法和园林应用。

项目十六 高山花卉及岩生花卉

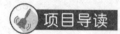
项目导读

中国是一个多山的国家，高山花卉资源十分丰富，仅云南西北部高山上就汇集了5 000多种高山植物。高山花卉形态万千，花色五彩缤纷，春秋时节，当各种高山花卉竞相绽放之时，高山地区犹如一个天然大观园，美不胜收，使人流连忘返。

学习目标

☑ 知识目标

- 了解高山花卉及岩生花卉的含义。
- 了解高山花卉及岩生花卉的特征及应用价值。
- 了解常见高山花卉及岩生花卉的种类及其基本特征。

☑ 能力目标

- 理解高山花卉及岩生花卉的特征及应用价值。
- 掌握常见高山花卉及岩生花卉的种类及其基本特征。

项目学习

任务一　概述

一、高山花卉及岩生花卉的定义及主要种类

高山上生长的花卉种类繁多，习性各异，生境复杂。有些花卉只生长于海拔5 000 m以上的高山上，生境适应幅度较窄；而另一些既可生长于海拔3 000 m以上的高山上，也可出现在低山区甚至平原上。这说明有些高山花卉的生境适应幅度是较宽的，因此，高山花卉直到现在还没有明确的定义，原因就是海拔下限难以明确界定。这里主要将原产于较高海拔和山区的花卉统称为高山花卉（彩图52），将生长于石上或岩边的花卉称为岩生花卉。

在众多的高山花卉及岩生花卉中，以杜鹃花属、报春花属和龙胆属最负盛名，它们具

有极高的观赏价值。全球共有杜鹃属植物 800 多种，其中 600 多种生长在我国。全球报春花属有 500 多种植物，我国产 390 种左右，是世界报春花属的分布中心。龙胆属为一年生或多年生草本植物，全球有 500 多种，我国产 230 多种，大部分生长于海拔 3 000~5 000 m 的高寒山区。

高山花卉及岩生花卉还包括马先蒿属、紫堇属、垂头菊属以及高山药用植物——雪莲花（彩图 53）和形似狡兔的雪兔子。雪兔子分布于海拔 5 000 m 左右的流石滩上，通体被覆着白或灰色茸毛，极抗寒，地球上的有花植物中，其生长的地方海拔最高。

此外，毛茛科、蔷薇科、菊科、虎耳草科、景天科、紫葳科、唇形科、玄参科、桔梗科、鸢尾科和兰科的许多植物也属于高山花卉及岩生花卉。

二、高山花卉及岩生花卉的特征

虽然高山花卉和岩生花卉在种与种之间的性状和形态差异较大，但也有着以下共同特征。

（1）大多数植株矮小。高山环境严酷，植株只能贴近地面生长，或分枝紧抱形成垫状，这样既可抵御寒风吹袭，又能降低能量消耗。植株矮小是对生存环境的一种适应，但植株虽小，却能开出大而鲜艳的花朵。

（2）茎粗、叶厚、根系发达，植株富含糖和蛋白质。由于高山空气稀薄，氧气不足，生存条件恶劣，所以这些植物叶片可自行贮存空气并形成发达的根系，这是对恶劣环境条件的一种适应性结构变化。另据测定，一些高山植物的糖和蛋白质含量占到了干重的 25%。

（3）花色艳丽。研究证实，高山上紫外线强烈，为了生存，高山植物的花瓣内产生大量类胡萝卜素和花青素以吸收紫外线，保护染色体。类胡萝卜素使花瓣呈现黄色，花青素则使花瓣显露红、蓝、紫色。紫外线越强，花瓣内上述两种物质的含量就越高，花色也就越艳丽。

三、高山花卉及岩生花卉的应用价值

（1）在世界园林的发展中起到重要的作用。早在 100 多年前，我国的高山花卉及岩生花卉就被引入西方国家，在他们的园林中大放异彩，还被驯化或作为杂交亲本，培育出了许多花卉园艺品种。

（2）具有重要的经济价值。这类花卉生长慢，加之强烈的光照和较大的温差，植物体内积累了丰富的次生代谢产物并富含糖和蛋白质，是大自然赋予人类的天然药物宝库。

（3）观赏价值极高。该类花卉的花朵色泽艳丽，五彩缤纷。随着经济发展和科技进步，人们逐渐将珍贵的高山花卉及岩生花卉引种到城市中，丰富和美化人类居住环境。

任务二 常见高山花卉及岩生花卉

一、龙胆

学名 *Gentiana scabra*，别名龙胆草、观音草等，龙胆科龙胆属。原产于我国黑龙江和云南等地，日本、朝鲜，俄罗斯也有分布，多生长于海拔 2 000～4 800 m 的亚高山温带地区和高山寒冷地区。同属植物全世界约 400 种，我国有 247 种，云南有 130 多种。同属其他具观赏价值的花卉有以下几种。

（1）大花龙胆。株高 5～10 cm。产于我国云南、四川、西藏、青海等地，生于海拔 3 000～4 400 m 的高山草甸和流石滩。花期 8～10 月。

（2）头花龙胆。株高 10～30 cm。产于我国云南、广西、四川、贵州等地。生于海拔 2 000～3 600 m 的阳坡地。花期 9～10 月。

（3）滇龙胆草。产于我国云南、贵州、四川、广西和湖南等地。生于海拔 1 100～3 100 m 的山坡草地、灌丛、林下及山谷中。花果期 8～12 月。

（一）形态特征

多年生草本，株高 30～60 cm，茎直立。根细长，多条，集中在根颈处。叶对生，无柄。聚伞花序密生于枝顶，花钟状，直径约 4 cm，鲜蓝色或深蓝色。花期 9 月。蒴果长卵形（彩图 54、彩图 55）。

（二）生态习性

性耐寒，怕干旱，较耐阴，喜湿润的土壤和冷凉通风的环境。宜选择疏松、肥沃的壤土栽培。生长期内要注意浇水、施肥，幼苗还需适当遮阳。

（三）繁殖方法

可用扦插、播种、分株等方法繁殖。扦插以新萌条作插条成活率较高。因种子细小，播种应于早春播于育苗盘中。由于自然分生能力不强，所以分株繁殖不常用。

（四）园林应用

龙胆的花较大，颜色鲜艳，于深秋开放。宜植于花境、灌丛中，或布置林缘。

二、鄂报春

学名 *Primula obconica*，别名四季樱草、球头樱草、四季报春、仙鹤莲等，报春花科报春花属。报春花属植物全世界约有 500 种，绝大多数分布于北半球温带和亚热带高山地区，仅有少数产于南半球。我国约有 300 种，主要分布于云南、四川、贵州、西藏南部，陕西、湖北也有分布，其余地区分布较少。云南是世界报春花属植物的分布中心。同属常见栽培的其他花卉有如下几种。

（1）藏报春。藏报春又名大花樱草，产于我国四川、湖北、陕西等地，栽培历史悠久，多年生常作一年生栽培。6～7 月播种，春季开花，可作盆花栽培。

（2）小报春。小报春又名报春花，春节前后盛开。云南各地有野生，长于阴湿的田埂或沟边。可作盆栽，也可用作假山附生植物或阴湿地区的地被植物。

（3）球花报春。多年生草本，花冠高脚碟状，淡紫红色。6～7 月播种，春季开花。

（4）多花报春。多花报春是经园艺家多年选育而成的杂交种。株高 15～30 cm，有多种花色。花期春季。

（5）欧报春。原产于西欧和南欧，花单瓣或重瓣，有黄白、红紫和蓝等色。性耐寒，可用于早春盆栽或布置花坛。

（一）形态特征

多年生宿根草本，常作一年生栽培。株高 20～30 cm，全株被白色茸毛。顶生伞形花序，着花 10 余朵，花有红、粉红、黄、橙、蓝、紫、白等色；花径约 5 cm，花萼管钟状。花期 2~4 月。蒴果，种子细小，圆形，深褐色。

（二）生态习性

喜凉爽、湿润和通风良好的环境。喜排水良好、富含腐殖质的微酸性土壤。不耐寒，不耐高温和强烈的直射光。

（三）繁殖方法

以播种繁殖为主，也可分株繁殖。播种繁殖一般以沙或泥炭为基质。因种子细小，播后可稍覆细土，也可不覆土，播后加盖玻璃或报纸保湿遮光，以利于种子萌发。因种子寿命短，宜随采随播。播后 10~28 d 发芽，发芽温度为 15~21 ℃。播种期也可根据开花期而定。如冬季开花则晚春播种，要早春开花则早秋播种。分株宜于秋季进行。

（四）园林应用

鄂报春品种多，花色鲜艳，姿态优美，花期长，适宜盆栽，可点缀客厅、居室和书房。南方温暖地区可作露地花坛栽培，或栽植于假山园、岩石园内。

三、马先蒿

学名 *Pedicularis sylvatica*，别名马蒿草等，列当科马先蒿属。广布于北半球寒、温带地区，在我国产于东北、内蒙古、河北、山西、四川北部等地，云南高海拔地区也有分布。全球马先蒿属植物有 600 多种，我国已知的有 329 种，主要分布于西南横断山区，自然生长于海拔 2 000~5 000 m 的高山草甸、林缘灌丛及沼泽地，北方各省区也有一些种类分布。

（一）形态特征

多年生草本，茎丛生，株高可达 35~45 cm。叶互生或对生，叶柄短，上部叶近无柄，无毛；叶片膜质至纸质，卵形至长圆状披针形，先端渐窄，基部楔形或圆形，边缘有钝圆的重锯齿，两面无毛或有疏毛。花单生于茎枝顶端的叶腋中，萼长圆卵形，膜质，前方深裂；花冠淡紫红色，向右扭旋，上唇盔状，扭向右方，下唇大。花期 6~8 月，果期 7~9 月。蒴果斜长圆状披针形。

（二）生态习性

喜光，耐寒冷，对土壤适应性强，在潮湿地生长较好。根系较发达，具深根性。种子细小，易随风撒播，自播力较强。

（三）繁殖方法

可播种繁殖。秋后蒴果微裂时采收、晾干，搓揉果壳即可脱出种子，净种后干藏。到次年 3 月，做好苗床，将种子与沙或灰混匀撒播。发芽后，适时进行浇水、施肥和间苗工作。一年生苗即可出圃栽植。也可用花盆直播育苗，还可分蘖繁殖。

（四）栽培管理

马先蒿应于早春萌发前起苗定植。花坛或花盆内应装较湿润的土壤，起苗后立即栽植。成活后，除常规养护外，应加强病虫害防治。

（五）园林应用

马先蒿枝叶繁茂，翠绿成丛，唇形花紫红色，密集成团，绿叶红花，交相辉映，十分可爱。花期长，适合盆栽观赏，或植于花坛边缘，也可瓶插。

四、点地梅

学名 *Androsace umbellata*，别名铜钱草、喉咙草等，报春花科点地梅属。广布于我国各地，朝鲜、日本、菲律宾、越南、缅甸、印度等地也有分布。

（一）形态特征

一二年生草本，全株被有白色细柔毛。顶端生白色小花 5～10 朵，排成伞形花序。蒴果球形，种子细小，多数，棕色。花期 4～5 月。

（二）生态习性

喜温暖、湿润、向阳的环境和肥沃土壤，常生于山野草地或路旁。种子能自播繁殖。

（三）繁殖方法

多用播种繁殖。

（四）栽培管理

宜选择疏松、肥沃的土壤栽培，保持土壤湿润，并注意防治病虫害。

（五）园林应用

点地梅植株低矮，叶丛生，平铺于地面，适宜岩石园栽植及在灌木丛旁作地被材料。

五、雪莲花

学名 *Saussurea involucrata*，别名荷莲、大苞雪莲等，菊科凤毛菊属。分布于我国新疆、青海、云南的高海拔地区，以及俄罗斯中亚及西伯利亚东部。

（一）形态特征

多年生草本，生于海拔 3 000 m 以上的高山，株高 16～30 cm。头状花序，10 余朵小花聚生于茎顶呈球形；有莲座状总苞片，被白色长毛；花紫色。花期夏季，果期 9～10 月。

（二）生态习性

极耐寒，根系发达而柔韧，深扎在贫瘠的碎石及原始土层里，吸收少量养分即可生长。能抵抗狂风和奇寒，可以在雪原上生长繁衍。

（三）繁殖方法

一般进行播种繁殖。

（四）园林应用

雪莲花是一种名贵的药材，根、茎、叶、花等均可入药。花又是制作香精的上等原料。目前在园林中应用较少。

项目小结

高山花卉及岩生花卉在世界园林的发展中起着重要的作用。早在 100 多年前，我国的高山花卉及岩生花卉就被引入西方国家，在他们的园林中大放异彩。这类花卉生长缓慢，加之原产地强烈的光照和较大的温差，使植物体内积累了丰富的次生代谢产物并富含糖和蛋白质，是大自然赋予人类的天然药物宝库。它们的花朵色泽艳丽，五彩缤纷，观赏价值极高，近半个世纪以来，随着交通条件的改善和科学技术的进步，高山花卉及岩生花卉越来越受到人们的重视，在引种和驯化方面已取得了可喜的成果。

探究与讨论

1. 在高山花卉及岩生花卉中最负盛名是哪三大类?
2. 高山花卉及岩生花卉有哪些应用价值?
3. 高山花卉及岩生花卉有哪些共同特征?

项目十七　木本花卉

📣 项目导读

木本花卉可观花、观叶、观果，是现代园林绿化、美化和改善生态环境的重要植材，在园林植物配置中广泛应用。掌握主要木本花卉的生物学特性、品种分类、栽培管理技术等，具有重要意义。

📖 学习目标

☑ **知识目标**

- 了解木本花卉的概念和类型。
- 了解木本花卉的特性和应用。
- 掌握我国传统木本花卉的生物学特性、栽培技术及主要应用。

☑ **能力目标**

- 熟悉主要木本名花——梅、杜鹃、牡丹等的栽培管理技术，并能在园林植物造景中灵活应用。

📋 项目学习

任务一　概述

一、木本花卉的定义和类型

（一）木本花卉的定义

花卉的茎木质部发达，称木质茎，具有木质茎的有观赏价值的花卉即为木本花卉。我国传统的十大名花是兰花、梅、牡丹、菊花、月季花、杜鹃、莲、山茶、木樨（桂花）、水仙。其中木本花卉占六种，即梅、牡丹、月季花、杜鹃、山茶、木樨。

（二）木本花卉的类型

1. 按生长习性划分

（1）乔木花卉：主干和侧枝有明显的区别，植株高大，多数不适于盆栽，少数花卉可盆栽。如木槿、白兰等。

（2）灌木花卉：主干和侧枝没有明显的区别，呈丛生状，植株低矮，树冠较小，多数适于盆栽。如月季花、栀子、茉莉花等。

（3）藤本花卉：枝条一般生长细弱，不能直立，通常为蔓生。在栽培管理过程中，常设置一定形式的支架，让藤条附着在支架上生长。如凌霄、紫藤、爬山虎等。

2. 按生态习性划分

（1）常绿木本花卉：如含笑、杜鹃，山茶、广玉兰等。

（2）落叶木本花卉：如梅、月季花、牡丹等。

3. 按观赏部位分

（1）观花：如碧桃、白玉兰等。

（2）观叶：如红枫、紫叶小檗、红叶石楠等。

（3）观果：如火棘、枸骨、山楂等。

常见的木本花卉有玉兰、山桃、梅、牡丹、月季花、杜鹃、木槿、山茶、紫丁香、紫荆、茉莉花、栀子、金银花、连翘等。

二、木本花卉的特性

（1）名花较多，如梅、杜鹃、牡丹、山茶、木槿、月季花等。

（2）是园林绿化的主体材料，可孤植，或作专类园及花坛的中心材料，也可作花境的背景材料。

（3）具有不断生长的习性，几乎每年都要进行整形修剪。

（4）一般都喜充足的阳光，但开花习性各不相同。

（5）生长季节性强，但可以人工调控花期。

（6）以营养繁殖为主，如分株、压条、嫁接等。

任务二　我国传统木本花卉

一、梅

学名 *Prunus mume*，别名垂枝梅、乌梅、酸梅、干枝梅、春梅、白梅花、野梅花、西梅、日本杏等，蔷薇科李属。

（一）形态特征

落叶小乔木，高可达 10 m。常具枝刺，树冠近圆头形。树干褐紫色，多纵驳纹，小枝呈绿色。叶卵形，长 4～10 cm，先端渐尖，边缘具细锐锯齿。花每节 1～2 朵，淡粉红或白色，径 2～3 cm，芳香。核果近球形。长江流域花期 12 月至翌年 3 月。

（二）品种类型

中国梅花现有 300 多个品种，有真梅系、杏梅系、樱李梅系。真梅系是由梅花的原种和变种演化而来的，按枝姿分为直枝类、垂枝类、龙游类，是梅花的主体，品种多且富于变化。杏梅系的形态介于杏、梅之间，花似杏而核表面有小凹点，此系抗寒性强，适于梅花北移。樱李梅系是梅与红叶李杂交得来的，花与叶同放，花大而密，观赏价值高。杏梅系有单杏型、丰后型和送春型，樱李梅系只有美人梅型。

（三）生态习性

梅花原产于长江以南地区，喜温暖，其花期对气候变化特别敏感。在年降水量1 000 mm及稍多地区可生长良好，对土壤要求不严，较耐瘠薄。阳性树种，喜阳光充足、通风良好的环境。

（四）繁殖与栽培

常用嫁接繁殖，砧木多用梅、桃、杏、山杏或山桃。露地栽培时应选择阳坡或半阳坡地段，株距3～5m。通常在生长期施三次肥，即在秋季至初冬施饼肥或厩肥；在含苞前施速效肥；在新梢停止生长后（6月底至7月初），适当控制水分并施肥，以促进花芽分化。

（五）园林应用

可在公园、庭园、风景区等地孤植、丛植、群植；也可在屋前、坡上、石旁、路边自然配植。若用常绿乔木或深色建筑作背景，更可衬托出梅冰清玉洁之美。如与松、竹相搭配，则苍松是背景，修竹是客景，梅花是主景。另外，梅还可布置成梅岭、梅峰、梅园、梅溪、梅径等。

二、牡丹

学名 *Paeonia suffruticosa*，别名富贵花、花中之王、木芍药、洛阳花、谷雨花等，芍药科芍药属。

（一）形态特征

落叶灌木或亚灌木，株高0.5～2.0 m。根系肉质强大，少分枝和须根。老茎灰褐色，常开裂而剥落，新枝黄褐色。2出3回羽状复叶，互生。花单生于茎顶，有白、黄、粉、红、紫及复色，花径10～30 cm，花型有单瓣、复瓣、重瓣和台阁型之分。花期4～5月。

（二）品种类型

根据株丛形态可分为直立型、开展型、半开展型；按分枝习性可分为单枝型和丛枝型；按叶的类型分为大型圆叶类、大型长叶类、中型叶类、小型圆叶类、小型长叶类。较常见的名品有'姚黄''魏紫''墨魁''豆绿''二乔''白玉''状元红''葛中紫'以及'迎日红''朝阳红''醉玉''仙女妆''洛阳紫''天女散花'等。

（三）生态习性

喜凉恶热，宜燥惧湿，可耐－30 ℃的低温，在年平均空气相对湿度45％左右的地区可正常生长。喜光，亦稍耐阴。要求疏松、肥沃、排水良好的中性壤土或沙壤土，忌黏重土壤。

（四）繁殖与栽培

常用分株和嫁接繁殖，也可播种和扦插繁殖。移植适期为9月下旬至10月上旬，不可过早或过迟。喜肥，每年至少应施肥三次，即"花肥""芽肥"和"冬肥"。新定植的植株，第二年春天应将所有花芽全部除去，不让其开花，以集中营养促进植株的发育。栽培2～3年后应进行整枝。对生长势旺盛、发枝能力强的品种，只需剪去细弱枝，保留全部强壮枝条，基部的蘖应及时除去，以保持美观的株形。除芽也是一项极为重要的工作，为使植株开花繁而艳，保持植株健壮，应根据树龄情况，控制开花数量。在现蕾早期，选留一定数量发育饱满的花芽，将过多的芽和弱芽尽早除去，一般5～6年生的植株，保留

3～5个花芽。花谢后要进行修剪整形，如不需要结实，应及时去除残花，以减少养分消耗。

（五）园林应用

牡丹的观赏部位主要是花朵，其花雍容华贵，富丽堂皇，素有"国色天香""花中之王"的美称。可在公园和风景区建立专类园，在古典园林和居民院落中筑花台种植，在园林绿地中自然式孤植、丛植或片植。也适于布置花境、花坛、花带和盆栽观赏。可通过催延花期，使其四季开花。

三、山茶

学名 *Camellia japonica*，别名洋茶、茶花、晚山茶、耐冬、山椿、薮春、野山茶等，山茶科山茶属。原产于我国西南至东南部。

（一）形态特征

常绿灌木或小乔木，枝条黄褐色。叶片革质，互生，椭圆形、卵形至倒卵形，长4～10 cm，边缘有锯齿；叶片正面为深绿色，背面较淡，光滑无毛。花两性，常单生或2～3朵着生于枝梢顶端或叶腋间，苞萼9～13片，覆瓦状排列，被茸毛；花单瓣或重瓣，有红、白、粉、玫瑰红及杂有斑纹等不同花色，花期2～4月。

（二）品种类型

根据雄蕊的瓣化、花瓣的自然增加、雄蕊的演变、萼片的瓣化可分为3类12个花型。

（1）单瓣类：花瓣排列1～2轮，5～7片，雌、雄蕊发育完全，能结实。花型为单瓣型。

（2）半重瓣类：花瓣排列3～5轮，20片左右，多者达近50片。花型有半重瓣型、五星型、荷花型、松球型。

（3）重瓣类：大部分雄蕊瓣化，花瓣有50片以上，花型有托桂型、菊花型、芙蓉型、皇冠型、绣球型、放射型和蔷薇型。名品有'大花金心''亮叶金心''金丝玉蝶''新松花''玉玲珑''白宝珠''海云红''花牡丹''赛洛阳''六角红''小东方亮'等。

（三）生态习性

喜温暖、湿润的环境，生长适温18～25 ℃，超过35 ℃影响生长，晚上温度达27 ℃可产生大量花芽，高温是花芽形成的必要条件，16 ℃以下花芽分化停止。在短日照条件下，枝茎处于休眠状态，花芽分化需每天接受光照13.5～16.0 h，日照时间过少则不形成花芽，然而，花蕾的开放要求短日照条件，即使温度适宜，长日照也会使花蕾大量脱落。喜深厚、肥沃、微酸性的沙壤土，pH5.5～6.5最佳。

（四）繁殖与栽培

可用扦插、嫁接、压条、播种和组织培养法繁殖，通常以扦插、嫁接繁殖为主。可分为地栽和盆栽两种栽培方式。如作园林绿化栽培，需要有庇荫树。盆栽以深瓦盆为好，盆土则以疏松、肥沃、易透水为佳。幼苗每隔2～3年换盆一次。每枝保持1～2个花蕾为宜，尽量保持土壤湿润。北方盆栽冬季宜放置于冷室中光照良好而通风处；夏季移出，放置在室外荫棚内或树梢旁。

（五）园林应用

山茶树冠多姿，叶色翠绿，花大艳丽，花期正值冬末春初。江南地区可丛植或散植于庭园中、花径旁、假山边、草坪及树丛边缘，也可设置山茶专类园。北方宜盆栽，用来布置厅堂、会场，效果甚佳。

四、杜鹃

学名 *Rhododendron simsii*，别名唐杜鹃、照山红、映山红、山石榴、山踯躅等，杜鹃花科杜鹃花属。

(一) 形态特征

杜鹃在不同的自然环境中会形成不同的形态，有常绿大乔木、小乔木、常绿灌木、落叶灌木等，有的高达 20 m，有的呈匍匐状，高仅 10～20 cm。主干直立，单生或丛生，枝条互生或假轮生。叶多形，全缘，极少有锯齿，革质或纸质。花顶生、侧生或腋生，单花、少花或集成总状伞形花序；花冠显著，有漏斗型、钟型、碟型或管型等类型，花色丰富，花萼杯状，花期 4～6 月。蒴果，种子多数 (彩图 56)。

(二) 品种类型

杜鹃品种繁多，根据开花期和植物性状可分为春鹃、夏鹃、毛鹃与西鹃。

(1) 春鹃。自然花期 4～5 月。叶小而薄，色淡绿。枝条纤细，多横枝。花小型，直径 6 cm 以下，喇叭状，单瓣或重瓣。代表品种有 '新天地' '雪月' '日之出' 等。

(2) 夏鹃。自然花期在 6 月前后，叶小而薄，分枝细密，冠形丰满。花中至大型，直径 6 cm 以上，单瓣或重瓣。代表品种有 '长华' '皱边银红' '紫玉宝' '端阳' 等。

(3) 毛鹃。自然花期 4～5 月。树体高大，可达 2 m 以上，发枝粗长。叶长椭圆形，多毛。花单瓣或重瓣，单色，少有复色。代表品种有 '锦绣杜鹃' '毛白杜鹃' 等。

(4) 西鹃。自然花期 4～6 月，有的品种夏、秋季也开花。树体低矮，株高 0.5～1.0 m，发枝粗短。枝叶稠密，叶片毛少。花型花色多变，多数重瓣，少有半重瓣，栽培不良亦会出现单瓣。代表品种有 '锦袍' '五宝珠' '寒柏牡丹' '十二乙重' '天女舞' 等。

(三) 生态习性

多分布于高山地区，地理分布广。多数喜凉爽、湿润的环境，忌干燥多风。喜酸性土，pH4.5～5.5 最好。喜排水良好、腐殖质丰富的疏松土壤。

(四) 繁殖与栽培

可用播种、扦插、嫁接及压条繁殖。春鹃、夏鹃、毛鹃、西鹃都以盆栽为主，在南方也可露地栽培，但需适当庇荫。由于施肥、浇水不当而引起的黄化病、小叶病要对症下药，先将药调为酸性喷洒后，再补微肥。杜鹃的花期控制是近几年兴起的新技术，一般是将杜鹃的花期调至春节期间，以满足年宵花的市场供应。

(五) 园林应用

杜鹃花繁叶茂，绮丽多姿，萌发力强，耐修剪，根桩奇特，是优良的盆栽材料。园林中最宜在林缘、溪边、池畔及岩石旁成丛成片栽植，也可于疏林下散植。杜鹃也是花篱的良好材料，毛鹃还可经修剪培育成各种形态。杜鹃专类园极具特色。

五、木樨

学名 *Osmanthus fragrans*，别名丹桂、刺桂、桂花、四季桂、银桂、彩桂等，木樨科木樨属。

（一）形态特征

常绿乔木或灌木，株高约 15 m。树皮粗糙，灰褐色或灰白色。叶对生，椭圆形、卵形至披针形，全缘或上半部疏生细锯齿。花簇生于叶腋，呈聚伞状，花小，黄白色，极芳香。

（二）品种类型

按花色和花期可将木樨品种分为两类四个品种群。

1. 四季桂类 该类只有一个品种群，即四季桂品种群。花黄色或淡黄色，一年之内开数次花，香味淡。如'月月桂''日香桂'等。

2. 秋桂类

（1）金桂品种群。包括各种深浅不同的黄色木樨，香味浓至极浓。如'大花金桂''晚金桂'等。

（2）银桂品种群。花黄白或淡黄色，香味浓至极浓。如'早银桂''晚银桂'等。

（3）丹桂品种群。花橙黄或橙红色，香味较淡。如'大花丹桂''桃花丹桂'等。

（三）生态习性

喜光，在幼苗期要求有一定的庇荫。喜温暖和通风良好的环境，不耐寒。适合土层深厚、排水良好、富含腐殖质的偏酸性沙壤土，忌碱性土和积水。

（四）繁殖与栽培

可用播种、压条、嫁接和扦插繁殖。当年 10 月秋播或翌年春播，实生苗始花期较晚，且不易于保持品种原有性状。压条繁殖多用于繁殖良种。嫁接繁殖是常用的方法，多用女贞、水蜡、流苏和白蜡等树种作砧木。扦插繁殖多在 6 月中旬至 8 月下旬进行。移植常在秋季花后或春季进行，也可在梅雨季节进行，大苗需带土球，种植穴多施基肥。盆栽木樨，夏季可置于阳光之下，不需遮阳；冬季在一般室内即可安全越冬。

（五）园林应用

木樨终年常绿，花期正值仲秋，有"独占三秋压群芳"的美誉。园林中常作孤植、对植，也可成丛成片栽植。为盆栽观赏的好材料。

六、月季花

学名 *Rosa chinensis*，别名月月花、月月红、玫瑰等，蔷薇科蔷薇属。

（一）形态特征

落叶或半常绿灌木，株高 0.3～4.0 m，茎部有弯曲刺。奇数羽状复叶互生，小叶椭圆形、倒卵形或阔披针形；有锯齿，托叶及叶柄合生。花多单生于枝顶，有的多朵聚生呈伞房花序；多为重瓣，也有单瓣品种，瓣数 5～80 片。果实近球形，成熟时橙红色。

（二）品种类型

全球现有 1 万多个月季花品种。按花色分，有白、黄、红、橙、复色等各种类型，个别品种有蓝色花和绿色花；按开花持续时间分，有四季开花、两季开花和单季开花三类；按植株形态分，有直立型、树桩型、藤本型和微型等。

（三）生态习性

原产于我国，现广泛栽培。喜光，可不断开花，盛夏季节（33 ℃以上）暂停生长，开花少，生长适温 20～25 ℃。在长江流域能耐寒，喜壤土及轻黏土，在弱酸、弱碱及微含盐量的土壤中都能生长，要求土壤排水良好，喜肥。

（四）繁殖与栽培

以扦插、嫁接繁殖为主，也可压条、播种繁殖。

（1）扦插繁殖。扦插时期一般为 3～11 月。生长期扦插应选用组织充实的枝条作插穗，带"踵"的短枝最好，尖端保留 1～2 对小叶。插壤用排水良好的黄沙、砻糠灰、蛭石均可。插后遮阳保湿，生根前浇水不宜过多，以免插条基部腐烂。

（2）嫁接繁殖。嫁接一般用'十姊妹''粉团蔷薇'的扦插苗，或用多花蔷薇的实生苗为砧木进行切接、芽接。切接在早春叶芽刚萌动时进行，芽接时期为 5～10 月。

（3）播种繁殖。播种多在培育新品种时采用。成熟果实经 2～3 个月的充分后熟后，取出果实内的种子，随即播于温床上。1～2 个月可出苗，当年可以开花。

施肥是栽培管理的重要环节。栽植前翻土整地，多施有机肥作为基肥，以后每年冬季修剪后，应补充施肥。春季叶芽萌动展叶后，可施稀薄液肥，促使枝叶生长。生长期多追肥，每月两次，以满足多次开花的需要，但至晚秋时应节制施肥，以免新梢生长过旺而遭冻害。

修剪的主要时期在冬季，剪枝强度视所需株形而定。低干的在离地 30～40 cm 处修剪，保留 3～5 个分枝，其余部分都剪除；高干的适当轻剪，树冠内部侧枝应疏剪，病虫枝、枯枝一并剪除。花谢后应及时剪除花梗，以节约养料，促使再发新梢。

（五）园林应用

月季花花期长，花色丰富，适宜在街头绿地栽种。藤本月季是垂直绿化的良好材料，并可用来布置花架、花门等。也可盆栽和作切花。

七、现代月季

现代月季是由多种蔷薇属植物反复杂交而来的。

（一）形态特征

四季开花不绝（冬季在温室内或暖地），色、形、香、姿俱佳。现代月季是观赏植物育种（远缘杂交为主）的一大奇观，品种繁多，有 2 万多种，具多种多样的株形，观赏价值高，园林用途广泛，且适应性强，繁殖容易，栽培管理较为简便。

其主要特征：茎有刺，单数羽状复叶互生，托叶与叶柄合生，花单生或呈伞房花序，花瓣多为重瓣，花色多变。

（二）品种类型

根据品种的演化关系、形态特征及其习性，可将现代月季分成六个品系。

（1）茶香月季。茶香月季又称杂种香水月季。花大轮，丰满，花瓣 20～30 片，花径可达 15 cm，花色丰富，具有芳香。世界上切花月季品种约 300 个，大部分为杂种茶香月季。该品系特征：花形优美，初开时含而不露；花色纯正鲜明，花瓣质地硬挺，有绒光感；花枝硬挺，长度在 40 cm 以上；耐修剪，修剪后萌发力强；少刺或无刺。

（2）丰花月季。丰花月季又称聚花月季。植株较矮小，茎、枝纤细，花聚生于枝顶，花较小。

（3）壮花月季。植株健壮高大，株高多在 1 m 以上。花大，重瓣性强，花瓣多达 60 片以上，花单生或呈聚伞花序，雌、雄蕊有时退化，花梗较长，花色丰富。

（4）攀缘月季。攀缘状藤本，有一年开一次花的，也有连续开花的。

（5）微型月季。株型矮小，高不超过 30 cm，花径 2～4 cm，花瓣排列整齐，花色丰富。

（6）灌木月季。该品系月季主要包括前五类所不能列入的月季品种。多数呈灌木状，生长势强健，抗性较强，多可连续开花，有单瓣也有重瓣，有些可结实，新老品种均有。除作切花外，也作园林栽植。

（三）生态习性

（1）土壤：喜排水良好、疏松通气、有机质丰富、有团粒结构的微酸性土壤。

（2）光照：喜光照充足。

（3）水：较耐干旱，忌积水；空气湿度 65％～70％为宜，注意通风。

（4）温度：最适温度白天 15～26 ℃、晚上 10～15 ℃。冬季气温低于 5 ℃时进入休眠状态，夏季温度持续 30 ℃以上时进入半休眠状态。

（5）空气：切花月季栽培密度大，需二氧化碳多。

（四）繁殖与栽培

以嫁接和扦插繁殖为主，播种繁殖和组织培养为辅。嫁接苗根系发达，生长旺盛，切花产量高，产花周期长（5～6 年），是栽培的理想选择；但是嫁接苗对修剪技术要求较高，而且价格较贵，同时还必须考虑砧木的适应性。扦插苗繁殖快，成本低，管理简单，生产上应用也较多；但是扦插苗的根系较弱，长势不如嫁接苗，产花周期较短（4～5 年）。

要确定适当的采收时期。一般红色或粉色品种可在有 1～2 片花瓣稍张开时采收，黄色品种可在花萼反卷时采收。一天中下午 4～6 时采收较好。采收后按枝长、花径、花色等分级包扎，并做保鲜预处理以待上市。

切花月季植株的高度会随不断采花而增高，每采一茬花约增高 5 cm。为避免植株过高，每年应进行一次中等强度的修剪，使株高控制在 50～60 cm。也可在产花季节先剪一部分枝条，留一部分继续长花，待下一茬花后再剪低，这样可保持连续产花。通常经过三年左右要进行一次重剪，重剪时可留高 20～30 cm，再重新蓄枝。

项目小结

木本花卉具有美丽的花朵或花序，其花、叶、果均有较高的观赏价值，比起草本花卉具有生命力持久、管理方便、生态效益好等优点，可作植物配景、盆栽、切花，也可布置专类园。

探究与讨论

1. 什么是木本花卉？按生长习性划分，木本花卉可分为哪几类？

2. 简述梅、牡丹、山茶、杜鹃、木槿、月季花的繁殖方法。

3. 简述现代月季的繁殖方法和栽培要点。

项目十八 地被植物

项目导读

地被植物是现代城市绿化造景的主要材料之一，也是园林植物群落的重要组成部分。随着生活水平的提高，人们对环境质量也提出了更高的要求，多层次的绿化使得地被植物的作用越来越突出。地被植物种类繁多，了解地被植物的分类、繁殖方法、养护管理，掌握本地常见的地被植物的特征、特性、栽培养护要点及园林应用具有重要意义。

学习目标

☑ 知识目标

- 了解地被植物的概念和分类。
- 掌握地被植物的繁殖方法。
- 了解地被植物的栽培养护。
- 掌握常见的草本与木本地被植物。

☑ 能力目标

- 能进行地被植物分类。
- 掌握地被植物的繁殖方法。
- 掌握地被植物的栽培养护要点。

项目学习

任务一 概述

一、地被植物的定义和分类

（一）地被植物的定义

地被植物是指覆盖在地表的低矮植物，不仅包括多年生的低矮草本和蕨类植物，还包括一些适应性强的低矮丛生、枝叶茂密的灌木、藤本和矮生竹类等。

（二）地被植物的分类

1. 按生态习性划分

（1）喜光地被植物。这类植物在全光照条件下生长良好，遮阳处茎细弱，节伸长，开花减少，长势不理想。如石竹、千日红、半支莲（彩图57）等。

（2）耐阴地被植物。该类植物在遮阳处生长良好，全光照条件下生长不良，表现为叶片发黄，叶变小，叶边缘枯萎，严重时甚至全株枯死。如虎耳草（彩图58）、玉簪、八角金盘等。

（3）半耐阴地被植物。此类植物喜阳光，但也有不同程度的耐阴能力，如常春藤、杜鹃、石蒜等。

（4）耐湿地被植物。此类植物在湿润的环境中生长良好，如再力花、蓝花梭鱼草、菖蒲（彩图59）等。

（5）耐旱地被植物。此类植物在比较干燥的环境中生长良好，耐一定程度干旱，如紫鸭跖草（彩图60）、佛甲草等。

2. 按植物学特性划分

（1）一二年生草本地被植物。该类植物为一二年生草花中植株低矮，株丛密集自然，花团似锦的种类。如一串红、石竹、碧冬茄等。

（2）多年生草本地被植物。该类植物一般为宿根花卉，如鸢尾、萱草、葱莲（彩图61）等。

（3）矮生灌木类地被植物。该类植物一般指植株低矮、分枝众多、易于修剪造型的灌木，如细叶栀子、绣球等。

（4）藤本类地被植物。此类地被耐性强，具有蔓生或攀缘的特点，如地锦、细叶扶芳藤、络石等。

（5）矮生竹类地被植物。此类地被指生长低矮，具匍匐性，耐阴性强的竹类，如阔叶箬竹、凤尾竹等。

（6）蕨类地被植物。此类地被指耐阴耐湿性强，适合生长在温暖、湿润的环境中的蕨类，如波士顿蕨、铁线蕨等。

3. 按观赏部位划分

（1）观叶类地被植物。此类植物叶色美丽，叶形独特，观叶期较长，如紫叶酢浆草、白车轴草等。

（2）观花类地被植物。此类植物花期较长，花色绚丽，如马缨丹、碧冬茄等。

（3）观果类地被植物。此类植物果实鲜艳，有特色，如富贵籽、虎舌红等。

二、地被植物的选择

地被植物的选择应符合以下几个要求。

（1）多年生，绿叶期长。

（2）植株低矮，覆盖度大，具有一定的防护作用。

（3）生长快速，耐修剪，繁殖容易。

（4）适应性强，养护管理粗放，全部生育期在露地栽培，种植以后能够保持连年持久不衰。

三、地被植物的繁殖方法

1. 自播繁殖 种子成熟落地，自播繁殖，如三叶草、地肤等。

2. 播种繁殖 主要指人为播种从而繁育地被植物的方法。

3. 分株分根繁殖 将宿根地被株丛从根部分开，栽成新植株。沿阶草、吉祥草、萱草、石菖蒲、宿根鸢尾等可用此法繁殖。

4. 分植鳞茎或种球繁殖 将小鳞茎或小种球与母株分离，栽成新植株。石蒜、葱莲、韭兰、水仙、酢浆草等可用此法繁殖。

5. 扦插繁殖 剪取植物的茎、叶、根、芽等插入土中或基质中，等到生根后，再栽成独立的新植株。彩叶草、常春藤、络石、垂盆草等可用此法繁殖。

四、地被植物的养护管理

地被植物通常是成片大面积栽培的，一般不用精细养护，只需粗放管理。养护地被植物应注意以下几点。

1. 加强前期管理 前期管理的优劣是种植地被植物成败的关键。无论用何种方法种植地被植物，植后都应及时浇水，并使土壤经常保持湿润，直至地被成活为止。

2. 抗旱浇水，积水排涝 天气干旱时应及时浇水，下雨积水时要及时排涝。

3. 及时补充土壤肥力 据植物的不同特性，结合浇水补充一些肥料，特别是对于观花地被来说，在花期前后施肥是比较重要的。地被植物如缺肥则生长不良，观赏性差，覆盖度不佳。

4. 填沟堵洞，防止水土流失 每年检查1～2次，看看是否有沟或洞，若有要及时填补土壤。暴雨过后要仔细查看有无冲刷损坏。

5. 查缺补植，防止空秃 地被植物有死苗缺株时应及时补植，保持地被植物的覆盖度。

6. 修剪平整，保持美观，掌握适时修剪 地被植物经修剪后，植株高矮相宜，枝叶密集，覆盖效果和观赏效果会更好。花后要及时剪去残枝、衰弱枝，促发壮枝。

7. 清除杂草 地被植物刚栽没有完全覆盖土面时易长杂草，要及时清除杂草。

任务二　常见多年生草本地被植物

一、沿阶草

学名 *Ophiopogon bodinieri*，别名麦冬草、书带草、麦门冬等，天门冬科沿阶草属。

（一）形态特征

叶丛生于基部，细长，深绿色，形如韭菜。须根较粗壮，根的顶端或中部常膨大成纺锤状的肉质小块。总状花序，花白色或淡紫色。

（二）生态习性

多年生草本。生态适应性广，耐阴性、耐寒性、耐热性、耐湿性、耐旱性均较强。

（三）繁殖方法

常用播种和分株繁殖。

（四）园林应用

沿阶草四季常绿，阴处阳地均能生长良好，繁殖又容易，是理想的观叶类地被植物。

二、吉祥草

学名 *Reineckea carnea*，别名观音草等，天门冬科吉祥草属。

（一）形态特征

叶片丛生，宽线形，中脉下凹，尾端渐尖。茎呈匍匐根状，节端生根。花淡紫色，直立，顶生穗状花序，花期 9～10 月。

（二）生态习性

多年生草本。喜温暖、湿润的环境，较耐寒和耐阴，对土壤的要求不高，适应性强。

（三）繁殖方法

常用播种和分株繁殖。

（四）园林应用

吉祥草终年常绿，覆盖性好，为优良的地被植物，适合在庭园的疏林下、坡地上、园路边大面积种植，也可用于边角处、假山石边点缀或用作镶边植物。

三、白车轴草

学名 *Trifolium repens*，别名荷兰翘摇、白三叶、三叶草等，豆科车轴草属。

（一）形态特征

茎匍匐蔓生，上部稍上升，节上生根。掌状三出复叶，托叶卵状披针形，基部抱茎成鞘状，离生部分锐尖；小叶倒卵形或近圆形，中脉在下面隆起，侧脉约 13 对，在两面隆起，近叶边分叉并伸达齿尖；小叶柄微被柔毛。头状花序，着花 10～80 朵，淡紫红或白色。

（二）生态习性

多年生草本。耐寒，耐热，耐霜，耐旱，适应性广。喜温暖、向阳的环境和排水良好的粉沙壤土或黏壤土。

（三）繁殖方法

多采用播种繁殖。

（四）园林应用

用白车轴草建植的草坪不需重建，其种子可落地自生，侵占性强，观赏性较好。白车轴草为优良牧草，可作绿肥、蜜源和药材等用。

四、诸葛菜

学名 *Orychophragmus violaceus*，别名二月兰、紫金菜、短梗南芥、毛果诸葛菜、缺刻叶诸葛菜、湖北诸葛菜等，十字花科诸葛菜属。

（一）形态特征

茎直立，单一或上部分枝。基生叶和下部茎生叶羽状深裂，叶基心形，叶缘有钝齿；上部茎生叶长圆形或窄卵形，叶基抱茎呈耳状，叶缘有不整齐的锯齿状结构。总状花序顶生，花多为蓝紫或淡红色。

（二）生态习性

一年生或二年生草本。耐寒性强，比较耐阴，四季常绿。

（三）繁殖方法

每年 5～6 月种子成熟后，自行落入土中，9 月长出绿苗，小苗越冬，晚春开花，夏天结籽，年年延续。因其具有较强的自繁能力，所以一般采用播种繁殖。

（四）园林应用

作为观花类地被，诸葛菜应用广泛，在林带边、公园内、小区绿地内、高架桥下常有种植。

五、萱草

学名 *Hemerocallis fulva*，别名摺叶萱草、黄花菜等，阿福花科萱草属。

（一）形态特征

具短根状茎和粗壮的纺锤形肉质根。叶基生，宽线形，对排成 2 列，宽 2～3cm，长可达 50cm 以上，背面有突起，嫩绿色。聚伞花序，花大，花呈喇叭状，花色有橘红、浅黄等。

（二）生态习性

多年生宿根草本。适应性强，耐寒，喜湿润也耐旱，喜光又耐半阴。

（三）繁殖方法

以分株繁殖为主，多在春、秋季进行。

（四）园林应用

萱草耐半阴，可作疏林地被植物，园林中多丛植，或栽植于花境中和路旁。

六、鸢尾

学名 *Iris tectorum*，别名老鸹蒜、蛤蟆七、扁竹花、紫蝴蝶、蓝蝴蝶、屋顶鸢尾等，鸢尾科鸢尾属。

（一）形态特征

植株基部包有老叶残留叶鞘及纤维，有块茎或匍匐状根茎。叶剑形，嵌叠状。花茎高 20～40 cm，顶部常有 1～2 个侧枝；苞片 2～3 枚，绿色，披针形，包有 1～2 朵花；花蓝紫色，花被筒细长，上端喇叭形；外花被裂片圆形或圆卵形，有紫褐色花斑，中脉有白色鸡冠状附属物，内花被裂片椭圆形，爪部细。

（二）生态习性

多年生草本。喜阳光充足亦耐半阴，耐寒力强。

（三）繁殖方法

多用播种和分株繁殖。

（四）园林应用

鸢尾既可观叶亦可观花，常布置于园林中的池畔、河边或浅水区，或自然点缀草坪、山石等。

七、玉簪

学名 *Hosta plantaginea*，天门冬科玉簪属。

（一）形态特征

根状茎粗厚。叶丛生，卵形或心脏形，叶脉弧形。花茎从叶丛中抽出，总状花序。秋季开花，色白如玉，未开时如簪头，有芳香。

（二）生态习性

多年生草本。喜阴湿的环境，受强光照射则叶片变黄，生长不良，极耐寒。喜肥沃、湿润的沙壤土。

（三）繁殖方法

以分株繁殖为主，春季4～5月或秋季10～11月均可进行。

（四）园林应用

萱草是优良的观花类地被植物，常植于林下草地、岩石园或建筑物背面。

八、葱莲

学名 *Zephyranthes candida*，别名葱兰、玉帝、白花菖蒲莲、韭菜莲、肝风草、草兰等，石蒜科葱莲属。

（一）形态特征

株高30～40 cm，鳞茎卵形。叶基生，肉质，线形，暗绿色。花葶较短，花单生，花被6片，有白、红、黄色等。

（二）生态习性

多年生草本植物。喜温暖、湿润和阳光充足的环境，亦耐半阴和潮湿，耐寒性稍差。宜排水良好、富含腐殖质的沙壤土。

（三）繁殖方法

以分株和播种繁殖为主。

（四）园林应用

葱莲最宜作林下半阴处的地被植物，也常作花坛镶边材料，或于庭院小径旁栽植。

九、合果芋

学名 *Syngonium podophyllum*，别名白果芋等，天南星科合果芋属。

（一）形态特征

根肉质，茎有气生根，蔓性强。叶上有长柄，呈三角状盾形，叶脉及其周围呈黄白色。

（二）生态习性

多年生蔓性常绿草本。喜高温、多湿的环境，适应性强，生长健壮，能适应不同的光照环境。适宜疏松、肥沃、排水良好的微酸性土壤。

（三）繁殖方法

多扦插繁殖。

（四）园林应用

合果芋在园林绿化中的用途广泛，可用于室内装饰，也可用于室外园林观赏。常种于荫蔽处的墙边或花坛边缘。

十、紫背万年青

学名 *Tradescantia spathacea*，别名蚌花、紫锦兰、紫万年青等，鸭跖草科紫露草属。

（一）形态特征

茎直立，不分枝，无毛。叶宽披针形，成环状着生在短茎上，叶面光滑，深绿色，叶背暗紫色。花腋生，白色，下面托有 2 枚大而对折的蚌壳般紫色苞片。

（二）生态习性

常绿宿根草本。喜温暖、湿润的气候，生长适温 15～25 ℃，喜光也耐阴，畏烈日。要求肥沃、保水性良好的土壤。

（三）繁殖方法

多用分株繁殖，也可扦插、播种繁殖。

（四）园林应用

紫背万年青株形自然，叶色美丽，苞片状似蚌壳，极为奇特，为优良的观叶类地被植物。常种于墙边或花坛边缘，或用来点缀草坪。

十一、蔓花生

学名 *Arachis duranensis*，豆科落花生属。

（一）形态特征

株高 10～15 cm，茎为蔓性，匍匐生长。复叶互生，小叶倒卵形。花腋生，蝶形，金黄色，花期春至秋季。

（二）生态习性

多年生宿根草本。在全日照及半日照条件下均能生长良好，有较强的耐阴性。对土壤要求不严，但以沙壤土为佳。

（三）繁殖方法

多用播种及扦插繁殖。

（四）园林应用

蔓花生习性强健，花色鲜艳，可用于园林绿地、公路的隔离带作地被植物。由于其根系发达，也可植于边坡等地防止水土流失。

任务三　常见木本地被植物

一、紫雪茄花

学名 *Cuphea articulata*，别名细叶萼距花、满天星等，千屈菜科雪茄花属。

（一）形态特征

植株低矮，株高 30～60 cm。枝叶细致密集，分枝众多。叶细小，对生，线状披针形或长卵形。全年均能开花，花腋生，花冠紫红色。

（二）栽培要点

常绿小灌木。属阳性植物，稍荫蔽处也能生长，但日照充足时生长生育较旺盛。春季宜修剪，以利于开花。性喜高温，冬季宜避风。生育期适温 20～30 ℃。以沙壤土为佳，排水要良好，若有积水，极易造成根腐而萎凋。

（三）园林应用

紫雪茄花枝叶密集，姿态优美，形成景观速度快，适合用于花台、花坛，也可作地被植物。

二、马缨丹

学名 *Lantana camara*，别名七变花、如意草、臭草、五彩花、五色梅等，马鞭草科马缨丹属。

（一）形态特征

株高可达 2 m。茎、枝均呈四方形，常被倒钩状皮刺。叶片卵形至卵状长圆形。花冠橙黄或黄色，开花后不久转为深红色。全年开花。

（二）栽培要点

灌木或蔓性灌木。适应性强，耐干旱和瘠薄，不耐寒，于肥沃、疏松、富含腐殖质的沙壤土中生长较好，管理粗放。主要采用扦插繁殖，于春、秋季进行。剪取 10 cm 长的枝条插入粗沙中，在 20 ℃ 左右的温度条件下，一个月左右即可生根。

（三）园林应用

马缨丹花朵美丽，管理粗放，适宜在园林绿地中种植。可植为绿篱，亦可片植作为地被植物。

三、红花檵木

学名 *Loropetalum chinense* var. *rubrum*，别名红檵花、红桎木、红檵木、红花桎木、红花继木等，金缕梅科檵木属。

（一）形态特征

嫩枝被暗红色星状毛。叶互生，卵形，嫩叶淡红色，越冬老叶暗红色。花 3～8 朵簇生，呈头状或短穗状花序，淡紫红色，花期 4～5 月。

（二）栽培要点

灌木或小乔木。喜光，稍耐阴，但过于荫蔽时叶色容易变绿。适应性强，耐旱，喜温暖也耐寒冷。萌芽力和发枝力强，耐修剪。耐瘠薄，但适宜在肥沃、湿润的微酸性土壤中生长。以扦插繁殖为主。

（三）园林应用

红花檵木新叶鲜红色，不同株系成熟时叶色、花色各不相同，叶片大小也不同。在园林应用中主要考虑通过叶色及叶的大小变化来营造不同的景观效果。

四、金叶假连翘

学名 *Duranta erecta* ‘Golden Leaves’，马鞭草科假连翘属。

（一）形态特征

假连翘的品种。枝下垂或平展。叶对生，长卵圆形，叶色金黄至黄绿。花淡蓝紫或蓝色，总状花序呈圆锥状，花期 5～10 月。

（二）栽培要点

常绿灌木。喜温暖、湿润的环境，抗寒力较弱。对土壤的适应性较强，耐水湿，不耐干旱。萌生性强，可根据观赏要求，对枝条进行盘曲，或于每年春季进行强度修剪，以利于当年萌发新枝。

（三）园林应用

金叶假连翘叶色鲜黄，可用作模纹图案材料。其花色素雅且花期较长，果实黄色，着生于下垂的长枝上，是花果兼赏的优良花灌木。在温暖地区可植为绿篱或作基础种植材料，也可丛植于庭院中、草坪上观赏。

五、红背桂

学名 *Excoecaria cochinchinensis*，大戟科海漆属。

（一）形态特征

茎干粗壮，幼枝纤细。叶片表面绿色，背后紫红色，主要观赏紫红叶背，也因其叶背为红色而得名。

（二）栽培要点

常绿灌木。喜温暖、湿润、半阴的环境，畏强光直射，不耐寒。喜肥沃、排水良好的微酸性土壤，忌水涝。生长适温 15～25 ℃，冬季温度不低于 5 ℃。

（三）园林应用

红背桂株丛茂密，叶色鲜艳，可用于庭园、公园、居住小区绿化，常在建筑物旁或林荫下构成自然、闲趣的景观。

六、鹅掌柴

学名 *Schefflera heptaphylla*，别名大叶伞、鸭脚木、鸭母树、红花鹅掌柴等，五加科南鹅掌柴属。

（一）形态特征

株高 30～80 cm，枝条紧密。掌状复叶，小叶 5～9 枚，椭圆形，叶色碧翠，又有黄、白彩斑。小花淡红色。

（二）栽培要点

生长适温 15～25 ℃，冬季温度不低于 5 ℃，否则会造成叶片脱落。在空气湿度高、土壤水分充足的环境下生长良好。生长较慢，但易萌发徒长枝，平时需经常整形修剪。

（三）园林应用

鹅掌柴枝条扶疏，叶色碧翠，又有黄、白彩斑，可用于庭园布置或在树林下作地被植物。

七、八角金盘

学名 *Fatsia japonica*，别名手树，五加科八角金盘属。

（一）形态特征

叶大，掌状，5～7 深裂，有光泽，边缘有锯齿或呈波状；叶片绿色，有时边缘呈金黄色，叶柄长，基部肥厚。伞形花序集生成顶生圆锥花序，花白色，花期 10～11 月。浆果紫黑色，外被白粉，翌年 5 月成熟。

（二）栽培要点

常绿灌木。喜温暖、湿润的环境，耐阴性强，也较耐寒，喜湿怕旱。适宜生长于肥沃、疏松、排水良好的土壤中。以扦插繁殖为主，也可播种或分株繁殖。

（三）园林应用

八角金盘地栽以半阴湿润处生长最佳。宜植于庭园角隅和建筑物背阴处，也可点缀于溪旁、池畔或群植于林下、草地边。

八、金森女贞

学名 *Ligustrum japonicum* var. *Howardii*，木樨科女贞属。

（一）形态特征

日本女贞的变种。节间短，枝叶稠密。叶革质，厚实，有肉感；春季新叶鲜黄色，至冬季转为金黄色，部分新叶沿中脉两侧或一侧局部有云翳状浅绿色斑块，色彩明快悦目。花白色，果实紫色。

（二）栽培要点

常绿灌木。耐热性和耐寒性均强，金叶期长。以扦插繁殖为主，萌蘖力强，耐修剪，故在栽培中很容易培养成球。每年修剪两次就能达到优良的观叶效果。

（三）园林应用

金森女贞枝叶茂密，宜栽培成矮绿篱，既可作界定空间、遮挡视线的园林外围绿篱，也可植于墙边、林缘等半阴处，遮挡建筑基础，丰富林缘景观层次。

九、常春藤

学名 *Hedera nepalensis* var. *Sinensis*，别名爬崖藤、狗姆蛇、三角藤、山葡萄、牛一枫、爬墙虎、爬树藤、中华常春藤等，五加科常春藤属。

（一）形态特征

尼泊尔常春藤的变种。老枝灰白色，幼枝淡青色，被鳞片状柔毛。枝蔓处生有气生根以攀缘他物。叶革质，深绿色，有长柄；营养枝上的叶三角状卵形，花枝上的叶卵形至菱形。嫩叶及花序被有星形鳞片。

（二）栽培要点

攀缘植物。可采用扦插、分株和压条繁殖。喜温暖、荫蔽的环境，忌阳光直射，但喜光线充足，较耐寒，抗性强，对土壤和水分的要求不严，以中性和微酸性土壤为好。

（三）园林应用

常春藤叶形美丽，四季常青，在庭院中可用以攀缘假山、岩石，或在建筑阴面作垂直绿化材料。

项目小结

地被植物在现代园林中所起的作用越来越重要，是不可缺少的景观植物材料，通常用来覆盖地面，组成自然植物群落，同时又有其独具的特性。本项目介绍了地被植物的概念、分类、繁殖方法、养护管理要点等，还专门介绍了沿阶草、吉祥草、白车轴草等常见的草本地被植物，以及紫雪茄花、马缨丹、红花檵木等常见的木本地被植物。

探究与讨论

1. 地被植物分为哪些类型？各举三例说明。
2. 地被植物有哪些繁殖方法？
3. 要提高地被植物的观赏性，主要应做好哪些养护管理工作？
4. 常见的草本和木本地被植物有哪些？分别举例说明。

参 考 文 献

包满珠，2006. 花卉学［M］. 北京：中国农业出版社.

孙曰波，2015. 花卉栽培［M］. 4 版. 北京：中国农业出版社.

程冉，2012. 园林植物栽培与养护［M］. 北京：中国农业出版社.

成海钟，陈立人，2015. 园林植物栽培与养护［M］. 北京：中国农业出版社.

韩召军，杜相革，徐志宏，2001. 园艺昆虫学［M］. 北京：中国农业大学出版社.

刘庆华，2001. 花卉栽培学［M］. 北京：中央广播电视大学出版社.

鲁涤非，2003. 花卉学［M］. 北京：中国农业出版社.

马大勇，2003. 中国传统插花艺术［M］. 北京：中国林业出版社.

谢利娟，2007. 插花与花艺设计［M］. 北京：中国农业出版社.

薛守纪，2004. 中国菊花图谱［M］. 北京：中国林业出版社.

图书在版编目（CIP）数据

花卉生产与应用 / 程冉主编 . —北京：中国农业
出版社，2023.2
职业教育农业农村部"十三五"规划教材. 耕读教育
系列教材
ISBN 978-7-109-30397-3

Ⅰ. ①花… Ⅱ. ①程… Ⅲ. ①花卉-观赏园艺-高等
职业教育-教材 Ⅳ. ①S68

中国国家版本馆 CIP 数据核字（2023）第 020440 号

中国农业出版社出版

地址：北京市朝阳区麦子店街 18 号楼
邮编：100125
责任编辑：王 斌
版式设计：杨 婧 责任校对：刘丽香
印刷：中农印务有限公司
版次：2023 年 2 月第 1 版
印次：2023 年 2 月北京第 1 次印刷
发行：新华书店北京发行所
开本：787mm×1092mm 1/16
印张：13.5 插页：2
字数：330 千字
定价：45.00 元

读者意见反馈

亲爱的读者：

感谢您选用中国农业出版社出版的职业教育教材。为了提升我们的服务质量，为职业教育提供更加优质的教材，敬请您在百忙之中抽出时间对我们的教材提出宝贵意见。我们将根据您的反馈信息改进工作，以优质的服务和高质量的教材回报您的支持和爱护。

地　　址：北京市朝阳区麦子店街 18 号楼（100125）
　　　　　中国农业出版社职业教育出版分社
联系方式：QQ（1492997993）

教材名称：　　　　　　　　ISBN：

个人资料

姓名：_____所在院校及所学专业：_____

通信地址：_____

联系电话：_____电子信箱：_____

您使用本教材是作为：□指定教材□选用教材□辅导教材□自学教材

您对本教材的总体满意度：

　从内容质量角度看□很满意□满意□一般□不满意

　　改进意见：_____

　从印装质量角度看□很满意□满意□一般□不满意

　　改进意见：_____

　本教材最令您满意的是：

　□指导明确□内容充实□讲解详尽□实例丰富□技术先进实用□其他_____

　您认为本教材在哪些方面需要改进？（可另附页）

　□封面设计□版式设计□印装质量□内容□其他_____

　您认为本教材在内容上哪些地方应进行修改？（可另附页）

_____

_____

本教材存在的错误：（可另附页）

第_____页，第_____行：_____应改为：_____

第_____页，第_____行：_____应改为：_____

第_____页，第_____行：_____应改为：_____

您提供的勘误信息可通过 QQ 发给我们，我们会安排编辑尽快核实改正，所提问题一经采纳，会有精美小礼品赠送。非常感谢您对我社工作的大力支持！

欢迎访问"全国农业教育教材网"http：//www.qgnyjc.com（此表可在网上下载）

欢迎登录"中国农业教育在线"http：//www.ccapedu.com 查看更多网络学习资源

欢迎登录"智农书苑"http：//read.ccapedu.com 阅读更多纸数融合教材